工程建设理论与实践丛书

ZHUANGPEISHI JIANZHU

SHIGONG YU XIANGMU GUANLI

装配式建筑

施工与项目管理

杨振华　李小斌　何俊彪　主编

华中科技大学出版社
http://press.hust.edu.cn
中国·武汉

图书在版编目(CIP)数据

装配式建筑施工与项目管理/杨振华,李小斌,何俊彪主编.—武汉:华中科技大学出版社,
2022.12

ISBN 978-7-5680-9022-3

Ⅰ.①装⋯　Ⅱ.①杨⋯　②李⋯　③何⋯　Ⅲ.①装配式构件-建筑施工　②装配式
构件-建筑工程-工程项目管理　Ⅳ.①TU3　②TU712.1

中国版本图书馆 CIP 数据核字(2022)第 246565 号

装配式建筑施工与项目管理　　　　　杨振华　李小斌　何俊彪　主编

Zhuangpeishi Jianzhu Shigong yu Xiangmu Guanli

策划编辑:周永华

责任编辑:梁　任

封面设计:王　娜

责任监印:朱　玢

出版发行:华中科技大学出版社(中国·武汉)　　电话:(027)81321913

　　　　　武汉市东湖新技术开发区华工科技园　　邮编:430223

录　　排:华中科技大学惠友文印中心

印　　刷:武汉科源印刷设计有限公司

开　　本:710mm×1000mm　1/16

印　　张:18.75

字　　数:345 千字

版　　次:2022 年 12 月第 1 版第 1 次印刷

定　　价:98.00 元

编　委　会

主　编　杨振华　中交一公局第九工程有限公司
　　　　李小斌　青海省交通建设管理有限公司
　　　　何俊彪　中国港湾工程有限责任公司
副主编　王巍巍　中国建筑第八工程局有限公司西南公司
　　　　许程光　中国港湾工程有限责任公司
　　　　陶　然　中国港湾工程有限责任公司
　　　　肖　威　中铁五局集团电务工程有限责任公司
　　　　张　瑞　郑州市工程质量监督站郑州经济技术开
　　　　　　　　发区分站
编　委　陈　可　成都惟尚建筑设计有限公司
　　　　贺金红　中国十七冶集团有限公司
　　　　刘　勇　中铁建工集团第二建设有限公司
　　　　胡　超　陕西煤业化工建设(集团)有限公司
　　　　杨明新　深圳市市政工程质量安全监督总站

前　　言

　　"绿水青山就是金山银山"已经成为社会的共识。现阶段,我国传统建筑存在高污染、高能耗、低质量、低效率、劳动力严重短缺等问题,传统的现浇结构逐渐不适合我国绿色节约型社会的发展主题。面对这一问题,我们必须大力发展绿色建筑,这是实现现代建筑业可持续发展的关键。因此,装配式建筑开始出现在建筑工程领域,并逐渐受到人们的青睐。

　　2020年11月3日,"十四五"规划正式颁布,在实现碳中和,实施全面、协调、可持续的发展战略,建设资源节约型社会的要求下,发展装配式建筑技术是实现建筑产业从单一粗放式发展向绿色高质量发展转变的有效方式,更是践行我国创新、协调和绿色发展理念的必然要求。

　　为了贯彻落实"十四五"规划的要求,促进我国绿色建筑的可持续、高质量发展,本书围绕装配式建筑的施工与项目管理两大方面进行研究,主要分为12章:装配式建筑概述、装配式建筑生产与运输、装配式木结构、装配式混凝土结构、装配式钢结构、装配式建筑设备、装配式建筑项目进度管理、装配式建筑项目成本管理、装配式建筑项目质量管理、装配式建筑项目安全管理、装配式建筑项目资源管理及装配式建筑项目信息化管理。

　　本书编写分工如下:主编杨振华完成前言、第5章、第6章、第12章的编写,主编李小斌完成第3章、第4章、第10章的编写,主编何俊彪完成第2章、第9章的编写,副主编王巍巍完成第7章的编写,副主编许程光完成第11章的编写,副主编陶然完成第8章的编写,副主编肖威完成第1章的编写。另外,副主编张瑞及编委陈可、贺金红、刘勇、胡超、杨明新为本书的编写及校对工作提供了大力支持。

　　由于作者水平有限,书中难免存在疏漏,敬请各位读者批评指正。

目　　录

第1章 装配式建筑概述

1.1 装配式建筑简介

传统建筑是指施工现场直接浇筑的建筑,又称现浇式建筑。近年来,传统建筑行业在我国的基础建设发展中达到一定的瓶颈期,也显现出了很多不足,比如能源消耗量大、环境污染严重、施工工期长、人力资源消耗大等。而建筑业一般是大规模生产施工,人员数量多,且素质差距大,发生的意外事件较多,如高空坠落、坍塌、触电、外墙构造物脱落等。随着我国建筑行业的整体发展速度不断加快,建筑物在建设过程中对于构件的处理方式也呈现了多样化的发展趋势,所应用的技术也越来越先进。近年来,装配式建筑凭借其自身优势,比如工期短、成本低和节能环保等,应用范围不断扩大,也越来越受建设单位的青睐。

1.1.1 装配式建筑的概念

装配式建筑是指建筑在设计阶段按照各个部件的组合设计,在工厂里把设计的各个部件通过流水线作业统一加工、生产出来,再通过特定的运输方式,运输到施工现场,按照施工流程有序存放,最后通过吊装、连接及部分现浇的方式组合成的建筑。装配式建筑的优点在于,施工的工序及过程比较简单,工人生产效率会明显提高,施工周期会相应缩短,这样会在很大程度上降低造价。此外,由于装配式建筑提前在工厂生产、加工各个部件,极大地减少了施工过程中产生的建筑垃圾和灰尘,整个工程项目更加环保和节能。装配式建筑对施工人员的数量要求比现浇式建筑要少很多。

《装配式混凝土建筑技术标准》(GB/T 51231—2016)对装配式建筑的定义如下:结构系统、外围护系统、设备与管线系统、内部装修系统的主要部分采用预制部品部件集成的建筑。装配式建筑的结构系统主要包括结构梁、楼板、结构柱、剪力墙、支撑等承受或传递荷载作用的结构部件。外围护系统包括建筑外墙、屋顶、外门窗等,主要用于分隔建筑内外部环境。设备与管线系统包括供暖

通风空调设备及管线系统、燃气设备及管线系统、排水设备与管线系统、电气和智能化设备及管线系统,主要用于满足建筑的基本使用功能。内部装修系统包括楼地面面层装饰、内墙面装饰、轻质隔墙分割、顶棚装修、内部门窗等,主要用于满足建筑使用的舒适性要求。

建筑原材料的预制率和装配率是评价装配式建筑的基本指标。其中,预制率指的是建筑室外地坪以上的主体结构和围护结构中预制构件部分的混凝土用量占对应构件混凝土总量的体积比。预制率的计算公式如式(1.1)所示

$$预制率 = \frac{V_1}{V_1 + V_2} \tag{1.1}$$

式中:V_1 是指建筑±0.000 标高以上结构构件采用预制混凝土构件的混凝土体积,计入 V_1 计算的预制混凝土构件包括预制柱、预制墙、预制梁、预制桁架、预制板等承重结构,以及楼梯板、阳台板、女儿墙等非承重结构;V_2 指建筑±0.000 标高以上建筑物采用混凝土的总体积。

装配式建筑的预制率需要达到规定指标,预制构件的使用量需要占一定比例才能充分体现装配式建筑的特点和优势。

装配率是指单体建筑±0.000 标高以上的承重结构、围护墙体和分隔墙体、装修与设备管线等采用预制部品部件的综合比例。装配式建筑的装配率不应小于 50%,可根据式(1.2)计算

$$装配率 = \frac{Q_1 + Q_2 + Q_3}{100 - q} \times 100\% \tag{1.2}$$

式中:Q_1 指承重构件指标实际得分值;Q_2 指非承重构件指标实际得分值;Q_3 指装修与设备管线指标实际得分值;q 指评价项目中缺少的评价项的分值总和。

根据我国装配式建筑的发展现状,装配式建筑的各类建筑构件应达到一定的装配率,才能被评定为装配式建筑。

①柱、支撑、承重墙、延性墙板等竖向承重构件主要采用混凝土材料时,预制部品部件的应用比例不应低于 50%。

②柱、支撑、承重墙、延性墙板等竖向承重构件主要采用金属材料、木材及非水泥基复合材料时,竖向构件应全部采用预制部品部件。

③楼(屋)盖构件中预制部品部件的应用比例不应低于 70%。

④外围护墙采用非砌筑类型墙体的应用比例不应低于 80%。

⑤内墙采用非砌筑类型墙体的比例不应低于 60%。

⑥采用全装修。

1.1.2　装配式建筑的分类

装配式建筑按照结构形式和施工工艺可以分为砌块建筑、板材建筑、盒式建筑、骨架板材建筑以及升板和升层建筑;按照装配化程度可以分为半装配式建筑和全装配式建筑;按照建造使用材料可以分为装配式混凝土结构体系、装配式钢结构体系和装配式木结构体系,其中,装配式混凝土结构体系又分为剪力墙结构、框架-剪力墙结构和框架结构。

1.1.3　装配式建筑的特点

装配式建筑是建筑现代化的主要形式、产物和载体,具有装配化、信息化、标准化、智能化、工业化、一体化六大特征。装配式建筑还有如下不同于现浇式建筑的优点。

(1) 预制构件提前在工厂批量生产完成后运输到工地上进行吊装拼接,使现场施工的强度大大降低,甚至省去了砌筑和抹灰的工序,简化了整个施工过程,施工工期也相对缩短,提高了建设速度。

(2) 装配式建筑在现场的作业主要包括预制构件的吊装和拼接,现浇混凝土的施工量大大减少,配备的施工人员也可以少很多。同时,装配式建筑不会像现浇式建筑施工一样产生很多建筑垃圾,建设过程更加环保。由于构件是标准化生产的,材料的使用率也得到提高。施工过程中叠合板作为楼板的底模,外挂板作为剪力墙的侧模板,也节省了大量的模板,减少了建筑材料的消耗。

(3) 从设计环节来看,装配式建筑呈现了设计的标准化和管理的信息化两方面的特点。设计标准越高,生产效率就会越高,成本也会越低。如果配合工厂的信息化管理模式,装配式建筑的整体性价比也会提高,同时还能满足绿色建筑的要求。

(4) 装配式建筑预制构件是在工厂流水线加工出来的,尺寸能够更加接近设计参数,这样就能够有效地改善一些质量通病问题。

与现浇式建筑相比,装配式建筑存在一定的差异性,从建筑设计到施工再到管理,这中间的流程有很大区别。而装配式建筑作为新式建筑体系,现阶段也存在一定的缺陷,具体如下。

(1) 为了保证初步设计能够满足实际设计要求,后期施工后能够达到应有的效果,结构拥有足够的稳定性和可靠性,应在装配式建筑的初步设计阶段将这

些都考虑到位。这对设计人员的设计水平有一定的挑战。装配式建筑常常因在初步设计阶段考虑不到位,而在后期施工时产生一系列问题。

(2)在施工图设计阶段,各专业之间配合度要求很高,施工图中的各类结构构件、设备管线以及内部装修之间的协调,都需要精确到位,各种参数指标都需要标准化和精确化。而装配式建筑在我国尚处于发展初期,对这类技术人员的培养相对较少,因此很多设计人员设计不到位,出现各种问题。

(3)在预制构件的加工及流线生产阶段,不同预制构件的施工工艺不同,加工要求也不同。例如,对于非承重构件来说,应该将关注重点放在隔声效果上,对于承重构件来说,关注重点就应该放在安全性和稳定性上,这就为构件厂增加了难度。很多工厂因技术不达标,造成预制构件无法安装或出现质量问题。

(4)装配式建筑在系统化和规范化建造流程下,相对于现浇混凝土建筑而言,虽然施工流程得到了简化,现场工作量得以减少,但是装配式建筑的整个建造流程仍相对复杂,质量要求也不同,设计、加工、运输、吊装和拼接等环节如果处理不当,就会产生新的质量问题。

1.1.4　装配式建筑与现浇式建筑的差异

装配式建筑与现浇式建筑从设计、生产、施工到管理都有很大不同。装配式建筑模式的出现打破了以往的建筑模式和流程,这种突破体现在装配式建筑与现浇式建筑从生产到安装的各个环节。能耗低、污染少的建筑形式所赋予的质的飞跃也给建筑行业带来了希望。下面我们将从四个方面来阐述装配式建筑与现浇式建筑之间的差异。

1. 设计方面

对任何一个项目而言,设计是基础,好的设计不仅要满足建筑物功能、安全方面的要求,还要达到功能与成本的完美结合。由于我国关于装配式建筑的规范还不够完善,其设计工作面临着很大的挑战。正如前面所述,装配式建筑最大的特点就是构件在工厂预制,设计时需在满足结构要求的前提下对各预制构件进行深入的拆分和设计,以满足构件厂生产、运输以及现场施工的要求,因此相对于现浇建筑,装配式建筑对设计的细节要求更高。设计的合理性直接决定了现场构件安装的便捷性及相应的后浇混凝土的用料。

装配式建筑由很多预制构件现场组装而成,但是,目前的装配式建筑还不能全部预制,不可避免地存在一些现场工作量。这种"前期预制＋现场现浇"连接的模式决定了构件的尺寸、形状,同时,预留孔洞设计的正确性决定了现场施工的难度和整个项目的进度。因此,预制构件设计工作越细,现场工作量就会越少,项目进度也会越快,这就决定了装配式建筑需要更高的设计费。同时,设计需要更多的人员参与,甚至在设计时构件厂、施工方就要参与,这样就增加了各方协调的费用。在有的项目中,还会请专业的设计公司对构件拆分和设计的合理性进行审核,并提出建议。这些额外的支出不可避免地增加了设计费用。

而在现浇式建筑模式下,建筑设计贯穿整个工程,比较常见的是方案改动频繁,设计图纸可随着工程项目的变更而做相应的修改,有很多施工图纸边施工边修改,施工图纸中的错误也可以在工程项目建造过程中以比较低的成本进行修改,对工程项目涉及的需要多专业协同设计的部分要求较低,所以设计产生的费用较低,且设计要求的精确度也低。

关于装配式建筑设计与现浇式建筑设计的差异,一些人存在着一定的误区,他们认为装配式建筑设计就是先按现浇式建筑设计方式进行设计,再进行拆分设计,为了拆分而拆分。他们把装配式建筑设计看成后续附加环节,属于深化设计性质,最多只是在拆分图上审核签字。这样的结果可能会对结构安全造成隐患。即使构件的拆分设计交由有经验的专业设计公司承担,也应该是在设计单位的指导下,由工程设计单位审核出图,因为拆分设计必须在原设计基础上进行,必须符合原设计的意图。

2. 生产方面

装配式建筑构件在专业构件厂根据设计图纸要求的尺寸及相关规范标准经专业模具和设备生产,整个过程机械化程度较高,生产工人素质高,工人生产效率高,质量更容易控制,且容易达成规模化生产。

现浇式建筑也有一些预制构件方面的需求,如预制管桩、方桩或横梁等,但很多时候是在现场临时搭建工棚利用现场搅拌机进行混凝土生产,这样的生产方式计量不准确,生产质量无法得到保证,且生产规模小,受气候影响大。

3. 施工方面

装配式建筑施工主要为干法施工,施工工期短,现场一年可作业时间多,同时各工序可交叉作业流程多,可以把部分工序进行合并,施工更快捷。

现浇式建筑受各工艺衔接和施工组织先后关系限制,比如按土建、机电、外

墙、内墙等次序施工,工期较长。现浇式建筑现场手工作业工作量大,工作人员多,难免会因施工组织不合理而浪费时间,从而影响工期。而装配式建筑现场工人少,工期相对来说更好控制。

另外现浇式建筑现场脚手架、模板用量大,但装配式建筑现场大型机械设备使用多,而且起重设备的起重量大,回转半径参数比现浇式建筑更严格,相应措施的机械成本也更高。

4. 管理方面

装配式建筑大大减少了施工现场作业与作业人员数量,把大部分的工序、流程、劳务转移到了构件厂这样更流程化、制度化的工厂车间里,这样更便于工人的生产管理;另外,相对于现浇式建筑方式,装配式建筑需要运用更多和更好的信息化管理手段,需要更高的精细化管理水准,对管理人员的沟通协调能力提出了更高的要求。现浇式建筑施工模式下工程层层分包,出现问题经常会出现扯皮现象,沟通成本较高。

同时,管理的对象也会有所不同。装配式建筑对工人的要求越来越高,会吸引更多学历更高的人才进入施工行业,工地现场农民工所占比例将会越来越低。相应地,管理人员的管理方式也需要进行相应的升级,以适应这种变化。

装配式建筑与现浇式建筑的主要差别如表 1.1 所示。

表 1.1　装配式建筑与现浇式建筑的主要差别

项目	装配式建筑	现浇式建筑
目标	经济效益、社会效益、环境效益	经济效益
施工	最大限度地节约资源,高效利用资源	产生大量的资源浪费
运营维护	成本较低,能源利用率较高	成本偏高,能源利用率较低
拆除回收	材料可回收循环利用	拆除后大部分不可回收,对环境造成负担
全寿命周期	决策、设计、施工、运营、拆除回收	决策、设计、施工、竣工
结构设计	室内、室外有效连通	趋于封闭
建筑形式	因地制宜,体现地方文化	单调,千篇一律

续表

项目	装配式建筑	现浇式建筑
与自然环境的关系	以最小的生态和资源代价,换取舒适的居住空间,人与自然和谐共生	不顾环境资源限制,以人为本

1.2　国内外装配式建筑的发展概况

1.2.1　国外装配式建筑发展

西方发达国家的装配式建筑始于工业革命,目前,已经发展到了相对成熟、完善的阶段,装配式建筑行业规模化程度高,技术先进,追求高品质、低能耗以及资源循环利用。

1. 美国装配式建筑

美国的装配式建筑起源于 17 世纪的移民浪潮,当时采用的木构架拼装房屋就是一种装配式建筑。在经历三次移民高潮、塔式起重机出现、专业工人短缺、能源危机以及法律体系不断健全后,美国的装配式建筑体系更加标准化与规范化,且形式更加多样。美国装配式建筑发展历程如图 1.1 所示。

战后联邦政府开始指导人们使用汽车房屋,随着建筑界对高层建筑需求的增加与搭式起重机的出现,人们开始使用幕墙。20世纪60年代的通货膨胀以及专业工人的短缺促进了美国集成装配式建筑进入新阶段

产业化发展进入成熟期,发展重点是降低装配式建筑的物耗和环境负荷,发展资源循环型可持续绿色装配式建筑与住宅。信息时代的到来使集成装配式建筑发展渗透到建造技术的各个层面

17世纪至20世纪30年代

20世纪70至90年代

在经历了三次移民浪潮后,人们增加了钢结构的灵活性和混凝土预制构件的多样性,使之能够成批建造、样式丰富。1931年完工的纽约帝国大厦是标志性的装配式建筑

美国国会通过了《国家工业化住宅建造及安全法案》,后续又制定了一系列严格的行业标准。该阶段美国建筑业致力于发展标准化的功能块,设计上统一模数,既易于统一又富于变化,且降低了成本

20世纪40至60年代

21世纪至今

图 1.1　美国装配式建筑发展历程

美国国会在 1976 年通过了《国家工业化住宅建造及安全法案》。同年,美国联邦政府住房和城市发展部(HUD)颁布了《美国工业化住宅建设和安全标准》(简称为 HUD 标准),对设计、施工、强度、持久性、耐火性等进行了规范,随后出台了《联邦工业化住宅安装标准》,用于审核所有生产商的安装手册和州立安装标准。

美国低收入人群是装配式住宅的主要购买者。在各地城市郊区的低收入家庭中,购买装配式住宅的家庭高达 35%;在农村地区有 63% 的家庭购买装配式住宅。这是因为对于中、低收入家庭,通过租用土地使自己拥有一套装配式住宅,与租住一套公寓相比,前者是更为经济的选择。

美国的装配式建筑中,大城市住宅的结构类型以混凝土装配式和钢结构装配式住宅为主,在小城镇多以轻钢结构、木结构住宅体系为主(其中木结构占比达 80%,其余为钢结构),这与美国人的居住习惯相关。为了摆脱装配式住宅低等、廉价的形象,HUD 与美国装配建筑界一方面在质量和美观上下功夫,使之符合房地产的普通标准,逐渐摆脱传统的火柴盒式外观,与传统建造的住宅外观及特点非常相似;另一方面大力发展中高端装配式住宅产品,低端活动房屋从 1998 年的总建量 23% 下降至 2016 年的 0.15%,而中高端装配式住宅产量则由 1998 年的 0.5% 增加到 2016 年的 85%。

目前,美国装配式建筑构件和部品的标准化、系列化、专业化、商品化、社会化程度较高,具有结构性能好、通用性强且易于机械化生产的特点。美国的装配式建筑经历了从追求数量到追求质量、从传统行业中低档品种到产业化中高档品种的阶段性转变,并且融入环保绿色理念的技术正在市场需求中加快成长,以最大限度地节能、节地、节水、节材,保护环境和减少污染。

2. 日本装配式建筑

日本早在 1963 年便成立了预制建筑协会,于 1968 年提出装配式住宅的概念,并在 1969 年制定了《推动住宅产业标准化五年计划》,此后每五年都会颁布住宅建设五年计划,每一个五年计划都有明确的促进住宅产业发展和性能品质提高方面的政策和措施,从而推动了住宅标准化建设。20 世纪 70 年代,日本又通过建立优良住宅部品认定制度、住宅性能认定制度以及住宅技术方案竞赛制度等一系列制度来推动住宅产业化。预制建筑协会还出版了各种工业化模式的详细设计规范,先后建立 PC(precast concrete,预制装配式混凝土)工法焊接技术资格认证制度、预制装配式住宅装潢设计师资格认证制度、PC 构件质量认证制度、PC 结构审查制度等,先后编写了《预制建筑技术集成》丛书,包括剪力墙预制混凝土(W-PC)、剪力墙式框架预制钢筋混凝土(WR-PC)及现浇同等型框架预制钢筋混凝土(R-PC)等。日本装配式建筑发展历程如图 1.2 所示。

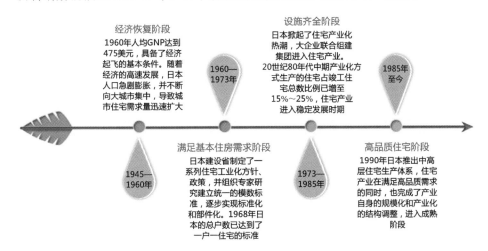

图 1.2　日本装配式建筑发展历程

　　从建筑结构类型来看,2017 年日本已开工建筑面积中,木结构占比41.70%,钢结构占比 37.71%,混凝土结构占比 18.02%,钢筋混凝土结构占比1.84%,其他类型结构占比 0.73%,钢结构占比仅次于木结构建筑。由于日本属于地震频发的国家,且森林资源较为丰富,钢结构虽有良好的抗震性能,但与木结构相比占比仍低一些。自 20 世纪 80 年代以来,已开工建筑面积中钢筋混凝土结构占比下降了 9%,而钢结构和混凝土结构的占比较为稳定,其中钢结构建筑开工面积占比稳定在 30% 以上。

　　日本装配式建筑追求中高层住宅配件化的生产体系,以满足日本人口比较密集的住宅市场需求,同时通过立法来保证预制构件的质量,在装配式住宅方面制定了一系列的方针政策和标准,形成了统一的模数标准,使得日本装配式建筑的发展逐渐标准、规范且日趋多样化。

3. 欧洲各个国家装配式建筑

　　欧洲各个国家装配式建筑的发展历程及结构形式有所不同,但建筑工业化大发展均源于第二次世界大战之后。在社会环境上,一方面战后欧洲经济发展迅速,人口向城市集中,但战争损坏大量房屋;另一方面劳动力不足,传统技工紧缺,且传统建筑施工效率较低,不能适应当时所面临的房屋增长的迫切需要。在技术条件上,欧洲的工业基础雄厚,战后恢复和发展较为迅速,且充裕的水泥、钢材和施工机械等,为建筑工业化的推行提供了更为有利的条件。

法国 1891 年就已推行装配式混凝土建筑,迄今已有 130 年的历史。法国建筑工业化以混凝土体系为主,钢、木结构体系为辅,多采用框架或板柱体系,并逐步向大跨度发展。近年来,法国建筑工业化呈现出三方面特点:一是焊接连接等干法作业的流行;二是结构构件与设备、装修工程分开,减少预埋,使得生产和施工质量提高;三是主要采用预应力混凝土装配式框架结构体系,装配率达到 80%,脚手架用量减少 50%,节能可达到 70%。

德国的装配式住宅主要采用叠合板、混凝土、剪力墙结构体系,剪力墙板、梁、柱、楼板、内隔墙板、外挂板、阳台板等构件,采用装配式混凝土结构,耐久性较好。德国是世界上建筑能耗降低最快的国家,直至近些年提出零能耗的被动式建筑。从大幅度的节能到被动式建筑,德国都采取了装配式建筑来推动实施,这就需要装配式住宅与节能标准之间的充分融合。

瑞典开发了大型混凝土预制板的工业化体系,大力发展以通用部件为基础的通用体系,瑞典的住宅预制构件达到了 95% 之多。瑞典的建筑工业化特点:一是在完善标准体系的基础上发展通用部件,二是模数协调形成"瑞典工业标准",实现了部品尺寸、对接尺寸的标准化与系列化。

丹麦则将模数法应用于装配式住宅,国际标准化组织 ISO 模数协调标准即以丹麦的标准为蓝本编制。丹麦推行建筑工业化的路径实际上是以产品目录设计为标准的体系,使部件达到标准化,然后在此基础上实现多元化的需求。

4. 新加坡装配式建筑

新加坡经历过三次建筑工业化尝试,1963 年引进法国大板预制体系,但由于本地承包商缺乏技术与管理经验,宣告失败;1971 年引进大板预制体系,同时引入合资企业,设立构件厂,但由于施工管理方法不当,并遇上石油危机,再一次宣告失败;1981 年,同时引进澳洲、法国、日本等多种体系,并率先在保障房中大规模推广,最后发展成具有新加坡特色的预制装配整体式结构。

新加坡政府在发展装配式建筑方面作用显著,装配式施工技术强制应用于组屋建设,其开发的 15 层到 30 层的单元化装配式住宅(塔式或板式混凝土多高层建筑)占全国总住宅数量的 80% 以上,并且通过平面布局、标准化以及以设计为核心的工业化,使其装配率达到了 70%。

1.2.2 国内装配式建筑发展

我国的装配式建筑起步于 20 世纪 50 年代,经历了开创、发展、低潮及恢复再发展四个阶段。20 世纪 50 年代,第一个五年计划中提出借鉴前苏联、东欧国家经验,推行标准化、工厂化、装配式施工的房屋建造方式,并于 1955 年在北京东郊百子湾兴建北京第一建筑构件厂。20 世纪 60—80 年代,各类建筑标准不高、形式单一,容易采用标准化方式建造,且房屋建筑抗震性能要求不高,总体建设量不大,预制构件厂供应基本可满足需求,全国多地形成了设计、制作和施工安装一体化的装配式混凝土工业化建筑模式,装配式混凝土建筑和采用预制空心楼板的砌体建筑成为两种主要的建筑体系,应用普及率达 70%。20 世纪 90 年代,大板住宅建筑等出现渗漏、隔声差、保温差等使用性能方面的问题,我国建筑建设规模急剧增长,建筑设计出现个性化、多样化、复杂化的特点,房屋建筑抗震性能要求提高,装配式建筑发展停滞。与此同时,随着各类模板、脚手架、商用混凝土的普及,现浇施工技术得到了大发展,现浇结构更适应这一时期的国情。21 世纪至今,随着经济发展模式逐步从投资拉动向质量发展转变,我国对绿色建筑、生态环境、建筑能耗等要求不断提高,同时,随着劳动力成本的不断上升,预制构件加工精度与质量、装配式建筑施工技术和管理水平的提高以及国家政策因素的推动,装配式建筑慢慢恢复、发展、创新,逐步形成技术体系和技术标准,开始推广应用。我国装配式建筑发展历程如图 1.3 所示。

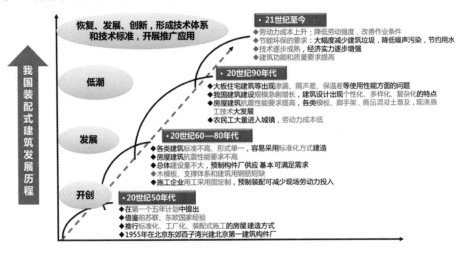

图 1.3 我国装配式建筑发展历程

根据住房和城乡建设部统计,2015 年全国新建装配式建筑面积为 0.73 亿平方米,占当年新建建筑面积的比例为 4.7%。从 2016 年开始,我国建筑工业化步入快速发展期,进入"十三五"计划以来,国务院发布《关于进一步加强城市规划建设管理工作的若干意见》后,装配式建筑市场规模呈显著增长态势。2016 年全国新建装配式建筑面积为 1.14 亿平方米,同比增长 56%,占新建建筑面积的比例为 6.8%。2017 年我国装配式建筑面积约 1.5 亿平方米,同比增长 32%,新建装配式建筑面积占本年新开工建筑面积比例已达到 8.4%。我国新建装配式建筑面积发展情况如图 1.4 所示。

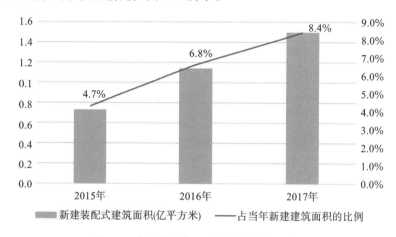

图 1.4 我国新建装配式建筑面积发展情况

2020 年,全国新开工装配式建筑共计 6.3 亿平方米,较 2019 年增长 50%,占新建建筑面积的比例约为 20.5%,完成了《"十三五"装配式建筑行动方案》确定的"到 2020 年达到 15% 以上"的工作目标。京津冀、长三角、珠三角等重点推进地区新开工装配式建筑占全国的比例为 54.6%,积极推进地区和鼓励推进地区占 45.4%,重点推进地区所占比重较 2019 年进一步提高。

1.2.3 国内外装配式建筑比较

发达国家和地区的装配式建筑发展大致经历了三个阶段。①初期阶段:政府主导建立工业化生产(建造)体系。②发展阶段:提高建筑的质量和建造性价比。③成熟阶段:进一步降低建筑物能耗和对环境的负荷,解决多样化、个性化、低碳、环保等问题。对比之下,我国装配式建筑发展仍处于初期阶段,政府正发挥主导作用统筹建立装配式生产(建造)体系,并逐渐激活市场。

装配式建筑的发展与社会经济、地理环境和科技水平相关,各国因地制宜地选择适合自己的装配式技术路线。欧美国家的工业化水平和科技水平较高,劳动力紧缺,因而建筑装配率较高。我国装配式建筑发展存在低潮期,进入 21 世纪才逐渐恢复,近几年在政府主导下迎来较大进展。此外,法国、丹麦以装配式混凝土建筑为主,日本以木结构和钢结构为主,新加坡因为人口密度大选择多高层装配式混凝土结构,我国以装配式混凝土结构和钢结构为主。

政府在发展装配式建筑方面作用显著。新加坡组屋中强制推行装配式混凝土结构,取得了较高的社会效益,对土地所有制形式类似、人口密度较高的我国有很好的借鉴意义。

完善的法律法规及技术进步可促进装配式建筑发展。在法律法规方面,《美国工业化住宅建设和安全标准》为建材产品和部品部件产业发展奠定了基础,日本通过立法来保证预制构件的质量,瑞典工业标准实现了部品尺寸、对接尺寸的标准化与系列化;在技术体系方面,基本建筑体系和关键技术、产业化技术工人、部品部件生产质量水平、物流体系、质量管理和评价体系等的进步和完善推动了各国装配式建筑的发展。

1.3　发展装配式建筑的意义及未来趋势

1.3.1　发展装配式建筑的意义

1. 发展装配式建筑是落实党中央国务院决策部署的重要举措

近年来,我国高度重视装配式建筑的发展。2020 年 7 月,住房和城乡建设部、发展和改革委员会、教育部、工业和信息化部、中国人民银行、国家机关事务管理局、中国银行保险监督管理委员会七部委,联合印发了《绿色建筑创建行动方案》,提出要大力发展钢结构等装配式建筑,新建公共建筑原则上采用钢结构;编制《钢结构住宅主要构件尺寸指南》,强化设计要求,规范构件选型,提高装配式建筑构配件标准化水平;推动装配式装修,打造装配式建筑产业基地,提升建造水平。2021 年 10 月,国务院印发《2030 年前碳达峰行动方案》,该通知明确:推广绿色低碳建材和绿色建造方式,加快推进新型建筑工业化,大力发展装配式建筑,推广钢结构住宅,推动建材循环利用,强化绿色设计和绿色施工管理,加强县城绿色低碳建设。2022 年 1 月,住房和城乡建设部印发的《"十四五"建筑业发展规划》提出,大力发展装配式建筑,构建装配式建筑标准化设计和生产体系,推动生产和施工智能化升级,扩大标准化构件和部品部件使用规模,提高装配式建筑综合效益。因此,发展装配式建筑有利于落实党中央国务院及相关部门的政策部署。

2. 发展装配式建筑是促进建设领域节能、节材、减排、降耗的有力抓手

当前,我国经济发展方式粗放的局面并未得到根本转变。特别是建筑业,采用现浇的方式,资源能源利用效率低,建筑垃圾排放量大,扬尘和噪声污染严重。如果不从根本上改变建造方式,粗放建造方式带来的资源能源过度消耗将无法扭转,经济增长与资源能源的矛盾会更加突出,并将极大地制约中国经济社会的可持续发展。

发展装配式建筑在节能、节材和减排方面的成效已在实际项目中得到证明。在资源能源消耗和污染排放方面,根据住房和城乡建设部科技与产业化发展中心对 13 个装配式混凝土建筑项目的跟踪调研和统计分析,装配式建筑相比现浇式建筑,建造阶段可以大幅减少木材模板、保温材料(寿命长,更新周期长)、抹灰水泥砂浆、施工用水、施工用电的消耗,并减少 80% 以上的建筑垃圾排放,减少碳排放和环境污染(如扬尘、噪声),有利于改善城市环境、提高建筑综合质量和性能、推进生态文明建设。装配式建筑与现浇式建筑相比的节能降耗水平如表1.2 所示。

表 1.2　装配式建筑与现浇式建筑相比的节能降耗水平

项目	节能降耗水平
木材	55.40%
保温材料	51.85%
水泥砂浆	55.03%
施工用水	24.33%
施工用电	18.22%
建筑垃圾排放	69.09%
碳排放	27.26 kg/m^2
环境污染	可以有效减少施工现场扬尘和噪声污染

3. 发展装配式建筑是促进当前经济稳定增长的重要措施

2006 年以来,我国建筑业增加值占国内生产总值的比重始终保持在 5.7%

以上。特别是2014年建筑业实现增加值4.47万亿元,占国内生产总值比重达到7.03%,再创新高。2015年建筑业实现增加值46456亿元,比上年增长3.9%。由此可知,建筑业在国民经济中具有重要的支柱产业地位。

当前,我国经济增长将从高速转向中高速,经济下行压力加大,建筑业面临改革创新的重大挑战,发展装配式建筑正当其时。

①可催生众多新型产业。装配式建筑包括混凝土结构建筑、钢结构建筑、木结构建筑、混合结构建筑等,量大,面广,产业链条长,产业分支众多。发展装配式建筑能够为部品部件生产企业、专用设备制造企业、物流产业、信息产业等提供新的市场需求,有利于促进产业再造和增加就业。特别是产业链条向纵深和广度发展,将带动更多的相关配套企业发展。

②拉动投资。发展装配式建筑必须投资建厂,建筑装配生产所需要的部品部件,能带动大量社会投资涌入。

③提升消费需求。集成厨房和卫生间、装配式全装修、智能化以及新能源的应用等将促进建筑产品的更新换代,带动居民和社会消费增长。

④带动地方经济发展。从国家住宅产业现代化试点(示范)城市发展经验看,发展装配式建筑可引入"一批企业",建设"一批项目",带动"一片区域",形成"一系列新经济增长点",可有效促进区域经济快速增长。以沈阳市为例,截至2015年底,沈阳市累计新增混凝土部品部件生产企业投资35.5亿元,钢结构企业投资21亿元,现代建筑产业产值突破1000亿元。

4. 发展装配式建筑是带动技术进步、提高生产效率的有效途径

近些年,我国工业化、城镇化进程快速推进,劳动力减少、高素质建筑工人短缺的问题越来越突出,建筑业发展的"硬约束"加剧。一方面,劳动力价格不断提高;另一方面,建造方式传统、粗放,工业化水平不高,技术工人少,劳动效率低下。发展装配式建筑涉及标准化设计、部品部件生产、现场装配、工程施工、质量监管等,构成要素包括技术体系、设计方法、施工组织、产品运输、施工管理、人员培训等。采用装配式建造方式,会"倒逼"诸环节、诸要素摆脱低效率、高消耗的粗放建造模式,走依靠科技进步、提高劳动者素质、创新管理模式、内涵式、集约式的发展道路。

装配式建筑在工厂里预制生产大量部品部件,这部分部品部件运输到施工现场再组合、连接、安装。装配式建筑具有以下优点:工厂的生产效率远高于手工作业;工厂生产不受恶劣天气等自然环境影响,工期更为可控;施工装配机械

化程度高,大大减少了现浇施工现场大量和泥、抹灰、砌墙等湿作业;交叉作业方便有序,提高了劳动生产效率,可以缩短 1/4 左右的施工时间。此外,装配式建造方式还可以减少约 30% 的现场用工数量。升级生产方式,减轻劳动强度,提升生产效率,分摊建造成本,有利于突破建筑业发展瓶颈,全面提升建筑产业现代化发展水平。

5. 发展装配式建筑是实现"一带一路"倡议的重要路径

加入世界贸易组织以来,我国建筑业已深度融合国际市场。在经济全球化大背景下,我国要在巩固国内市场份额的同时,主动"走出去"参与全球分工,在更大范围、更广领域、更高层次上参与国际竞争。特别是在"一带一路"倡议中,采用装配式建造方式,有利于与国际接轨,提升核心竞争力,利用全球建筑市场资源服务自身发展。

装配式建筑能够彻底转变以往建造技术水平不高、科技含量较低、单纯拼劳动力成本的竞争模式,将工业化生产和建造过程与信息化紧密结合,应用大量新技术、新材料、新设备,强调科技进步和管理模式创新,注重提升劳动者素质,注重塑造企业品牌和形象,以此形成企业的核心竞争力和先发优势。同时,采用工程总承包方式,重点进行方案策划,介入一体化设计先进理念,注重产业集聚,在国际市场竞争中补"短板"。发展装配式建筑将促进企业苦练内功,携资金、技术和管理优势抢占国际市场,依靠工程总承包业务带动国产设备、材料的出口,在参与经济全球化竞争过程中取得先机。

6. 发展装配式建筑是全面提升住房质量和品质的必由之路

新型城镇化是以人为核心的城镇化,住房是人民群众最大的民生问题。当前,住宅施工质量一直饱受诟病,如屋顶渗漏、门窗密封效果差、保温墙体开裂等。建筑业落后的生产方式直接导致施工过程随意性大,工程质量无法得到保证。

发展装配式建筑,主要采取以工厂生产为主的部品部件取代现场建造方式,工业化生产的部品部件质量稳定;以装配化作业取代手工砌筑作业,能大幅减少施工失误和人为错误,保证施工质量;装配式建造方式可有效提高产品精度,解决系统性质量通病,减少建筑后期维修维护费用,延长建筑使用寿命。采用装配式建造方式,能够全面提升住房品质和性能,让人民群众共享科技进步和供给侧结构性改革带来的发展成果,并以此带动居民住房消费,在不断更新换代中,走向中国住宅梦的发展道路。

1.3.2　装配式建筑发展现状和未来趋势

1. 装配式建筑的发展现状及问题分析

发展装配式建筑,创新建造方式,助推建筑业转型升级已经成为共识,尤其是《国务院办公厅关于大力发展装配式建筑的指导意见》(国办发〔2016〕71号)发布后,一批专门从事装配式建筑设计、生产、施工的企业迅速成长,装配式建筑行业得到了长足的发展,甚至有人把 2016 年看作中国装配式建筑发展元年。截至 2020 年底,全国统计在册的构件厂超过了 2000 家,装配式建筑在 2020 年的建设和开工面积也达到了创纪录的 6.3 亿平方米。尽管发展形势乐观,但装配式建筑存在的问题不容忽视,否则将影响装配式建筑行业的健康发展。

(1)装配式建筑评价标准不统一,预制装配率存在"拼凑"现象。

现阶段,装配式建筑评价标准"政出多门",各地规定"五花八门",业界对装配式建筑的认识尚缺乏统一标准。目前,各地对装配式建筑评分与评价、认定差异较大,概念也不完全一致。比如,有的省市规定必须采用一定比例的竖向预制构件才能认定为装配式建筑,有的省市只要用了部分叠合板、部分楼梯或阳台就可以认定为装配式建筑。另外,对于预制率、装配率和预制装配率等关键指标,各省市都有自己的计算规定。因为缺乏统一的评价标准,甚至出现了"为装配而装配"、为应付考核而"假装配"的现象。

(2)新型装配式建筑结构技术推广难度大,存在"绕过结构主体"的现象。

装配式建筑是一个系统工程,从结构主体到机电安装、装饰装修,从水平结构到竖向结构,从地上结构到地下结构都应该以建筑为载体,通过标准化设计、工厂化生产、装配化施工和信息化管理,最终实现智能建造。特别是结构主体,对装配式建筑而言,这是一道绕不过的坎,主体结构施工周期长、难度大、造价高,通过装配式建造方式实现主体结构的高效施工和绿色施工是装配式建筑的关键技术。但目前不少地方缺乏创新意识,采取拼凑装配率的方式规避主体结构装配,继而影响装配式建筑结构技术的推广和应用。

(3)片面追求"装配化",忽视了"工业化"。

采用工厂的模块化生产、现场的装配式施工,其根本目的是实现建筑工程的工业化建造,但由于对工业化产品存在认同的固有观点和标准,部分已经高度工业化的产品得不到认可。如商品混凝土,在国际上这也是一种高度工业化的产品,从生产、运输到施工,机械化程度已经很高,但由于片面追求预制率,叠合结构体系的后浇混凝土在评价预制率或装配率时,存在不认可或按比例折算的问题,这也影响了新型结构技术的推广和应用。

（4）缺乏对创新技术的支持和包容。

部分地方"教条主义"思想比较严重,对创新的装配式建筑技术缺乏支持,仅拘泥于已有的规范和标准,甚至是过时的文件,不愿意创新甚至畏惧创新,害怕担责,宁愿不作为也不愿意创新发展,这在一定程度上对新技术的创新及应用造成束缚。

（5）装配式建筑的成本测算缺乏"全社会成本"的理念。

装配式建筑的成本测算是一个系统工程,成本内容既应该包含直接成本,也应该包含环保成本等社会成本,但在实际运作中,相关企业往往只注重直接成本,忽视了社会效益和由此带来的资源节约。因此,在采用装配式建筑技术时,仅仅满足于符合当地的最低装配率要求,造成了装配式建筑的发展成为一种政策压力下的被动需求,市场却缺乏主动推力,这也是装配式建筑技术发展缓慢的主要原因。

（6）国家和行业技术标准与团体标准的衔接出现脱节现象。

自 2016 年起,住房和城乡建设部不再新批国家和行业技术标准,转而鼓励团体标准和企业标准的发展,除了涉及质量安全的强制性标准,一般技术标准退出历史舞台。但由于国家和行业标准与团体标准缺乏衔接,多数企业和专家还在依赖国家和行业标准,致使团体标准的推广应用面临巨大的阻力。加之团体标准编制门槛较低,数量偏多,重复编制现象严重,且缺乏权威性认定,因此,在推广应用装配式建筑新技术时,还需要编制众多的地方标准并进行多次的专家论证,严重影响了技术的创新和科技成果的推广应用。

2. 装配式建筑的发展趋势与方向

装配式建筑是建筑业新型工业化的载体,装配式建造方式是智能建造的关键技术,因此,装配式建筑的发展趋势与方向应该有利于实现工业化建造、智能建造和绿色建造。

（1）装配式建筑的评价标准应该从预制装配率向工业化率转变。

建筑业总产值中工业化产值是衡量建筑工业化程度的重要指标,而工业化率（工业增加值占全部生产总值的比重）应该是衡量装配式建筑是否实现了新型工业化的重要指标。统一装配式建筑的评价标准,变预制装配率为工业化率,有利于处理好预制混凝土与现浇混凝土的关系,有利于客观评价工厂化生产与现场施工的利弊,有利于加快装配式建筑的健康、快速发展。

(2)新型装配式建筑结构技术的出现将会促进建筑工业化程度的进一步提高。

从结构形式上看,混凝土结构由于其性价比较高且原材料来源广泛仍将是主流,钢结构在公共建筑中将会体现出更大优势。装配式建筑从设计角度来看将会更有利于工厂化发展,包括结构构件、机电管线和装饰工程。以装配式混凝土结构为例,传统灌浆套筒结构会进一步被优化,但其他结构技术也将不断涌现和发展;在德国双皮墙技术的基础上发展而来的空腔叠合混凝土结构技术,由于其施工便捷、质量可靠、整体性好、成本更低,解决了传统装配式建筑竖向连接和质量检测难的痛点,更适合中国国情,将会得到大力推广和发展。

(3)装配式建筑将从简单的预制构件装配向全方位装配发展。

装配式建筑结构将从单纯的水平结构应用向水平、竖向结构全装配发展,将从单纯的地上结构装配向地上、地下结构全装配发展。由于装配式混凝土结构技术的局限性,以及地下部分受力、防水等条件的约束,目前的装配式结构体系仅适用于地上结构。但随着装配式结构技术的发展,地上、地下全装配将成为现实。特别是对于地下工程周期长、造价高、高支模、体量大的弊端,装配式地下结构技术有利于实现高效施工,因此,地下工程的装配式建造将成为发展方向。

(4)装配式建筑将从以结构为主的预制装配向全专业装配发展。

随着建筑工业化水平的提高,结构工程、机电工程、装饰装修工程等全专业装配的实现已成为可能。近年来,很多工程尝试进行了全专业的装配式实践,并取得了较好的效果,尤其是较为复杂的机房工程采用模块化预制、装配式施工,实现了快速、高质量施工,取得了良好的经济效益。建筑工程全专业的装配建造方式能最大限度地实现建筑工业化。

(5)建筑材料的创新发展和工程装备的升级将助推新型建筑工业化发展。

新型建筑材料和装备是建筑工业化进程的源泉和动力,装配式建筑的发展不仅是结构技术的创新,更需要新型建筑材料的研发和相关装备的升级换代。近年来,新型建筑材料[如超高性能混凝土(ultra-high performance concrete,UHPC)、气凝胶绝热真空保温板等高性能材料]的不断涌现,使装配式建筑的性能不断改善、施工工艺不断改进;同时,生产装配式建筑构配件、部品部件的装备也在不断更新,自动化、智能化程度不断提高,为实现新型建筑工业化与智能建造的协同发展创造了条件。

（6）高附加值构配件及异型构件将成为装配式建筑市场的主流产品。

目前，构配件生产企业众多，但产品品种单一，竞争异常激烈。由于受到设计标准化的过度影响，构件生产企业往往寄希望于构配件标准化程度的提高，而忽视了复杂构件和异型构件的市场需求。复杂构件和异型构件的工业化生产能力才是构配件生产厂家的发展方向。因此，结构保温一体化甚至是结构保温装饰一体化的复杂构件、满足建筑师造型风格需求的异型构件等高附加值构件，将成为未来市场的主流产品。

（7）装配式超低能耗建筑是未来建筑的发展方向。

在建筑业的碳排放中"贡献"最大的是建筑运营过程中产生的能耗，超低能耗建筑因其能源消耗低，有利于实现建筑业的"碳中和"而备受关注。北京市、河北省等多个地方已出台超低能耗建筑的地方标准和鼓励性政策。采用装配式建造方式可以大幅度降低建造过程的能耗，建设速度大大提高，同时，保温与建筑结构的一体化反打混凝土工艺还提高了隔热层的施工质量及建筑的安全性，因此，装配式超低能耗建筑也是装配式建筑发展的重要方向。

我们应该相信装配式建筑将是大众建筑的未来，现阶段，装配式建筑技术应不断创新，以提升装配式建筑产品性能和质量，提升企业的产品竞争力。装配式建筑也具备可持续性的特点，不仅防火、防虫、防潮、保温，而且环保、节能。2019年，全国住房和城乡建设部工作会议重点提出：以发展新型建造方式为重点，深入推进建筑业供给侧结构性改革；大力发展钢结构等装配式建筑，积极化解建筑材料、用工供需不平衡的矛盾，加快完善装配式建筑技术和标准体系。到2025年，中国新建装配式建筑面积将达到16.51亿平方米，市场规模将达3.6万亿元。

3. 推动装配式建筑发展的措施

装配式建筑发展的总体形势是好的，目前存在的问题也是发展过程中的问题，只要大家重视，积极采取措施，我国的装配式建筑一定能健康、快速发展。以下建议供各级政府部门和业界相关人员参考。

（1）进一步强化顶层设计，规范评价标准。

装配式建筑的发展重在规划和顶层设计，相关部门在按照国务院和住房和城乡建设部的要求做好目标规划的同时，要设计好装配式建筑发展的路径，不为装配而装配，而是从助推建筑业转型升级和建设建筑工业化体系的高度出发，有序推进建筑工程全专业的装配化和工业化进程。

（2）规范装配式建筑标准体系，有序衔接国家行业标准与团体标准。

规范装配式建筑的评价标准，完善装配式建筑的标准体系，尤其是做好已有的装配式建筑标准与后续编制的团体标准的衔接是当务之急。现阶段，原有的国家和行业标准仍在执行，新编的团体标准质量参差不齐，且行业对团体标准的认知存在较大差异。因此，建议尽快修编原有的国家及行业标准，将新编团体标准中装配式建筑新技术纳入修编标准，同时启动团体标准的第三方认证，提高其权威性。

（3）通过装配式示范工程引领创新技术的推广和应用。

近年来，装配式建筑新技术不断涌现，如装配式空腔叠合混凝土结构技术、开孔钢板剪力墙等钢结构技术、装配式超低能耗建造技术等，但由于缺乏国家和行业标准的支撑，仅凭团体标准的支持存在推广应用缓慢的问题。因此，从国家行业监管的角度出发，推动应用新技术的示范工程建设，并给予一定的政策鼓励，可以有效推动装配式建筑新技术的应用。

（4）强化监管，规范构件生产与施工，建立产业工人队伍。

据不完全统计，国内构件厂超过 2000 家，工艺参差不齐，有些构件厂仅凭几十张固定模台便可开张营业。由于缺乏完整的质量监管体系，构件质量存在不同程度的隐患，强化监管刻不容缓；同时，装配式建筑施工对操作工人的素质要求和技能要求大大提高，而从业人员仍然以缺乏培训的传统劳务工人为主，因此，产业工人队伍的建设也需要通过积极的政策引导加快推进。

（5）研发多品种构件及部品部件，满足建筑产品个性化、多样化需求。

产品单一、附加价值低下、不能满足建筑产品个性化的需求，也是制约装配式建筑发展的重要因素。装配式建筑设计和构件生产企业应该联合攻关，创新生产工艺，研发新型装备，丰富构配件品种，最终能够如汽车工业一样，满足不同层次和不同客户的个性化需求。

（6）集行业之力解决突出问题，助力行业健康发展。

装配式建筑的突出问题有装配式混凝土建筑竖向结构和地下结构的应用问题、钢结构的隔声及防水问题、标准化与建筑产品个性化及多样化的矛盾问题等。

第 2 章　装配式建筑生产与运输

2.1　建筑产业化简介

2.1.1　建筑产业化的概念

当前建筑科学因技术的发展和政策的背景而不断引入产业化的相关内容，相关研究人员开始对建筑产业化进行探索。住房和城乡建设部发布的《建筑产业现代化发展纲要》指出发展建筑产业化是当前推进建筑行业的路径，意味着我国建筑产业化走入了前进的新时期。

李忠富从生产方式的角度对建筑产业化进行定义，指出建筑产业化是通过生产预制化构件和装配式施工以区分于传统方式。从科技创新应用角度来看，贺玲童提出"建筑产业化的基本特点是管理信息化和应用智能化"，将建筑产业化和信息化融合，提高了建筑产业化的技术性和创新驱动力。建筑产业化的定义随着其不断的发展变化而更新完善。

综合之前学者们的研究分析，建筑产业化具有建筑设计标准化、构件工厂化和施工机械化等基本特征。本书对建筑产业化进行定义：基于标准化设计、工厂化生产、装配化施工、数字化管理和智能化应用特点，通过预制化构件和装配式实施的生产模式，搭建建设项目全生命周期产业链，为达成项目绿色、效益高、可持续的目标而控制投入、加快进度、保证品质的依靠创新工艺的建筑生产方式。建筑产业化具有以下优点。

①与传统建造方式相比，建筑产业化可节水 60%、节省木材 80%、节省其他材料 20%、减少建筑垃圾 80%、减少能耗 70%，可以推动技术创新，提高建筑品质。

②建筑产业化可促进新技术、新材料、新设备和新工艺的大量运用，大大提升建筑安全性、舒适性和耐久性，同时可带动设计、建材、装饰等 50 多个关联产业产品的技术创新。

③建筑产业化可以集约增效,利于企业"走出去"。建筑产业化促进建设标准规范化、流程系统化、技术集成化、部品工业化以及建造集约化,能减少用工50%、缩短工期30%~70%。可显著降低用工需求的特点,也为企业"走出去"注入了强大的活力。

④建筑产业化可以促进建筑企业转型升级,走上集约化、可持续发展道路。

发展建筑产业化是建筑生产方式从粗放型生产向集约型生产的根本转变,是产业现代化的必然路径和发展方向。

2.1.2　建筑产业化的特征

建筑产业化具有以下五个典型特点。

(1) 设计标准化。

项目构件的标准化设计是能够实现工厂化生产的前提条件,同时也是建筑产业化的一个典型特点。将项目构件的种类、型号、尺寸、原料等标准进行一致化,可将现实项目中有大量需要的、适配性高的建筑构件、配件、机械、装置制作成相匹配的标准化设计图纸。为了降低生产阶段的投入和期限、提升该阶段的效益和满足构件品质的要求,可利用建设项目设计的准则和项目的标准化设计,实现全方位的管理经济性。

(2) 构件生产工厂化。

当建筑构件在数据化统计和标准化设计的前提下实现通用性之后,即可对其进行批量化生产,通过工厂化实现构件的市场化,实现建筑产业化中通用化构件的市场供应。现阶段,实现建筑产业化的一个典型特征就是对项目实施中的构件进行工厂化生产。

(3) 施工安装装配化。

工厂化生产的标准化构件的现场安装施工对安装员工提出了很高的技术和技艺要求,需要严格按照标准流程对标准化构件进行拼接,精度和质量必须符合标准。批量定制的工厂化构件有效减少了施工场地的湿作业工作区域,相关劳动的减少极大地提升了建筑实施阶段的效率和效益,推进建设项目的绿色可持续发展,加快施工进度,有效节约资源、控制成本,达到绿色施工的要求。

(4) 全过程信息化。

在建设项目的全过程中,规划设计阶段、构件生产阶段、装配实施阶段、交付运营阶段无不包含大量的数据信息,通过对相关信息的全方位处理和精准识别,充分了解、把握数字背后的意义和价值,最终达到高质量处理、全面化使用的目

的,充分发挥建筑产业化的优势。

(5) 全面管理科学化。

现阶段的建筑开发建设过程中,全生命周期的各个阶段都由不同的利益相关方个体进行承担、单独开展,当全过程中的各个阶段进行转移过渡时,项目面临着大量的工作信息交接任务,繁杂的任务和庞大的信息需要精准对接,避免因资料转接而使项目产生风险,因此需要系统化的管理思想进行全过程、全方位的指导。对建设项目的信息整合化统筹管理,能够确保各个阶段任务的科学实施和衔接,防止因管理漏洞而导致项目出现风险。

2.2　生产材料的应用

装配式建筑的构件在生产工厂制作,在现场拼装,施工方便快捷,节约材料,环保节能,自重轻,工期短,有良好的社会效益,符合国家环保、节能技术政策。建筑构件实现工业化生产后,不仅可以减少很多现场施工造成的浪费,同时也使更多环保、绿色、可持续发展的建筑材料得到应用。

在我国的房屋建筑材料中,墙体材料占 45%～75%,而在装配式建筑的发展中,墙体材料的变化就显得极为明显。墙体材料发展趋势是由小块向大块,由大块向板材发展。板材装配采用干作业,相对于砖和砌块而言,其施工效率可以成倍提高。2014 年 5 月,中国建筑材料联合会制定了《中国建筑材料工业新兴产业发展纲要》,确定了建筑材料新兴产业七大领域,其中包括新型多功能节能环保墙体产业,提出"重点发展轻质高强、多功能复合一体化、安全耐久、节能环保、低碳绿色、施工便利的新型多功能墙体材料";坚持技术含量高、产品新型、质量好、节能环保、低碳绿色和舒适的原则;坚持产品性能优异、功能多元以及复合功能强的原则;坚持制品化、部品部件产业化与组合组装的发展原则;坚持美观、实用、安全、无污染的发展原则。

主要的板材类型有以下几种。

(1) 水泥制品板材。

水泥是我国应用广泛的胶凝材料,各类型水泥制成的墙板从 20 世纪 90 年代末开始进入市场,例如大家熟悉的玻璃纤维增强水泥多孔轻质隔墙条板、节能环保的灰渣混凝土建筑隔墙板、节能保温的硅酸钙复合夹芯墙板等。1999 年全国墙板生产总量已达到 2.41 亿平方米,占全国墙材的 1.41%。但由于板材接缝技术及收缩开裂问题未能得到很好的解决,加之低劣产品充斥市场,墙板行业受到了严重的影响,建筑开发应用及设计部门对建筑隔墙板产品产生了较差的印象。2006 年和 2007 年,墙板的生产与应用萎缩到不足 28010 万平方米,企业已不足 300 家,全国隔墙板生产总值不足 20 亿元。在我国对建筑轻质隔墙条板产品进行的几次监督抽查结果中可以看出,产品普遍存在的问题有干燥收缩值普遍偏大、面密度控制不好、力学性能差(如抗冲击性、抗折能力、抗压强度、吊挂力等)。

因为水泥制成的建筑墙体板材存在大板易开裂、容重大等问题,同时水泥生产能耗高,对环境不友好,所以发展新型环保的、可持续发展的墙体材料也成为建筑行业的一大重点。

(2) 石膏制品板材。

石膏作为一种传统的胶凝材料,很受人们的青睐。它是以建筑石膏为主要原料制成的一种材料,属绿色环保、新型建筑材料,具有轻质、保温、隔热、无辐射、无毒、无味、防火、隔声、施工方便、绿色环保等诸多优点。石膏板是当前着重发展的新型轻质板材之一,已广泛应用于住宅、办公楼、商店、旅馆和工业厂房等各种建筑物的内隔墙、墙体覆面板(代替墙面抹灰层)、天花板、吸声板、地面基层板和各种装饰板等。除了经济常见的象牙白色板芯、灰色纸面,其他品种如下。

① 防火石膏板:在传统纸面石膏板的基础上,创新开发的一种新产品,不但具有了纸面石膏板的隔声、隔热、保温、轻质、高强、收缩率小的特点,而且在石膏板板芯中增加一些添加剂(玻璃纤维),使得这种板材在发生火灾时,在一定时间内保持结构完整(在建筑结构里),从而起到阻隔火焰蔓延的作用。

② 花纹装饰石膏板:以建筑石膏为主要原料,掺加少量纤维材料等制成的有多种图案、花饰的板材,如石膏印花板、穿孔吊顶板、石膏浮雕吊顶板、纸面石膏饰面装饰板等。它是一种新型的室内装饰材料,适用于中高档装饰,具有轻质、防火、防潮、易加工、安装简单等特点。特别是新型树脂仿型花纹饰面防水石膏板,板面覆以树脂,仿型花纹饰面,其色调图案逼真,新颖大方,板材强度高、耐污染、易清洗,可用于装饰墙面,做护墙板及踢脚板等,是代替天然石材和水磨石的理想材料。

③ 纸面石膏装饰吸声板:以建筑石膏为主要原料,加入纤维及适量添加剂做板芯,以特制的纸板为护面,经过加工制成。纸面石膏装饰吸声板分有孔和无孔两类,并有各种花色图案。它具有良好的装饰效果。纸面石膏装饰吸声板两面都有特制的纸板护面,因而强度高、挠度小,具有轻质、防火、隔声、隔热等特点,抗震性能良好,可以调节室内温度,施工简便,加工性能好。纸面石膏装饰吸声

板适用于室内吊顶及墙面装饰。

（3）金属波形板。

金属波形板是以铝材、铝合金或薄钢板轧制而成（也称金属瓦楞板）的。如用薄钢板轧成瓦楞状，涂以搪瓷釉，经高温烧制成搪瓷瓦楞板。金属波形板重量小、强度高、耐腐蚀、反光能力强、安装方便，适用于屋面、墙面。

（4）EPS 隔热夹芯板。

EPS 隔热夹芯板是以 0.5～0.75 mm 厚的彩色涂层钢板为表面板，以聚苯乙烯为芯材，用热固化胶在连续成型机内加热、加压复合而成的超轻型建筑板材，是集承重、保温、防水、装修于一体的新型围护结构材料。EPS 隔热夹芯板可制成平面形或曲面形板材，适用于大跨度屋面结构（如体育馆、展览厅、冷库等）及其他多种屋面形式。

（5）硬质聚氨酯夹芯板。

硬质聚氨酯夹芯板由镀锌彩色压型钢板面层与硬质聚氨酯泡沫塑料芯材复合而成。压型钢板厚度为 0.5 mm、0.75 mm、1.0 mm。彩色涂层为聚酯型、改性聚酯型、氟氯乙烯塑料型，这些涂层均具有极强的耐候性。该板材具有轻质、高强、保温、隔声效果好、色彩丰富、施工方便等特点，是集承重、保温、防水、装饰于一体的屋面板材，可用于大型工业厂房、仓库、公共设施等大跨度建筑和高层建筑的屋面结构。

2.3　建筑构件生产

2.3.1　预制构件的特点

预制构件是装配式建筑结构的重要组成部分，其贯穿于装配式建筑设计、生产、运输及装配各个环节。与传统建筑业相比，装配式建筑预制构件的质量形成于某个或多个环节之中，其特点如下。

（1）装配式建筑需要拆分预制构件，故设计阶段新增深化设计环节。设计环节进行构件拆分，构件拆分需综合考虑各专业和后续各阶段的影响因素；预制构件需要综合考虑设计、生产、施工、吊装、运输、施工场地布置等因素；机电管线、线盒需提前预埋在预制构件中，到现场后进行拼装连接。

（2）装配式建筑建造提前在工厂生产预制构件，须先设计和制造模具。拆分预制构件时应遵循标准化、模数化原则,以提高模具的重复使用率。在生产过程中也要格外注意模具组装的精度、预埋件安装精度等,根据深化设计方案保证预制构件质量。

（3）预制构件提前在工厂生产,运至装配现场吊装拼接,方便快捷;节约劳动力,大大减少了现场的湿作业,降低了扬尘、噪声等对环境的污染。

（4）预制构件现浇节点受力复杂,现场施工的重中之重是预制构件的拼接与安装,使其与现浇结构形成一个整体。在预制构件生产安装前,设计阶段就需要确定连接处的受力形式与强度,排除施工后期的质量安全隐患。

2.3.2　预制构件的生产方式

预制构件的生产方式主要分为两种:固定式生产方式和流水式生产方式。

固定式生产方式发展较早,其操作平台位置固定,通过不同工种轮换进行各个工序的操作,因为此方法操作灵活,所以流水线不便生产的各种异型构件可以在固定式操作台进行生产,这也是我国目前采用比较多的一种生产方式,缺点是生产效率低。

流水式生产方式是将预制构件的生产过程进行分解,因为各个构件的生产工序基本相同,差异主要在于各工序的操作时间,所以将构件的生产分解为若干工序,这样构件就可以依据生产顺序依次进行各道工序的加工。它的优势在于:在流水线上流动的是各个构件以及配套的模具等资源,而非机器和工人,工人和机器的固定可以使工人连续进行类似的操作,提升工人的熟练度,保证生产效率;有利于快速生产单一品种以及标准化高的构件,比如叠合楼板、PC 墙板等。

与传统流水线车间相比,预制构件生产车间自动化水平较低,生产效率较低。同时在生产工艺方面,由于对工艺连贯性要求较高,有一些操作不可中断,如混凝土浇筑过程,而且浇筑完需要及时进行养护。另外,构件的生产依据项目展开,构件种类及数量取决于具体的工程项目需求。预制构件生产方式对比如表 2.1 所示。

表 2.1　预制构件生产方式对比

项目	固定式生产方式	流水式生产方式
特点	以固定模具为中心,以桥吊为物料运输工具的生产组织系统	循环流水线,配套专业搅拌站的自动生产组织系统

续表

项目	固定式生产方式	流水式生产方式
设备组成	模具＋桥吊＋养护罩	搅拌站＋模具＋振动台＋传送线＋养护窑＋桥吊
成型方法	附着式振动器或手动插入式振捣器	振动台
优点	节约投资、工艺简单、操作方便；静态生产线有利于质量控制	加工区通过流水线组织，集成化程度很高，长期大规模专业化生产标准产品优势明显
缺点	车间占地面积大，混凝土搅拌、运输及浇筑环节紧凑性差，效率低	适合板类构件，不适合异形构件；建设期较长；机动灵活性较差
经济分析	一次性投资少	一次性投资多
适用范围	适合各种条件和场合的项目，尤其是一次性项目	适用于投资规模大、运行期也较长的项目；不适用于一次性项目或短期项目

　　流水式生产方式在预制构件的生产中被越来越多地采用，随着装配式建筑的进一步发展，流水式生产方式的应用将会更加广泛。因此，接下来将具体剖析流水式生产预制构件的生产工艺流程。

2.3.3　装配式建筑预制构件的生产工艺流程

　　预制构件的生产过程主要包括构件制造、储存和运输等一系列工作。预制构件生产难度会影响生产效率，以及整个生产调度的规划和灵活性。流水式生产方式下预制构件生产通用工艺流程如表 2.2 所示。

表 2.2　流水式生产方式下预制构件生产通用工艺流程

序号	活动名称	活动描述
1	清理工作	清理钢模中残留的污染物，并清理模台，模具喷隔离漆
2	画线定位	侧模、预埋件、孔洞定位，测量预埋件、孔洞的位置基线
3	模具组装	安装包含预制构件模具的底模和侧模
4	安放钢筋笼	将钢筋骨架置于模具内进行定位和安装
5	安装预埋件	预埋件安装及固定

续表

序号	活动名称	活动描述
6	浇筑前检查	确认模具、预埋件、孔洞等的尺寸和位置正确无误
7	浇筑	按照生产计划用量浇筑混凝土，并充分振捣
8	养护	根据构件和工期要求，采取不同的养护策略
9	拆模	严格按照技术交底要求的顺序拆模，注意对构件的保护
10	成品修复	对构件外表面的孔洞以及损伤进行修补处理
11	入库前检查	检查预制构件的标签、代码和尺寸是否正确
12	起吊储存	当构件满足强度要求后，起吊至储存区堆放
13	运至现场	将预制构件从预制构件厂运输至施工现场

根据预制构件生产工艺流程的特征和属性，对上述 13 个工艺流程进行归纳、总结，得出了预制构件生产的 9 道工序流程，根据连续性特征将工序分为了可中断工序、不可中断工序，根据并继性特征将工序分为了相继工序、并行工序。不可中断工序一旦开始便不能停止，直到工序完成。可中断工序则允许工序开始后暂停（如果可中断工序的完工时间超出了正常下班时间，则可以在正常下班时间停止该工序，等到第二天上班继续进行）。并行工序代表工序可在同一时间处理多种预制构件，而相继工序则如同传统的流水车间问题假设一样，在前一个工件没有完成本道工序之前，后一个工件无法开始本道工序。

（1）清理工作。

在预制构件生产前，应保持模具、模台清洁，因此预制构件生产的第一步就是对拆卸下来的模具和加工过后的模台进行清理。清理模台需要用模台清理机对模台上的混凝土残渣等杂物进行清理，对个别死角处残渣用扁铲清理，并用泡沫清理浮灰。清理模具过程中需要将模具中残留的污染物、混凝土块或焊缝清理干净，检查完毕后，喷刷隔离漆。清理工作属于可中断的相继工序，即同时刻只能完成一种预制构件的清理工作，且清理工作可以随时暂停。

（2）模具组装。

模具组装工序由模具组装和数字控制画线两道工艺组成。在完成模具清理工作之后，应根据预制构件深化设计的特征信息对模具的侧模、预埋件、孔洞画线位置进行定位，测量安装预埋件、孔洞的位置基线。模具组装应根据深化设计图纸按一定的组装顺序进行。预制混凝土构件在钢筋骨架入模前，应在模具表面均匀涂抹脱模剂。模具组装工序不强制连续进行，属于可中断的相继工序。

（3）安放钢筋骨架、预埋件。

安放钢筋骨架、预埋件工序包含了安放钢筋骨架和安放预埋件两道工艺。钢筋、预埋件安放的位置应当精准，严格按照设计要求和图纸规范进行操作。尤其需要注意：钢筋、预埋件的安放应严格遵照规定实行，一旦超出误差允许的范围必须返工。该工序属于可中断的相继工序。

（4）混凝土浇筑。

混凝土浇筑工序包含了浇筑前检查和混凝土浇筑两道生产工艺。混凝土浇筑前，应确认模具、预埋件、孔洞等尺寸和位置正确无误，保证各项指标满足规范要求后，方可进行浇筑。浇筑过程应该连续进行，除非发生紧急情况，否则不可中断。为了避免蜂窝麻面的形成，应该保证振捣充分。此外，一次只能浇筑一种预制构件，所以混凝土浇筑工序属于不可中断的相继工序。

（5）养护。

预制构件通常有自然养护和加热养护两种养护方式。预制构件需要根据气温、生产进度、构件类型等影响因素选择合适的养护方式。通常，养护时间不应小于4 h。与以上工序不同，由于养护时间较长，通常不同种类的预制构件可以同时进行养护，即养护工序属于并行工序而非相继工序。同时，与混凝土浇筑工序类似，养护过程应连续进行，一旦开始便不可中断，直到达到规定的养护时间。因此，养护工序属于不可中断的并行工序。

（6）拆模。

养护工序完成后，便可进行拆模工序。预制构件脱模时应严格按照技术交底要求的顺序进行拆模。宜先从侧模开始，先拆除固定预埋件的夹具，再打开其他模板。拆模时，不应损伤预制构件，不得使用震动、敲打等对预制构件有可能造成损害的方式拆模。拆模工序属于可中断的相继工序。

（7）成品修复。

拆模后，应对预制构件进行检查，如没有影响结构性能的问题，可对预制构件进行修复。通常在预制构件堆放区域旁设置专门的整修场地，在整修场地内可对刚脱模的构件进行清理、质量检查和修补。此外，对于构件各种类型的外观缺陷，预制构件生产企业应制订相应的修补方案，并配备相应的修补材料和工具。预制构件应在修补合格后再运输至合格品堆放场地。成品修复属于可中断的相继工序，如果未能在正常工作时间内完成，可在第二天继续进行。

（8）起吊储存。

预制构件应在拆模后起吊至堆放场地进行储存，并应按产品品种、规格型号、检验状态分类堆放,并应对各区域作出明确、耐久的标识。通常,楼梯宜采用立放形式,且叠放层数不宜超过 4 层。叠合板、阳台板和空调板等板类构件,以及预制柱、梁等细长构件宜采用平放形式,且叠放层数不宜多于 6 层。为了避免二次搬运造成的浪费,起吊储存工序被视为一个不可中断的工序,即一旦储存直到运输工序开始,预制构件都不能进行搬运。此外,由于预制构件的叠放储存以及预制构件厂通常有较大的堆放场地,所以起吊储存工序也属于并行工序,即不同种类的预制构件可以同时进行存放。

(9) 运至现场。

预制构件运输前应制订预制构件的运输计划,对实际路线进行踏勘,并应有专门的质量安全保证措施。与起吊储存工序类似,运输一旦开始就必须将预制构件送达装配现场不能中断,并且不同类型的预制构件通过分批次、分车运输的方式运至现场,因此同时可以处理多种预制构件的运输。运至现场工序也属于不可中断的并行工序。

2.4　构件的存放及运输

预制混凝土构件如果在储存时发生损坏、变形,将会很难修补,既耽误工期,又造成经济损失。因此,大型预制混凝土构件的储存方式非常重要。物料储存要分门别类,按"先进先出"原则堆放物料,原材料需要填写"物料卡"标识,并有相应台账、卡账以供查询。因有批次规定等特殊原因而不能混放的同一物料应分开摆放。物料储存要尽量做到"上小下大,上轻下重,不超过安全高度"。物料不得直接置于地上,必要时应加垫板、工字钢、木方或置于容器内,予以保护存放。物料要放置在指定区域,以免影响物料的收发管理。不良品与良品必须分仓或分区储存、管理,并作好相应标识。储存场地应适当通风、通气,以保证物料品质不发生变异。

2.4.1　构件的储存

1. 构件的储存方案

构件的储存方案主要包括确定预制构件的储存方式,设计、制作储存货架,计算构件的储存场地面积和相应辅助物料需求量。

（1）确定预制构件的储存方式。根据预制构件（叠合板、墙板、楼梯、梁、柱、飘窗、阳台等）的外形尺寸选择不同的储存方式。

（2）设计、制作储存货架。储存货架根据预制构件的重量和外形尺寸进行设计和制作，且尽量考虑储存货架的通用性。

（3）计算构件的储存场地面积和相应辅助物料需求量。计算构件的储存场地面积，即根据项目包含构件的大小、方量、储存方式、装车便捷性及场地的扩容性等，划定构件储存场地和计算储存场地面积。计算相应辅助物料需求量，即根据构件的大小、方量、储存方式计算出相应辅助物料需求（存放架、木方、槽钢等）数量。

2. 构件一般储存工装、治具介绍

构件一般储存工装、治具包括龙门吊、外雇汽车吊、叉车等，具体如表 2.3 所示。

表 2.3　构件一般储存工装、治具及其工作内容

序号	工装、治具	工作内容
1	龙门吊	构件起吊、装卸，调板
2	外雇汽车吊	构件起吊、装卸，调板
3	叉车	构件装卸
4	吊具	叠合楼板构件起吊、装卸，调板
5	钢丝绳	构件（除叠合板）起吊、装卸，调板
6	存放架	墙板专用储存
7	转运车	构件从车间向堆场转运
8	专用运输架	墙板转运专用
9	木方（100 mm×100 mm×250 mm）	构件储存支撑
10	型钢（110 mm×110 mm×3000 mm）	叠合板储存支撑

3. 预制构件主要储存方式介绍

（1）叠合板的储存。

叠合板应放在指定的存放区域，存放区域地面应保证水平。叠合板应分型号码放、水平放置。第一层叠合板应放置在 H 型钢（型钢长度根据通用性一般为 3000 mm）上，保证桁架筋与型钢垂直，型钢距构件边 500～800 mm。层间用

4 块 100 mm×100 mm×250 mm 的木方隔开,四角的 4 个木方应平行于型钢放置,存放层数不超过 8 层,高度不超过 1.5 m。

(2) 墙板的储存。

墙板采用专用存放架储存,墙板宽度小于 4 m 时,墙板下部垫 2 块100 mm×100 mm×250 mm 木方,两端距墙边 30 mm 处各放置一块木方。墙板宽度大于 4 m 或带门窗洞口时,墙板下部垫 3 块 100 mm×100 mm×250 mm 木方,两端距墙边 300 mm 处各放置一块木方,墙体重心位置处放置一块木方。

(3) 楼梯的储存。

楼梯应放在指定的存放区域,存放区域地面应保证水平。楼梯应分型号码放。折跑楼梯左右两端第二个、第三个踏步位置应垫 4 块 100 mm×100 mm×500 mm 木方,距离前后两侧为 250 mm,保证各层间木方水平投影重合,存放层数不超过 6 层。

(4) 梁的储存。

梁应放在指定的存放区域,存放区域地面应保证水平,需分型号码放,水平放置。第一层梁应放置在 H 型钢(型钢长度一般为 3000 mm)上,保证长度方向与型钢垂直,型钢距构件边 500～800 mm,长度过长时,应在中间间距 4 m 处放置一个 H 型钢。梁最多叠放 2 层,层间用 100 mm×100 mm×500 mm 的木方隔开,保证各层间木方水平投影重合于 H 型钢。

(5) 柱的储存。

柱应放在指定的存放区域,存放区域地面应保证水平。柱应分型号码放、水平放置。第一层柱应放置在 H 型钢(型钢长度一般为 3000 mm)上,保证长度方向与型钢垂直,型钢距构件边 500～800 mm,长度过长时应在中间间距 4 m 处放置一个 H 型钢,根据构件长度和重量最高叠放 3 层。层间用 100 mm×100 mm×500 mm 的木方隔开,保证各层间木方水平投影重合于 H 型钢。

(6) 飘窗的储存。

飘窗采用立方专用存放架储存,飘窗下部垫 3 块 100 mm×100 mm×250 mm的木方,两端距墙边 300 mm 处各放置一块木方,墙体重心位置处放置一块木方。

(7) 异形构件的储存。

对于一些异形构件,我们要根据其重量和外形尺寸的实际情况合理划分储存区域及选择储存形式,避免产生损伤和变形,导致质量缺陷。

4. 预制构件的储存管理

成品预制构件出入库流程如图 2.1 所示。

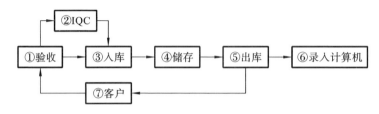

图 2.1 成品预制构件出入库流程

成品仓库区域规划如表 2.4 所示。

表 2.4 成品仓库区域规划

序号	区域规划	区域说明
1	装车区域	构件备货、物流装车区域
2	不合格区域	不合格构件暂存区域
3	库存区域	合格成品入库储存重点区域,区内根据项目或成品种类进行规划
4	工装、治具放置区	构件转运和装车需要的相关工装、治具放置区

在设置成品预制构件仓库时,应根据库存区域规划绘制仓库平面图,标明各类成品存放位置,并贴于明显处。依照成品特征、数量,分库、分区、分类存放,按"定置管理"的要求做到定区、定位、定标识。同时,库存成品标识包括成品名称、编号、型号、规格、现库存量,由仓库管理员用"存货标识卡"的形式呈现。库存摆放应做到检点方便、成行成列、堆码整齐,货架与货架之间有适当间隔,码放高度不得超过规定层数,以防损坏成品。此外,应建立健全岗位责任制,坚持做到人各有责,物各有主,事事有人管;库存成品数量要做到账、物一致,出入库构件数量及时录入计算机。

成品仓库区域实行"5S"管理:整理,即工作现场区分要与不要的东西,只保留有用的东西,撤除不需要的东西;整顿,即把要用的东西,按规定位置摆放整齐,并做好标识进行管理;清扫,即将不需要的东西清除,保持工作现场无垃圾,无污秽;清洁,即维持以上整理、整顿、清扫后的局面,使工作人员觉得整洁、卫生;素养,即通过整理、整顿、清扫、清洁后,让每个员工都自觉遵守各项规章制度,养成良好的工作习惯。

2.4.2　预制构件的运输

1. 构件运输的准备工作

构件运输的准备工作主要包括制订运输方案、设计并制作运输架、验算构件强度、清查构件及察看运输路线。

制订运输方案时,需要根据运输构件实际情况,装卸车现场及运输道路的情况,施工单位或当地的起重机械和运输车辆的供应条件,以及经济效益等因素综合考虑,最终选定运输方法、起重机械(装卸构件用)、运输车辆和运输路线。运输路线应按照客户指定的地点及货物的规格和重量制订,确保运输条件与实际情况相符。

设计并制作运输架时,需根据构件的重量和外形尺寸进行设计制作,且尽量考虑运输架的通用性。

验算构件强度,即对钢筋混凝土屋架和钢筋混凝土柱等构件,根据运输方案所确定的条件,验算构件在最不利截面处的抗裂度,避免在运输中出现裂缝。如有出现裂缝的可能,应进行加固处理。

清查构件时,主要清查构件的型号、质量和数量,有无加盖合格印和出厂合格证书等。

察看运输路线,即在运输前再次对路线进行勘察,对于沿途可能经过的桥梁、桥洞、电缆、车道的承载能力,通行高度、宽度、弯度和坡度,沿途上空有无障碍物等进行实地考察并记载,制订出最顺畅的路线。这需要进行实地考察,如果仅凭经验和询问很有可能发生许多意料之外的事情,有时甚至需要交通部门的配合等,因此这点不容忽视。

在制订方案时,每处需要注意的地方都要注明。如不能满足车辆顺利通行,应及时采取措施。此外,应注意沿途是否横穿铁道,如有应查清火车通过道口的时间,以免发生交通事故。

2. 构件的主要运输方式

构件的运输方式主要分为立式运输方式、平层叠放运输方式以及散装方式。

立式运输方式:在低盘平板车上安装专用运输架,墙板对称靠放或者插放在运输架上。对于内墙板、外墙板和 PCF 板(precast concrete facade panel,预制混凝土外挂墙板)等竖向构件多采用立式运输方式。

平层叠放运输方式:将预制构件平放在运输车上,叠放在一起进行运输。叠合板、阳台板、楼梯、装饰板等水平构件多采用平层叠放运输方式。叠合板:标准6层/叠,不影响质量安全可到8层,堆码时按成品的尺寸大小堆叠。预应力板:堆码8~10层/叠。叠合梁:2~3层/叠(最上层的高度不能超过挡边一层),考虑是否有加强筋向梁下端弯曲。

散装方式:对于一些小型构件和异型构件,多采用散装方式进行运输。

3. 运输的基本要求

混凝土预制构件装车完成后,应再次检查装车后的构件质量,对于在装车过程中受损的构件,立即安排专业人员修补处理,保证装车的预制构件合格。评估装车后车辆安全运行状况,通知司机试运行一小段距离,确保安全后,签署货物放行条、随车产品质量控制资料及产品合格证,顺利送抵安装现场。

在运输构件时,运输车辆应车况良好,刹车装置性能可靠;使用拖挂车或两平板车连接运输超长构件时,前车应设转向装置,后车设纵向活动装置,且有同步刹车装置。运输道路畅通,无交通事故或事故不影响通行。

场内运输道路必须平整坚实,经常维修,并有足够的路面宽度和转弯半径。载重汽车的单行道宽度不得小于3.5 m,拖车的单行道宽度不得小于4 m,双行道宽度不得小于6 m;采用单行道时,要有适当的会车点。载重汽车的转弯半径不得小于10 m,半拖式拖车的转弯半径不宜小于15 m,全拖式拖车的转弯半径不宜小于20 m。

构件宜集中运输,避免边吊边运。构件在运输时应固定牢靠,以防在运输中途倾倒,或在道路转弯时因车速过快而被甩出。同时,根据路面情况掌握行车速度。道路拐弯时必须降低车速。装有构件的车辆在行驶时,应根据构件的类别、行车路况控制车辆的行车速度,保持车身平稳,注意行车动向,严禁急刹车,避免事故发生。构件的行车速度应不大于表2.5规定的数值。

表2.5　行车速度参考表　　　　　　　　　　　　　单位:km/h

构件分类	运输车辆	人车稀少,道路平坦,视线清晰	道路较平坦	道路高低不平,坑坑洼洼
一般构件	汽车	50	35	15
长重构件	汽车	40	30	15
	平板(拖)车	35	25	10

采用公路运输时,若通过桥涵或隧道,对于装载高度,二级以上公路不应超过 5 m;三、四级公路不应超过 4.5 m。

2.4.3　卸货堆放

1. 卸货堆放前准备

构件运进施工现场前,应对堆放场地占地面积进行计算,根据施工组织设计,绘制构件堆放场地的平面布置图。堆放场地应平整坚实,基础四周的松散土应分层夯实,堆放应满足地基承载力要求。同时,构件卸货堆放区应按构件型号、类别进行合理分区,集中堆放,吊装时可进行二次搬运。构件存放区域应在起重机械工作范围内。

2. 构件场内卸货堆放的基本要求

堆放构件的地面必须平整坚实,进出道路应畅通,排水良好,以防构件因地面不均匀下沉而倾倒。

构件应按型号、吊装顺序依次堆放,先吊装的构件应堆放在外侧或上层,并将有编号或有标志的一面朝向通道一侧。堆放位置应尽可能在安装起重机械回转半径范围内,并考虑到吊装方向,避免吊装时转向和再次搬运。构件的堆放高度,应考虑堆放处地面的承载力和构件的总重量,以及构件刚度及稳定性的要求。柱不得超过两层,梁不得超过三层,楼板不得超过六层。构件堆放要保持平稳,底部应放置垫木。成堆堆放的构件应以垫木隔开,垫木厚度应高于吊环高度,构件之间的垫木要在同一条垂直线上,且厚度要相等。堆放构件的垫木,应能承受上部构件的重量。构件堆放应有一定的挂钩绑扎间距,堆放时,相邻构件之间的距离不应小于 200 mm。对侧向刚度差、重心较高、支承面较窄的构件,应立放就位,除两端垫垫木外,还应搭设支架或用支撑将其临时固定,支撑件本身应坚固,支撑后不得左右摆动和松动。

数量较多的小型构件堆放应符合下列要求:堆放场地平整,进出道路畅通,且有排水沟槽;不同规格、不同类别的构件分别堆放,以易找、易取、易运为宜;如采用人工搬运,堆放时尚应留有搬运通道。

对于特殊和异型构件的堆放,应制订堆放方案并严格执行。采用靠放架立放的构件,必须对称靠放和吊运,其倾斜角度应大于 80°,构件上部宜用木块隔开。靠放架宜用金属材料制作,使用前要认真检查和验收,靠放架的高度应为构件高度的 2/3 以上。

第 3 章　装配式木结构

3.1　木结构的结构体系与应用范围

3.1.1　木结构的结构体系

装配式木结构建筑是指用木结构构件在工地装配而成的建筑。木结构的结构体系从简单到复杂主要有井干式构架、抬梁式构架、穿斗式构架、梁柱-剪力墙构架、梁柱-支撑构架、CLT 剪力墙构架、核心筒-木构架、网壳构架、张弦构架、拱构架、桁架构架。

（1）井干式构架。

井干式构架采用原木、方木等实体木料，逐层累叠，纵横叠垛构成，连接部位采用榫卯切口相互咬合，木材加工量大，木材利用率不高，一般在森林资源比较丰富的国家或地区多见，如我国东北地区等。井干式构架需要用大量木材，在绝对尺度和开设门窗上都受很大限制。井干式木结构房屋是一种不用立柱和大梁的房屋结构，这种结构以圆木或矩形、六角形木料平行向上层层叠置，在转角处木料端部交叉咬合，形成房屋四壁，形如古代井上的木围栏，再在左右两侧壁上立矮柱承脊檩构成房屋。

（2）抬梁式构架。

抬梁式构架主要由柱、梁、椽、檩等组成，这些构件通过榫卯结合，结构牢固，不但可以承受较大的荷载，而且柔性的榫卯节点允许产生一定的变形。

抬梁式构架的基本原理：在地基基础上立起各种柱。在柱顶部安装横向的枋和梁。横枋是为了加强柱之间的连接，不承重，只是为了使柱之间形成更稳定的整体结构；横梁上再立起各种矮柱，名为瓜柱。瓜柱上再安装承托梁，梁上再加瓜柱，按照此方法一层一层地抬上去，最上面的那层梁上竖立一根位置最高的脊瓜柱，由此构成一个坡屋顶的轮廓。每层梁的两头分别搁上檩条，檩条上钉椽子，铺上望板，最后再铺上瓦。

（3）穿斗式构架。

穿斗式构架由立柱直接承担檩的压力，不需要布置横梁。在进深方向，按檩木数量来确定相应的立柱数量，一个柱上安放一根檩木，再在檩木上安装椽条，椽条与檩木正交，椽条上面盖瓦或者其他屋面防水材料。这样，屋面荷载由椽条传给檩木，再传到柱顶，往下传到柱基础。横向穿枋将每排柱贯穿起来成为一榀构架；而在房屋纵向，用斗枋将各榀构架的檐柱柱头连接，用钎子将各榀构架的内柱柱头和各楼层处柱节点连接，形成房屋的空间构架。

每檩下有一柱落地，是穿斗式木构架的初步形式。根据房屋的大小，穿斗式木构架还可使用"三檩三柱一穿""五檩五柱二穿""十一檩十一柱五穿"等不同形式。随着柱的增多，穿的层数也增多。此法发展到较成熟阶段后，鉴于柱过密会影响房屋使用，有时将穿斗架由原来的每根柱落地改为每隔一根落地，将不落地的柱骑在穿枋上，而这些承柱穿枋的层数也相应增加。穿枋穿出檐柱后变成挑枋，承托挑檐。这时的穿枋也部分地兼有挑梁的作用。穿斗式构架用料较少，建造时先在地面上拼装成整榀屋架，然后竖立起来，具有省工、省料、便于施工和造价经济的优点。同时，密列的立柱也便于安装壁板和筑夹泥墙。我国长江中下游各省保留了大量明清时代采用穿斗式构架的民居，其中较大空间的建筑，采取的是将穿斗式构架与抬梁式构架相结合的办法——在山墙部分使用穿斗式构架，中间的房间用抬梁式构架。两种构架形式彼此配合，相得益彰。

（4）梁柱-剪力墙构架。

在抬梁式构架或者穿斗式构架的基础上，将若干榀构架用胶合木框架结构代替，且在其中嵌入木剪力墙，形成混合式样的框剪木结构。这样，在空间布局上既有一定的灵活性，又利于提高整体的抗侧向力性能，适用于较高的房屋。这种结构体系在国内外的建筑工程中已有应用，但是人们对这种结构体系的抗侧向力性能研究不足。实际工程中多采用保守的设计方案：第一种设计方案是假设框架为铰接体系，而由剪力墙承受全部水平侧向力；第二种设计方案是假定由木框架承受全部水平侧向力，而剪力墙只是作为填充墙不承担水平力。这两种设计方案虽然不能准确地反映整体结构的实际受力状况，但具有较高的安全性。

（5）梁柱-支撑构架。

在抬梁式构架或者穿斗式构架的基础上，在若干榀构架中增加木支撑，可形成梁柱-支撑构架，以增强结构的耗能能力和抗震性能。该类结构在空间布局上具有灵活性，同时也有较好的抗侧向位移能力，适用于多高层木结构建筑。

（6）CLT 剪力墙构架。

CLT 是 cross-laminated timber 的简写，意为交错层压木材。这是利用机器设备和窑炉去除木材水分，然后切割成木方，根据预先设计的面积和厚度，将木方正交叠放，用高强度建筑胶将木方胶合成型。其抗压强度与混凝土材料强度相当，而且抗拉强度远高于混凝土。CLT 木质墙体对竖向和水平荷载都有较好的承载能力，是一种抗震性能良好的组合式木材，具有强度高、绿色环保、防火性能好等特点，可用于建造多高层木结构建筑。该技术于 2000 年左右产生于德国、瑞士和奥地利，目前已在我国得到推广。

CLT 木质墙体在工厂流水线生产时，应预先打好孔；在现场安装时，各 CLT 木构件之间可以通过螺栓、销轴、螺母等配件连接固定，同时增强节点的强度。

（7）核心筒-木构架。

核心筒-木构架是用 CLT 木质墙体围成核心筒，核心筒承担主要的侧向力和水平位移，外围采用木梁柱框架结构，由框架结构承担主要竖向荷载的结构形式。该结构体系各部分受力分工明确，可用于多高层木结构建筑。

加拿大温哥华市于 2017 年 5 月建成 53 m 高的 18 层木结构学生公寓大楼。从预制构件运输到现场施工，主体结构所用时间为 70 d。该建筑首层是混凝土核心筒-框架结构，主要是为了防潮和增加底层强度；首层以上的 17 层由 CLT 木核心筒-木框架组合而成；外墙面是木纤维挂板。

（8）网壳构架。

网壳是空间杆系结构，是由杆件按一定规律组成壳体状布置的空间构架网格。木结构网壳构架主要用于跨度为 50～200 m 的大跨度公共建筑。

日本大馆树海体育馆是一座典型的木结构网壳建筑。其内部有 2 层，屋顶高 52 m，檐口高 7.8 m，平面短轴方向长度为 157 m，长轴方向长度为 178 m，于 1997 年 6 月竣工，工程建设历时 2 年。屋面网壳构件为胶合杉木材料，屋面网壳构件在檐口处与钢筋混凝土杆件连接，将竖向荷载和水平荷载传递到基础上。屋面网壳在长轴方向有两层木杆件，在短轴方向有一层木杆件，长轴方向杆件与短轴方向杆件基本正交，而且短轴方向杆件位于上下层长轴方向杆件之间，在上下层长轴方向杆件之间设置交叉钢拉杆作为连系腹杆，以加强各层杆件的侧向稳定性。

（9）张弦构架。

张弦构架是一种混合型柔性结构，可以将拱梁、桁架、拉杆等结合起来形成自平衡的空间结构。一般屋面系统、下部结构都采用拉结构造，以防屋面在大风作用下上浮。张弦构架跨度一般为 30～70 m，主要用于跨度大的建筑和桥梁。普通张弦梁、张弦拱的常见做法有以下几种：三角形木桁架与钢拉杆结合形成张弦木桁架系统；大木梁与钢拉杆结合形成张弦木梁系统；由两根木梁组成人字木拱梁，底部与钢桁架、钢拉杆结合形成张弦人字木拱系统。

（10）拱构架。

拱构架的形状有曲线形和折线形，其主体受轴向压力，防止拱的弯曲变形。由于木材具有较好的抗压性能，木结构拱跨度一般为 20～100 m。拱构架两端支座（即拱脚处）有较大水平推力，因此必须制作强大的抗推力支座来承担该水平推力。水平推力可以用以下几种方法来处理：一是水平推力由拉杆承受；二是水平推力由地基基础承担；三是水平推力由侧面框架结构承担。

①一铰拱：在拱顶设置一铰。菲律宾的麦克坦-宿雾国际机场是由若干一铰拱连成的波浪起伏的木结构航站楼。

②二铰拱：在拱两端各设置一铰。加拿大的冬奥会速滑馆，馆的横向由大跨度的木拱梁作为受力主体，两端为铰支座。

③三铰拱：在拱两端、拱顶各设置一铰。美国西雅图某廊道的横向两根弧形木梁顶部及拱脚处均为铰结点，连接成大拱圈作为受力主体，纵向增加系杆将各横向大拱圈联系起来，以增加整体受力性能。

（11）桁架构架。

木杆件组成的桁架即木桁架。木桁架常被用于塔楼、屋架、桥架。木屋架比较常用，主要用于商场、学校、住宅的屋顶。木屋架的外形常见的有三角形屋架（豪威式、芬克式较多）、梯形屋架（双斜弦桁架）、平行弦屋架、多边形屋架（斜折线桁架）等。

3.1.2　木结构的应用范围

我国是较早应用木结构的国家，木结构的应用范围除了与其发展历史有关，也与其优势、制约因素、未来预期有紧密联系。

1. 木结构的优势

木材的受弯性能、受压性能、受拉性能较好，受剪性能较差。木结构抗震性能良好，木结构房屋自身质量较轻，发生地震时吸收的地震能量较少；另外，木结构的抗冲击韧性大，对短时间的冲击荷载或者具有疲劳破坏性的周期荷载有很强的抵抗力，可大大吸收和消散振动能量。

在众多的建筑材料中,木材是极少数可以再生的材料,其成材快、周期短,只要科学化管理和砍伐,就可以持续不断地得到优质原材料。木结构建筑的生态、节能、环保性能优越,主要表现在以下几个方面。

(1)在生产阶段,木结构建筑构件在生产时对生态环境基本无影响,而钢筋混凝土材料的生产需要消耗煤炭、石化能源和矿石资源,会污染和破坏环境。

(2)在建设阶段,木结构建筑产生的废料、垃圾远少于钢筋混凝土结构施工过程中产生的建筑垃圾。

(3)在使用阶段,木材导热系数小、节能性能好,木结构墙体保温隔热性能好,可大大减少能源消耗。

(4)在拆除阶段,木结构建筑拆除后,部分木材构件还可以被回收利用,报废部分也不会污染和破坏环境。

目前,国家逐渐重视装配式木结构建筑的发展,特别是对于抗震要求高或者造型特殊的公共建筑开始采用木结构,桥梁工程、居住建筑、人文景观建筑等也开始考虑采用木结构建筑形式。

古代木结构建筑受当时的技术与加工设备所限,大部分采用原木稍微加工建造成房屋。现代木结构为了简化古代木结构的连接方式,越来越多地采用金属部件作为主要连接件,同时随着加工设备与施工技术的不断发展和提高,将原木深加工成各种形状、厚度的板片,然后采用叠合层技术做成胶合木料,即复合木料,可以解决翘曲变形、开裂、虫蛀、火烧、腐烂及跨度等问题,从而可以建成大跨度、多层木结构建筑。

2. 木结构的制约因素

目前,我国有关木结构设计的规范对木结构建筑层数、层高、总高均有较严格的限制条件。因为我国对建筑发生火灾时的财产保护和人员伤亡有严格的标准,所以在木结构设计方案阶段,许多大跨度、高层木结构建筑不能得到审批。国外发达国家的木结构设计规范主要确保人员免受火灾、地震等的危害,而对房屋破坏及其他财产损失基本不予考虑。

发达国家重视木结构在上下游产业链中的充分发展,在政策、设计规范、施工技术规程、木材产业、构件工厂、设备研发与制造、施工技术等方面形成了有效的理论与实践机制。由于木结构容易被人为烧毁,且以前防腐蚀技术较差,易被白蚁蛀坏,不易保存。近代以来,我国对砖石结构和钢筋混凝土结构有更多偏好,以至于我们对木材的处理技术、加工技术、设计技术、施工技术的研究和推广使用均比发达国家落后。

3. 木结构的未来预期

木结构建筑未来的发展应注意以下 3 个方面的问题。

（1）在国家政策方面。国家要以建筑企业转型升级和绿色低碳为契机，在原有基本政策的基础上出台更多具体、优惠的支持政策和措施，对加快装配式木结构建筑的发展进行科学引导，宣传钢-木结构建筑、木结构建筑在节能减排、绿色环保、抗震方面的优良性能，使投资、设计、制作加工、施工等各方主体积极响应，尽快形成木结构建筑产业链，推动我国木结构建筑产业向健康的方向发展。

（2）在研究和设计方面。木结构研究机构、高等院校、加工制造企业要在木结构的研发方面不断地增加投入，攻克关键技术难题，解决工程用木材在防潮、防腐、强度、防火等方面的问题，同时不断修订和更新木结构建筑的规范和标准，为木结构建筑的大规模推广提供基本支撑条件。我国应积极与欧洲和北美等国家展开技术合作，例如可以参考 *National Building Code of Canada*，*International Building Code*，*Canadian Engineering Guide for Wood Frame Construction*，以及美国林业及纸业协会的 *National Design Specification for Wood Construction* 来改进我国的木结构设计标准。同时，我们还应对木结构的连接方式进行改革研究与设计，在榫卯等连接方式的基础上增加金属部件等多种连接方式。

（3）在加工和制造方面。国家应大力投资建设木结构加工和制造工厂，充分发挥装配式建筑在工厂生产方面的优势，让木结构构件和连接件在全年任何气候条件下都能制造，然后在工地上短时间内就可以完成构配件的吊装和安装，这样可以提高构件的施工质量，减少施工所需劳动力，降低施工强度，节约工期。

加工制造时可采用水基性阻燃处理剂等高端防火材料对木材进行阻燃处理，形成炭化效应，当发生火灾时，炭化层的低传导性能够有效地阻止火焰向木材内蔓延，在很长时间内可以有效地防止木结构体系的破坏。

利用现代化的机械自动设备将传统的木材原料进行深度加工，形成适合于不同厚度、长度、宽度、强度的建筑用的梁、柱、拱、杆、板、墙等部件，突破传统的建筑形式，以适应现代工业、民用、公共建筑的力学性能、多样性和舒适性。

3.2 木结构的基本施工方法

木结构的基本施工方法主要有木结构基础施工方法、木结构上部施工方法、木结构节点连接方法、木结构保温方法等。

3.2.1　木结构基础施工方法

木结构基础分为无地下室基础和有地下室基础两大类型。无地下室基础又分为无地下室的整体浇筑底板基础（常用）、无地下室的预制底板基础（不常用）。有地下室基础又分为地面格栅置于基础顶面的基础、地面格栅与基础顶面平齐的基础。

木结构基础与木柱的连接方法有多种，其目的是将木柱与基础牢固连接，防止发生水平位移，使上部结构与基础准确定位，以协调整体的平面布局。木结构基础与木柱连接的常见做法有 6 种，如图 3.1 所示。

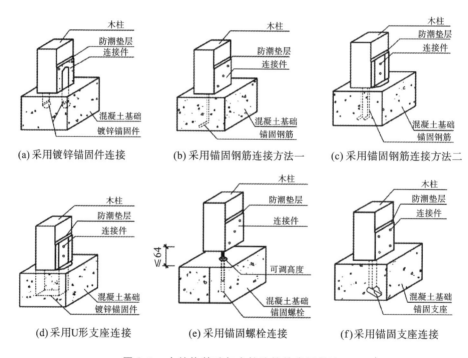

图 3.1　木结构基础与木柱连接的常见做法

3.2.2　木结构上部施工方法

1. 材料选用

木结构在施工之前，为了满足所建木结构房屋的实用性和功能性要求，必须有针对性地深入研究和分析木材品种、性能,并做好选材规划和具体计划,这是保证木结构原材料质量的首要任务。选材时既要重视木材原料的外形是否规整,也要重视木材的未烘干密度、气干密度、抗白蚁性能、抗潮性能、耐候性能等,应选择树干挺直、匀称、无结疤、无霉变、色泽均匀、无裂缝、质地坚韧、干燥性好的木材原料。

2. 木材原料的验收与保管

木材原料必须严格按照原材料的质量标准和要求进行检查和验收,进场时必须有正规的材料合格证和材料检验报告。按照《建筑材料质量标准与管理规程》,对材料质量进行抽检,对于重要构件或非均质材料,必须增加抽样数量。木材原料验收和抽检均合格后,要按施工场地平面布置图进行堆放,堆放要整齐,要有防日晒雨淋的仓储设施,以免因受雨水侵蚀和太阳暴晒而造成弯曲、变形。仓储管理要有相应的材料收发管理制度。

3. 原材料及构件加工

原材料及构件加工应按设计要求,以栋号为单位,开列出各种构件所需材料的种类、数量、规格方面的料单。对已进场验收合格的材料,根据图纸进行锯材加工;对于复杂构件及节点等部位应放足尺大样,做好样板后再进行加工。

(1) 柱类构件加工。

柱类构件制作采用人工凿卯眼,再用计算机数字控制机床进行二次加工,以达到精度要求。柱类构件的制作工艺流程如下。

①在柱料两端直径面上分出中点,吊垂直线,再用方尺画出十字中线。

②圆柱依据十字中线放出八卦线,柱头按柱高的 7‰~10‰ 收分;然后根据两端八卦线,顺柱身弹出直线,依照此线把柱料砍刨成八方。

③再弹十六瓣线,砍刨成十六方,直至把柱料砍圆刮光。方柱依据十字中线放出柱身线,柱头收分宜比圆柱酌减。按柱身线四面去荒刮平后,四角起梅花线角,线角深度按柱看面尺寸的 1/15~1/10 确定,圆楞后将柱身净光。

弹画柱身中线,按优面朝外原则,选定各柱位置,并在内侧距柱脚 30 cm 处标记位置。外檐柱按柱高的 7‰~10‰ 弹出升线。按照丈杆及柱位、方向画定榫卯位置与柱脖、柱脚及盘头线,按所画尺寸剔凿卯眼,锯出口子、榫头。穿插枋卯口为大进小出结构,进榫部分卯口高取穿插枋高,半榫深取 1/3 柱径;出榫部分高取进榫的一半,榫头露出柱皮 1/2 柱径。各类柱制作中应注意随时用样板校核,人工凿卯眼,锯出卯口和榫头。

（2）梁类构件加工。

梁类构件制作采用人工锯出榫头,再用计算机数字控制机床进行二次加工,以达到精度要求。梁类构件的制作工艺流程如下。

①在梁两端画出迎头立线（中线）,依据立线放出水平线（檩底皮线）、抬头线、熊背线及梁底线、梁肋线（梁的宽窄线）。

②将两端各线分别弹在梁身各面。按线将梁身去荒刮平,再用分丈杆点出梁头外端线及各步架中线,用方尺勾画到梁的各面。

③画出各部位榫、卯,以及海眼、瓜柱眼、檩碗、鼻子和垫板口子线。

④凿海眼、瓜柱眼,剔檩碗,刻垫板口子,刨光梁身,截梁头。海眼的四周要铲出八字楞,瓜柱眼视需要做成单眼或双眼,眼长取瓜柱侧面宽的1/2,眼深取眼长的2/3,梁头鼻子宽取梁头宽的1/3,两侧檩碗要与檩的弧度相符。加工完成后复弹中线、水平线、抬头线。按各面宽度1/10圆楞,梁头上面及两边刮出八字楞。在梁背上标注构件部位及名称。

⑤依照样板在老角梁上、下面弹出顺身中线,点画出各搭交檩的老中线、里由中线、外由中线,再用斜檩碗样板画出檩碗,然后锯挖檩碗,凿暗销眼,钻角梁钉孔,加工角梁头尾。

⑥按样板制作仔角梁。钻角梁钉孔,加工梁头梁尾,锯挖檩碗。在两侧金檩的外金盘线至老角梁头六椽径处剔凿翼角椽槽。复弹各线,标记位置。

（3）数字控制机床木构件榫头、卯口精加工。

在按照丈杆及柱位、方向画定榫卯位置与柱脖、柱脚及盘头线后,按所画尺寸剔凿卯眼,锯出口子、榫头等,人工加工成型的构件需利用计算机数字控制机床进行二次加工,以保证加工的卯口、榫头能够达到标准精度要求。

（4）构件榫头、卯口防腐处理。

对各类已加工好的柱类构件和梁类构件的榫头、卯口需要进行防腐处理,防腐处理采用国内先进防腐技术及优等的防腐剂。经过防腐处理的木构件应分类排放整齐,避免乱丢乱放对榫头的破坏,让其在自然条件下风干。

4. 汇榫（试组装）

汇榫即试组装,在加工厂内将构件按图有序组合,把做好的榫汇入卯中,通过套中线尺寸、校衬头、照构件翘曲面、看构件垂直度等来决定榫卯的修整程度,使对应的榫卯松紧度合适,对应构件结合紧密。

5. 木结构构件安装

大木构架安装前,所有木构件均应制作完成,基础工程已完成并经验收合格。脚手架材料及人员均已准备好,大木构架安装方案已制订且已通过审核。吊装用的一切机具、绳索、吊钩已检查完毕,一切均符合安全使用要求。大木构架构件安装工艺流程及操作要点如下。

(1)脚手架搭设。在结构安装现场,根据大木构架安装方案搭设脚手架并经验收合格。施工场地内应设置安全防护设施,高空作业需系好安全带,作业人员应穿软底鞋。

(2)屋架主梁试吊安装。根据方案进行试吊,确认构件吊点的合理性及绳扣的可靠性,以保证各构件顺利完成安装。

(3)大木构架安装。大木构架安装的主要施工工艺流程如下。①木屋架应在地面拼装,必须在上面拼装的应连续进行,从明间开始吊装柱,绑临时戗杆,依次立好次间、稍间柱,安装柱头枋、穿插枋,中断时应设临时戗杆。②屋架就位后,应及时安装脊檩、拉杆或临时戗杆。③下架立齐后,核验尺寸,进行"草拨",并掩上"卡口",固定节点,然后支好迎门戗、龙门戗、野戗,以及柱间横向拉杆、纵向拉杆,按先下后上的次序,安装梁、板、枋、瓜柱等各部(构)件。安装时要勤校勤量,中中相对,高低进出一致,吊直拨正,加固戗杆,堵严涨眼,钉好檩间拉杆。④立架完毕后,要在野戗根部打上撞板、木楔,并做好标记,以便随时检查下脚是否发生移动。

3.2.3　木结构节点连接方法

木结构节点连接方法主要有榫卯连接、齿连接、螺栓连接和钉连接、齿板连接等。

(1)榫卯连接。准备连接的两个构件,一个构件的连接端凸出称为榫头,另一个构件的对应连接端凹进称为卯,榫卯是凹凸相结合的一种连接方式。利用榫卯连接构件(无须使用钉子),结构牢固而且寿命长。

(2)齿连接。斜向受压构件端头做成较尖的齿榫,放在水平构件的被切齿槽内,两者咬合的连接方式称为齿连接。齿连接分为单齿连接和双齿连接。

（3）螺栓连接和钉连接。螺栓和钉可以阻止木结构中构件的相对移动，同时螺栓和钉也将受到木材孔壁挤压，这种相互作用可以有效地将各构件紧密连接起来。

（4）齿板连接。杆件连接前不必预先挖槽，利用机具将齿板直接压入被连接构件，既方便又紧密，但齿板承载能力较低，适应荷载小的结构连接。

3.2.4　木结构保温方法

以木结构住宅为例，其主要保温位置有外墙、内墙、屋顶。外墙的墙板吊装就位后，就可以在外面铺钉硬质泡沫保温材料板。

木结构屋面保温层的做法是在屋架檩条上铺钉好木质垫板，然后铺设硬质泡沫保温板，再在保温板上铺钉好木质压条，最后在木质压条上铺钉屋面防水的木垫板，在其上铺设屋面防水材料。

木结构内墙保温层的做法是在墙体装配完成后，在木格架中嵌入柔软型保温材料，然后在其外铺设薄膜等隔水材料。楼板的保温材料施工方法与内墙相似。

3.3　木结构施工质量控制

木结构施工质量控制包括多个方面。本节主要介绍《木结构工程施工质量验收规范》（GB 50206—2012）中常见的一些质量验收标准和验收记录。

木结构规格材料、钉连接的工程质量检验标准见表 3.1。

表 3.1　木结构规格材料、钉连接的工程质量检验标准

项目	序号	规范条文	检查方法
主控项目	1	第 6.2.1 条	实物与设计文件对照
	2	第 6.2.2 条	实物与证书对照
	3	第 6.2.3 条	参照本规范附录 G
	4	第 6.2.4 条	实物与设计文件对照，检查交接报告
一般项目	1	第 6.3.1 条	对照实物目测检查

胶合木的工程质量检验标准如表 3.2 所示。

表 3.2 胶合木的工程质量检验标准

项目	序号	规范条文	检查方法
主控项目	1	第 5.2.1 条	实物与设计文件对照、丈量
	2	第 5.2.2 条	实物与证明文件对照
	3	第 5.2.3 条	参照本规范附录 F
	4	第 5.2.4 条	钢尺丈量
	5	第 5.2.5 条	参照本规范附录 C
一般项目	1	第 5.3.1 条	厚薄规(塞尺)、量器、目测
	2	第 5.3.2 条	角尺、钢尺丈量,检查交接检验报告
	3	第 5.3.3 条	符合本规范 4.3.2、4.3.3、4.2.10、4.2.11 条的规定

木屋盖的工程质量检验标准如表 3.3 所示。

表 3.3 木屋盖的工程质量检验标准

项目	序号	规范条文	检查方法
主控项目	1	第 4.2.1 条	实物与设计文件对照、丈量
	2	第 4.2.2 条	实物与设计文件对照,检查质量合格证书、标识
一般项目	1	第 4.3.1 条	参照本规范表 E.0.1
	2	第 4.3.2 条	目测、丈量,检查交接检验报告
	3	第 4.3.3 条	目测、丈量
	4	第 4.3.4 条	目测、丈量

木结构防腐、防虫、防火工程质量检验标准如表 3.4 所示。

表 3.4 木结构防腐、防虫、防火工程质量检验标准

项目	序号	规范条文	检查方法
主控项目	1	第 7.2.1 条	实物对照,检查检验报告
	2	第 7.2.2 条	参照《木结构试验方法标准》(GB/T 50329)
	3	第 7.2.3 条	对照实物,逐项检查

在木结构完工后,要对其进行验收。验收时,与上述各部分的工程质量检验标准相对应,要填写相应的质量验收记录表。这里以木结构防腐、防虫、防火工程检验批质量验收记录表为例进行介绍,见表 3.5。

表 3.5　木结构防腐、防虫、防火工程检验批质量验收记录表

单位(子单位)工程名称					
分部(子分部)工程名称				验收部位	
施工单位				项目经理	
分包单位				分包项目经理	
施工执行标准名称及编号					
施工质量验收规范的规定			施工单位检查评定记录	监理(建设)单位验收记录	
主控项目	1	木结构防腐、防虫、防水与阻燃措施	第7.2.1条		
	2	木构件防腐剂透入度	第7.2.2条		
	3	木结构构件的各项防腐构造措施	第7.2.3条		
施工单位检查评定结果		专业工长(施工员)		施工班组组长	
		项目专业检查员：		年　月　日	
监理(建设)单位验收结论		专业监理工程师： (建设单位项目专业技术负责人)		年　月　日	

对表 3.5 的说明如下:本检验批全部为主控项目。第一,木结构防腐的构造措施符合设计要求。根据规定和施工图逐项检查防腐的构造措施,符合设计要求。观察检查,并形成记录。检查施工单位检查记录。第二,木构件防护剂的保持量和透入度符合规定。用化学试剂显色反应或 X 光衍射检测不同树种木构件防护剂的保持量和透入度,符合设计要求,形成检测报告编号及结论。检查试验报告。第三,木结构防火构造措施符合设计文件要求。按照设计要求和施工图逐项检查,防火层达到设计要求的厚度且均匀,符合设计要求,形成检查结果。观察检查和检查施工单位检查记录。

第4章　装配式混凝土结构

4.1　混凝土结构体系与应用范围

装配式混凝土结构包括多种类型。其中,由预制混凝土构件通过可靠的方式进行连接并与现场后浇混凝土、水泥基灌浆料形成整体的装配式混凝土结构,称为装配整体式混凝土结构。这里提到的预制构件,是指不在现场原位支模浇筑的构件,不仅包括在工厂制作的预制构件,还包括因受到施工场地或运输等条件限制,但又有必要采用装配式结构,而在现场制作的预制构件。

装配整体式混凝土结构是装配式混凝土结构形式的一种。当主要受力预制构件之间通过干式节点进行连接时,结构的总体刚度与现浇混凝土结构相比会有所降低,此类结构不属于装配整体式结构。

根据我国目前的研究工作水平和工程实践经验,对于高层混凝土建筑,我国目前主要采用装配整体式混凝土结构,其他建筑也是以装配整体式混凝土结构为主。

4.1.1　装配整体式混凝土框架结构

1. 结构体系

装配整体式混凝土框架结构,是指全部或部分框架梁、柱采用预制构件构建而成的装配整体式混凝土结构。该结构体系适用于高度为 50 m 以下(抗震设防烈度为 7 度)的公寓、办公楼、酒店、学校、工业厂房建筑等。

框架结构建筑平面布置灵活、造价低、使用范围广,在低多层住宅和公共建筑中得到了广泛的应用。装配整体式混凝土框架结构继承了传统框架结构的以上优点。根据国内外多年的研究成果,对于地震区的装配整体式混凝土框架结构,当采用了可靠的节点连接方式和合理的构造措施后,其性能可等同于现浇混凝土框架结构。因此,对于装配整体式混凝土框架结构,当节点及接缝采用适当的构造并满足相关要求时,可认为其性能与现浇结构基本一致。

2. 预制构件

装配整体式混凝土框架结构中,预制构件主要有预制柱、叠合梁、叠合板等。

(1)预制柱。

矩形预制柱截面边长不宜小于 400 mm,圆形预制柱截面直径不宜小于 450 mm,且不宜小于同方向梁宽的 1.5 倍。

柱纵向受力钢筋直径不宜小于 20 mm,纵向受力钢筋间距不宜小于 200 mm 且不应大于 400 mm。柱纵向受力钢筋可集中于四角配置且宜对称布置。柱中可设置纵向辅助钢筋(辅助钢筋直径不宜小于 12 mm 且不宜小于箍筋直径)。当正截面承载力计算不计入纵向辅助钢筋时,纵向辅助钢筋可不伸入框架节点。

柱纵向受力钢筋在柱底连接时,柱箍筋加密区长度不应小于纵向受力钢筋连接区域长度与 500 mm 之和;当采用套筒灌浆连接或浆锚连接等方式时,套筒或搭接段上端第一道箍筋距离套筒或搭接段顶部不应大于 50 mm。

(2)叠合梁。

预制混凝土叠合梁是指预制混凝土梁顶部在现场后浇混凝土面形成的整体梁构件,简称叠合梁。

装配整体式混凝土框架结构中,当采用叠合梁时,框架梁的后浇混凝土叠合层厚度不宜小于 150 mm,次梁的后浇混凝土叠合层厚度不宜小于 120 mm;当采用凹口截面预制梁时,凹口深度不宜小于 50 mm,凹口边厚度不宜小于 60 mm。

抗震等级为一、二级的叠合框架梁的梁端箍筋加密区宜采用整体封闭箍筋。当叠合梁受扭时,宜采用整体封闭箍筋,且整体封闭箍筋的搭接部分宜设置在预制部分,见图 4.1(a)。

采用组合封闭箍筋的形式时,开口箍筋上方应做成 135°弯钩;非抗震设计时,弯钩端头平直段长度不应小于 5d(d 为箍筋直径);抗震设计时,平直段长度不应小于 10d。现场应采用箍筋帽封闭开口箍,箍筋两端应做成 135°弯钩,也可做成一端 135°、另一端 90°的弯钩,但 135°弯钩和 90°弯钩应沿纵向受力钢筋方向交错布置,框架梁弯钩平直段长度不应小于 10d,次梁 135°弯钩平直段长度不应小于 5d,90°弯钩平直段长度不应小于 10d,见图 4.1(b)。

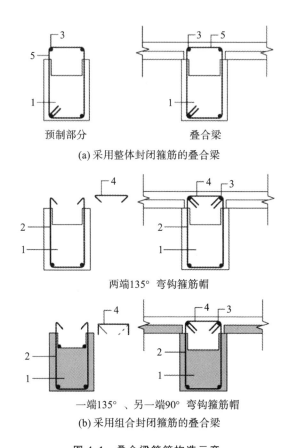

图 4.1　叠合梁箍筋构造示意

注:1—预制梁;2—开口箍筋;3—上部纵向钢筋;4—箍筋帽;5—封闭箍筋

(3)叠合板。

预制混凝土叠合板是指预制混凝土板顶部在现场后浇混凝土面形成的整体板构件,简称叠合板。

叠合板的预制板厚度不宜小于 60 mm,后浇混凝土叠合层厚度不应小于 60 mm。跨度大于 3 m 的叠合板,宜采用桁架钢筋混凝土叠合板;跨度大于 6 m 的叠合板,宜采用预应力混凝土预制板;板厚大于 180 mm 的叠合板,宜采用混凝土空心板。当叠合板的预制板采用空心板时,板端空腔应封堵。

①桁架钢筋混凝土叠合板。桁架钢筋混凝土叠合板的预制层在待现浇区预留桁架钢筋。桁架钢筋的主要作用是将后浇筑的混凝土层与预制底板连接成整体,并在制作和安装过程中提供一定的刚度。桁架钢筋应沿主要受力方向布置;距板边不应大于 300 mm,间距不宜大于 600 mm;弦杆钢筋直径不宜小于8 mm,

腹杆钢筋直径不应小于 4 mm；弦杆混凝土保护层厚度不应小于 15 mm。

②预应力带肋混凝土叠合板。预应力带肋混凝土叠合板又称 PK 板，是一种新型的装配整体式预应力混凝土楼板。它是以倒"T"形预应力混凝土预制带肋薄板为底板，肋上预留椭圆形孔，孔内穿置横向预应力受力钢筋，然后浇筑叠合层混凝土，从而形成整体双向楼板。预应力带肋混凝土叠合板具有厚度薄、质量轻等特点，并且采用预应力可以极大地提高混凝土的抗裂性能。由于采用了 T 形肋，且肋上预留钢筋穿过的孔洞，新、老混凝土能够实现良好的咬合。

（4）其他预制构件。

此外，装配整体式混凝土框架结构的预制构件还有预制混凝土楼梯、预制混凝土阳台板、预制混凝土空调板等。

预制混凝土楼梯是装配式混凝土建筑重要的预制构件，具有受力明确、外形美观等优点，避免了现场支模板，安装后可作为施工通道，节约施工工期。通常预制混凝土楼梯构件会在踏步上预制防滑条，并在楼梯临空一侧预制栏杆、扶手等预埋件。

预制混凝土阳台板是集承重、围护、保温、防水、防火等功能于一体的重要装配式预制构件。预制混凝土阳台板通过局部现浇混凝土，与主体结构实现可靠连接，使之形成装配整体式住宅。预制阳台板一般有叠合板式阳台板、全预制板式阳台板和全预制梁式阳台板，目前以叠合板式阳台板为主。

4.1.2　装配整体式混凝土剪力墙结构

1. 结构体系

装配整体式混凝土剪力墙结构，是指全部或部分剪力墙采用预制墙板构建而成的装配整体式混凝土结构。我国新型的装配式混凝土建筑是从住宅建筑发展起来的，而高层住宅建筑绝大多数采用剪力墙结构。因此，装配整体式混凝土剪力墙结构在国内发展迅速，得到了大量的应用。该结构体系适用于高层、超高层的商品房、保障房等。

装配整体式混凝土剪力墙结构中，墙体之间的接缝数量多且构造复杂，接缝的构造措施及施工质量对结构整体的抗震性能影响较大，使装配整体式混凝土剪力墙结构抗震性能很难完全等同于现浇结构。世界各地对装配式剪力墙结构的研究少于装配式框架结构的研究，因此我国目前对装配整体式混凝土剪力墙结构保持从严要求的态度。

2. 预制构件

装配整体式混凝土剪力墙结构中,预制构件主要有预制内墙板、外墙板、叠合梁、叠合板、预制混凝土楼梯、阳台、空调板等。其中,叠合梁、叠合板、预制混凝土楼梯、阳台、空调板的做法与装配整体式混凝土框架结构的做法相同。

(1) 预制混凝土剪力墙内墙板。

预制混凝土剪力墙内墙板是指在工厂预制的混凝土剪力墙构件。预制混凝土剪力墙内墙板侧面在施工现场通过预留钢筋与剪力墙现浇区段连接,底部通过钢筋灌浆套筒和坐浆层与下层预制剪力墙连接。

预制剪力墙宜采用一字形,也可采用 L 形、T 形或 U 形。开洞预制剪力墙洞口宜居中布置,洞口两侧的墙肢宽度不应小于 200 mm,洞口上方连梁高度不宜小于 250 mm。

预制剪力墙的连梁不宜开洞。当需要开洞时,洞口宜预埋套管。洞口上、下截面的有效高度不宜小于梁高的 1/3,且不宜小于 200 mm。被洞口削弱的连梁截面应进行承载力验算,洞口处应配置补强纵向钢筋和箍筋,补强纵向钢筋的直径不应小于 12 mm。

预制剪力墙开有边长小于 800 mm 的洞口且在结构整体计算中不考虑其影响时,应沿洞口周边配置补强钢筋,补强钢筋的直径不应小于 12 mm,截面面积不应小于同方向被洞口截断的钢筋面积。该钢筋自孔洞边角算起伸入墙内的长度不应小于其抗震锚固长度。

当采用套筒灌浆连接时,自套筒底部至套筒顶部并向上延伸 300 mm 范围内,预制剪力墙的水平分布筋应加密。加密区水平分布筋直径不应小于 8 mm。当构件抗震等级为一、二级时,加密区水平分布筋间距不应大于 100 mm;当构件抗震等级为三、四级时,其间距不应大于 150 mm。套筒上端第一道水平分布钢筋距离套筒顶部不应大于 50 mm。

端部无边缘构件的预制剪力墙,宜在端部配置 2 根直径不小于 12 mm 的竖向构造钢筋。沿该钢筋竖向应配置拉筋,拉筋直径不宜小于 6 mm,间距不宜大于 250 mm。

(2) 预制混凝土夹芯外墙板。

预制混凝土夹芯外墙板又称"三明治板",由内叶墙板、中间夹层、外叶墙板通过连接件可靠连接而成。预制混凝土夹芯外墙板在国内外均有广泛的应用,具有结构、保温、装饰一体化的特点。预制混凝土夹芯外墙板根据其在结构中的

作用,可以分为承重墙板和非承重墙板两类。当作为承重墙板时,它与其他结构构件共同承担垂直力和水平力;当作为非承重墙板时,它仅作为外围护墙体使用。

预制混凝土夹芯外墙板根据其内、外叶墙板间的连接构造,又可以分为组合墙板和非组合墙板。组合墙板的内、外叶墙板可通过拉结件的连接共同工作;非组合墙板的内、外叶墙板不共同受力,外叶墙板仅作为荷载,通过拉结件作用在内叶墙板上。鉴于我国对预制混凝土夹芯外墙板的科研成果和工程实践经验都还较少,目前在实际工程中,通常采用非组合式的墙板,只将外叶墙板作为保温板的保护层,不考虑其承重作用,但要求其厚度不应小于 50 mm。中间夹层的厚度不宜大于 120 mm,用来放置保温材料,也可根据建筑物的使用功能和特点聚合诸如防火等其他功能的材料。当预制混凝土夹芯外墙板作为承重墙板时,应将内叶墙板按剪力墙构件进行设计,并执行预制混凝土剪力墙内墙板的构造要求。

(3) 双面叠合剪力墙。

双面叠合剪力墙是内、外叶墙板预制并用桁架钢筋可靠连接,中间空腔在现场后浇混凝土面形成的剪力墙叠合构件。双面叠合墙板通过全自动流水线进行生产,自动化程度高,具有非常高的生产效率和加工精度,同时具有整体性好、防水性能优等特点。随着桁架钢筋技术的发展,自 20 世纪 70 年代起,双面叠合剪力墙结构体系在欧洲开始得到广泛的应用。自 2005 年起,双面叠合剪力墙结构体系慢慢引入中国市场,在这 10 多年时间里,结合我国国情,各大高校、科研机构及企业针对双面叠合剪力墙结构体系进行了一系列试验研究,证实了双面叠合剪力墙具有与现浇剪力墙接近的抗震性能和耗能能力,可参考现浇结构计算方法进行结构计算。

双面叠合剪力墙的墙肢厚度不宜小于 200 mm,单叶预制墙板厚度不宜小于50 mm,空腔净距不宜小于 100 mm。预制墙板内、外叶内表面应设置粗糙面,粗糙面凹凸深度不应小于 4 mm。内、外叶预制墙板应通过钢筋桁架连接成整体。钢筋桁架宜竖向设置,单片预制叠合剪力墙墙肢不应小于 2 榀,钢筋桁架中心间距不宜大于 400 mm,且不宜大于竖向分布筋间距的 2 倍;钢筋桁架距叠合剪力墙预制墙板边的水平距离不宜大于 150 mm。钢筋桁架的上弦钢筋直径不宜小于 10 mm,下弦及腹杆钢筋直径不宜小于 6 mm。钢筋桁架应与两层分布筋网片可靠连接。

双面叠合剪力墙空腔内宜浇筑自密实混凝土;当采用普通混凝土时,混凝土粗骨料的最大粒径不宜大于 20 mm,并应采取保证后浇混凝土浇筑质量的措施。

（4）PCF 板。

PCF 板是预制混凝土外叶板加保温板的永久模板。其做法是将"三明治"外墙板的外叶板和中间夹层在工厂预制,然后运至施工现场吊装到位,再在内叶板一侧绑扎钢筋、支好模板、浇筑内叶板混凝土,从而形成完整的外墙体系。PCF 板主要用于装配式混凝土剪力墙的阳角现浇部位。PCF 板的应用有效地减少了剪力墙转角处现浇区外侧模板的支模工作,还可以减少在高处作业状态下的外墙外饰面施工。

4.1.3　其他结构体系

装配整体式混凝土框架结构、装配整体式混凝土剪力墙结构目前在我国发展迅速,得到了广泛的应用。此外,我国目前推广的装配式混凝土结构体系中,还包括装配整体式混凝土框架-现浇剪力墙结构、装配整体式框架-现浇核心筒结构、装配整体式部分框支剪力墙结构。

装配整体式混凝土框架-现浇剪力墙结构是以预制装配框架柱为主,并布置一定数量的现浇剪力墙,通过水平刚度很大的楼盖将二者联系在一起共同抵抗水平荷载。考虑到我国目前的研究基础,建议剪力墙构件采用现浇结构,以保证结构整体的抗震性能。装配整体式混凝土框架-现浇剪力墙结构中,框架的性能与现浇框架等同,因此整体结构性能与现浇框架-剪力墙结构基本相同。装配整体式框架-现浇核心筒结构、装配整体式部分框支剪力墙结构目前国内外研究均较少,在国内的应用也很少。

4.2　混凝土结构生产

4.2.1　模具组装

模具组装流程:模具清理→组装模具→涂刷界面剂→涂刷隔离剂→模具固定。

（1）模具清理。清理模具各基准面边缘,利于在抹面时满足厚度要求。清理下来的混凝土残灰要及时收集到指定的垃圾桶内。用钢丝球或刮板将内腔残留混凝土及其他杂物清理干净,使用空气压缩机将模具内腔吹干净,以用手擦拭手上无浮灰为准。所有模具拼接处均用刮板清理干净,保证无杂物残留。

（2）组装模具。选择型号正确的侧板进行拼装，拼装时不得漏放紧固螺栓或磁盒。在拼接部位要粘贴密封胶条，密封胶条粘贴要平直，无间断，无褶皱，胶条不应在构件转角处搭接。各部位螺钉锁紧，模具拼接部位不得有间隙，确保模具所有尺寸偏差控制在误差范围内。组装模具时应仔细检查模板是否有损坏、缺件现象，损坏、缺件的模板应及时维修或者更换。

（3）涂刷界面剂。需要涂刷界面剂的模具应在绑扎钢筋笼之前涂刷，严禁将界面剂涂刷到钢筋笼上。涂刷厚度不少于 2 mm，且需涂刷 2 次，2 次涂刷的时间间隔不少于 2 min。涂刷完的模具要求涂刷面水平向上放置，20 min 后方可使用。涂刷界面剂之前，应确保模具干净。界面剂必须涂刷均匀，严禁有流淌、堆积的现象。

（4）涂刷隔离剂。必须采用水性隔离剂，且应时刻保证抹布（或海绵）及隔离剂干净、无污染，用干净抹布蘸取隔离剂，拧至不自然下滴为宜，均匀涂抹在底模和模具内腔，保证无漏涂。

（5）模具固定。模具（含门、窗洞口模具）、钢筋骨架对照画线位置进行微调，控制模具组装尺寸。模具与底模紧固，下边模和底模用紧固螺栓连接固定，上边模用花篮螺栓连接固定，左右侧模和窗口模具采用磁盒固定。

4.2.2 钢筋加工及安装

1. 钢筋调直

钢筋调直分人工调直和机械调直两类。人工调直可分为绞盘调直（多用于 12 mm 以下的钢筋、板柱）、铁柱调直（用于直径较粗的钢筋）、蛇形管调直（用于冷拔低碳钢丝）。机械调直可分为有钢筋调直机调直（用于冷拔低碳钢丝和细钢筋）、卷扬机调直（用于粗、细钢筋）。

（1）人工调直。直径在 10 mm 以下的盘条钢筋，在施工现场一般采用人工调直。缺乏调直设备时，粗钢筋可采用弯曲机、平直锤调直，或用卡盘、扳手调直；细钢筋可用绞盘（磨）拉直，或用导轮、蛇形管调直装置调直。若通过牵引过轮的钢丝还存在局部慢弯，可用小锤敲打平直。

（2）机械调直。钢筋工程中对直径小于 12 mm 的线材盘条，要展开调直后才可进行加工制作；对大直径的钢筋，要在其对焊调直后检验其焊接质量。这些工作一般都要通过冷拉设备完成。工程中，钢筋也可使用钢筋调直机调直。工程中常用钢筋调直机的型号见表 4.1。

表 4.1　常用钢筋调直机的型号

型号	钢筋调直直径/mm	钢筋调直速度/(m/min)	电动机功率/kW
$CT_4 \times 8B$	4～8	40	3
$CT_4 \times 8$	4～8	40	3
$CT_4 \times 10$	4～10	40	3

钢筋加工宜在常温状态下进行,加工过程中不应加热钢筋。钢筋调直冷拉温度不宜低于 $-20\ ℃$,预应力钢筋张拉温度不宜低于 $-15\ ℃$。当环境温度低于 $-20\ ℃$ 时,不得对 HRB335、HRB400 钢筋进行冷弯加工。

钢筋普遍使用慢速卷扬机拉直和用钢筋调直机调直。用卷扬机拉直钢筋时,应注意控制冷拉率:HPB300 级钢筋不宜大于 4%;HRB335、HRB400 级钢筋及不准采用冷拉钢筋的结构,不宜大于 1%。采用钢筋调直机调直冷拔低碳钢丝和细钢筋时,要根据钢筋的直径选用调直模和传送辊,并要恰当掌握调直模的偏移量和压紧程度。用调直机调直钢丝和用锤击法平直粗钢筋时,表面伤痕不应使截面积减少 5% 以上。调直后的钢筋应平直,无局部曲折;冷拔低碳钢丝表面不得有明显擦伤。

应当注意:冷拔低碳钢丝经调直机调直后,其抗拉强度一般要降低 10%～15%,使用前要加强检查,按调直后的抗拉强度选用。

2. 钢筋切断

(1) 钢筋切断细节详解。

钢筋切断分为机械切断和人工切断两种。机械切断常用钢筋切断机,操作时要保证断料正确,钢筋与切断机口要垂直,并严格执行操作规程,确保安全。在切断过程中,如发现钢筋有劈裂、缩头或严重的弯头,必须切除。一般来说,手工切断常采用手动切断机、克子(又称踏扣,用于直径 16～32 mm 的钢筋)、切段钳等工具。

目前工程中常用的切断机的型号有 GJ5-40 型、QJ40-1 型、GJ5Y-32 型三种,施工过程中可根据施工现场的实际情况进行选择。

在正式开始钢筋切断工作前,需做好机具的调整及准备工作。①旋开机器前部的吊环螺栓,向机内加入 20 号机械油约 5 kg,使油达到油标上线即可,加完油后,拧紧吊环螺栓。②检查刀具安装是否正确、牢固,两刀片侧隙是否在 0.1～1.5 mm 范围内,必要时可在固定刀片侧面加垫(0.5 mm、1 mm 钢板)调整。

③紧固松动的螺栓,紧固防护罩,清理机器上和工作场地周围的障碍物。④向针阀式油杯内加足 20 号机械油,调整好滴油次数,使其每分钟滴 3～10 次,并检查油滴是否准确地滴入齿圈和离合器体的结合面凹槽处,空运转前滴油时间不得少于 5 min。⑤空运转 10 min,踩踏离合器 3～5 次,检查机器运转是否正常。如有异常现象,应立即停机,检查原因,排除故障。

在切断钢筋过程中,开机前要先检查机器各部结构是否正常,例如刀片是否牢固,电动机、齿轮等传动机构处有无杂物,检查后认为安全、正常才可开机。钢筋必须在刀片的中下部切断,以延长机器的使用寿命。钢筋只能用锋利的刀具切断。如果存在崩刃或刀口磨钝现象,应及时更换或修磨刀片。机器启动后,应在运转正常后开始切料。机器工作时,应避免在满负荷状态下连续工作,以防电动机过热。切断多根钢筋时,应将钢筋整齐排放,拧紧定尺卡板的紧固螺栓,并调整固定刀片与冲切刀片间的水平间隙,对冲切刀片作往复水平动作的剪断机,间隙以 0.5～1 mm 为宜。再根据钢筋所在部位和剪断误差情况,确定是否可用或返工。切断钢筋时,应使钢筋紧贴挡料块及固定刀片。切粗料时,转动挡料块,使支撑面后移,反之则前移,以使切料正常。钢筋放入时要与切断机刀口垂直,钢筋要摆正、摆直。此外,随时检查机器轴套和轴承的发热情况。一般情况应是手感不热,如感觉烫手,应及时停机检查,查明原因,排除故障后,再继续使用。切忌超载,不能切断大于刀片硬度的钢材。

(2)钢筋切断施工常用数据。

工程中常用钢筋切断机的有关性能数据见表 4.2。

表 4.2　工程中常用钢筋切断机的有关性能数据

机械型号	切断直径/mm	外形尺寸/(mm)	功率/kW	质量/kg
GJ5-40	6～40	1770×685×828	7.5	950
GJ40-1	6～40	1400×600×780	5.5	450
GJ5Y-32	8～32	889×396×398	3.0	145

(3)钢筋切断安全操作要点。

启动前必须检查切刀,刀体上应没有裂纹;还要检查刀架螺栓是否已紧固,防护罩是否牢靠,然后用手转动皮带轮,检查齿轮啮合间隙,调整切刀间隙。启动后要先空运转,检查各传动部分及轴承,确认运转正常后方可作业。

接送料工作台面应与切刀下部保持水平,工作台的长度可根据加工材料的长度确定。机械未达到正常转速时不得切料,切料时必须使用切刀的中下部位。

紧握钢筋,对准刃门,迅速送入。

不得剪切直径及强度超过机械铭牌规定的钢筋,也不得剪切烧红的钢筋。一次切断多根钢筋时,钢筋的总截面面积应在规定范围内,在切断强度较高的低合金钢筋时,应换用高硬度切刀。一次切断的钢筋根数随直径大小而不同,应符合机械铭牌的规定。

切断短料时,手与切刀之间的距离应保持在 150 mm 以上,如手握端小于400 mm,应使用套管或夹具将钢筋短头压住或夹牢。

钢筋切断施工时应合理统筹配料,将相同规格的钢筋根据不同长短搭配,统筹排料;一般先断长料,后断短料,以减少短头、接头和损耗,避免用短尺量长料,以免产生累积误差;切断操作时应在工作台上标出尺寸刻度,并设置控制断料尺寸用的挡板;经常组织相关人员对切断钢筋进行抽查。

3.　钢筋网、架焊接

(1) 钢筋网、架焊接细节详解。

搭接方法分叠搭法、平搭法、扣搭法 3 种,具体如表 4.3 所示。

表 4.3　搭接方法

搭接方法	内容	图示
叠搭法	一张网片叠在另一张网片上的搭接方法	如图 4.2 所示
平搭法	一张网片的钢筋镶入另一张网片,使两张网片的纵向和横向钢筋各自在同一平面内的搭接方法	如图 4.3 所示
扣搭法	一张网片扣在另一张网片上,使横向钢筋在一个平面内、纵向钢筋在两个不同平面内的搭接方法	如图 4.4 所示

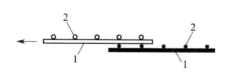

图 4.2　叠搭法示意图

注:1—纵向钢筋;2—横向钢筋

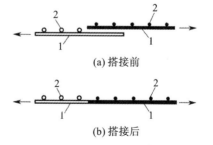

(a) 搭接前

(b) 搭接后

图 4.3　平搭法示意图

注:1—纵向钢筋;2—横向钢筋

图 4.4　扣搭法示意图

注:1—纵向钢筋;2—横向钢筋

钢筋焊接网运输时应捆扎整齐、牢固,每捆质量不宜超过 2t,必要时应加刚性支撑或支架。进场的钢筋焊接网宜按施工要求堆放,并应有明显的标志。对两端需要插入梁内锚固的焊接网,当网片纵向钢筋较细时,可利用网片的弯曲变形性能,先将焊接网中部向上弯曲,使两端能先后插入梁内,然后铺平网片。钢筋焊接网安装时,下部网片应设置与保护层厚度相当的塑料卡或水泥砂浆垫块;板的上部网片应在接近短向钢筋两端,沿长向钢筋方向每隔 600~900 mm 设一个钢筋支架。

(2)钢筋网、架焊接施工常用数据。

焊接网尺寸允许偏差:网片的长度、宽度允许偏差为 ±25 mm;网格的长度、宽度允许偏差为 ±10 mm;对角线允许偏差为 ±1%。

冷拔光面钢筋直径允许偏差应以钢筋公称直径 d 为依据,当 $d \leqslant 5$ mm 时,允许偏差为 ±0.10 mm;当 5 mm < d < 10 mm 时,允许偏差为 ±0.15 mm;当 $d \geqslant 10$ mm 时,允许偏差为 ±0.20 mm。

(3)钢筋网、架焊接施工要点。

焊接钢筋架和焊接网的搭接接头不宜位于构件最大弯矩处,焊接网在非受力方向的搭接长度宜为 100 mm;受拉焊接钢筋架和焊接网在受力钢筋方向的搭接长度应符合设计规定;受压焊接钢筋架和焊接网在受力钢筋方向的搭接长度,可取受拉焊接钢筋架和焊接网在受力钢筋方向的搭接长度的 0.7 倍。

在梁中,焊接钢筋架的搭接长度内应配置箍筋或短的槽形焊接网。箍筋或网中的横向钢筋间距不得大于 $5d$。轴心受压或偏心受压构件的搭接长度内,箍筋或横向钢筋的间距不得大于 $10d$。

在构件宽度内有若干焊接网或焊接钢筋架时,其接头位置应错开。在同一截面内搭接的受力钢筋的总截面面积不得超过受力钢筋总截面面积的 50%;在轴心受拉及小偏心受拉构件(板和墙除外)中,不得采用搭接接头。

焊接网和焊接钢筋架沿受力钢筋方向的搭接接头,宜位于构件受力较小的部位,如承受均布荷载的简支受弯构件,焊接网受力钢筋接头宜放置在跨度两端各 1/4 跨长范围内。

4. 钢筋网、架绑扎及安装

（1）钢筋网预制绑扎。钢筋网的预制绑扎多用于小型构件。此时，钢筋网的绑扎多在平地上或工作台上进行。一般大型钢筋网预制绑扎的操作程序：平地上画线→排放钢筋→绑扎→临时加固钢筋的绑扎。

（2）钢筋架预制绑扎。绑扎轻型钢筋架（如小型过梁等）时，一般选用单面或双面悬挑的钢筋绑扎架。这种绑扎架在进行穿、取、放、绑扎等操作时都比较方便。绑扎重型钢筋架时，可把两个三脚架横担和一根光面圆钢作为一组，并由几组这样的三脚架组成一个钢筋绑扎架。

（3）钢筋网、架的安装。①单片或单个的预制钢筋网、架的安装比较简单，只要在钢筋入模后，按规定的保护层厚度垫好垫块，即可进行下一道工序。但当多片或多个预制的钢筋网、架在一起组合使用时，则要注意节点相交处的交错和搭接。②钢筋网（架）应分段（块）安装，其分段（块）的大小和长度应按结构配筋、施工条件、起重运输能力来确定。③为防止在运输和安装过程中，钢筋网与钢筋架发生歪斜变形，应采取临时加固措施。为保证吊运钢筋架时，吊点处钩挂的钢筋不变形，在钢筋架挂吊钩处设置短钢筋，将吊钩挂在短钢筋上，这样可以不用兜吊，既能有效防止钢筋架变形，又能防止钢筋架中局部钢筋变形。④钢筋网与钢筋架的吊点，应根据其尺寸、重量及刚度而定。宽度大于 1 m 的水平钢筋网宜采用四点起吊，跨度小于 6 m 的钢筋架宜采用两点起吊。跨度大、刚度差的钢筋架宜采用横吊梁（铁扁担）四点起吊。为了防止吊点处钢筋受力变形，可采取兜底吊运或加短钢筋的措施。

钢筋网、架在安装过程中常常出现吊装时不能顺利起吊的现象。不能顺利起吊的主要原因是胎具腹板侧面布置的纵向角钢上均匀切出了定位凹槽，胎具与钢筋互相摩擦，起吊时凹槽太多，相互牵制，卡住后无法活动，只能将胎具一侧切除移开后才能起吊。可以对胎具进行改进，腹板侧面三根角钢上，只对顶部的一根角钢进行切槽定位，其余两根以角背作为支撑来控制钢筋架变形。

此外，在进行钢筋网、架绑扎及安装时，在钢筋架中非焊接的搭接接头长度范围内，受拉搭接钢筋的箍筋间距不应大于 $5d$ 且不应大于 100 mm；受压搭接钢筋的箍筋间距不应大于 $10d$，且不应大于 200 mm。焊接网的搭接接头，不宜位于构件的最大弯矩处；焊接网在非受力方向的搭接长度，不宜小于 100 mm。

4.2.3　混凝土浇筑及构件养护

1. 混凝土浇筑

(1) 混凝土第一次浇筑及振捣。浇筑前检查混凝土的坍落度是否符合要求,过大或过小都不允许使用,且料量不准超过理论用量的 2%。浇筑振捣时应尽量避开埋件处,以免埋件移位。采用人工振捣方式,振捣至混凝土表面无明显气泡溢出,保证混凝土表面水平,无突出石子。浇筑时,注意控制混凝土厚度,在达到设计要求时停止下料;工具使用后清理干净,整齐放入指定工具箱内。

(2) 安装连接件。将连接件通过挤塑板预先加工好的通孔插入混凝土,确保混凝土对连接件握裹严实,连接件的数量及位置根据图纸工艺要求,保证位置的偏差在要求的范围内。

(3) 混凝土二次浇筑及振捣。应采用布料机自动布料,振捣时采用振捣棒进行人工振捣,至混凝土表面无明显气泡后松开底模。

(4) 赶平。当混凝土二次浇筑及振捣完毕后,应采用振捣棒对混凝土表面进行振捣。

2. 构件养护

为了使已成型的混凝土构件尽快获得脱模强度,以加速模板周转,提高劳动生产率、增加产量,需要采取加速混凝土硬化的养护措施。常用的构件养护方法及其他加速混凝土硬化的措施有蒸汽养护、热模养护和太阳能养护。

(1) 蒸汽养护。

蒸汽养护分为常压蒸汽养护、高压蒸汽养护、无压蒸汽养护三类。其中,常压蒸汽养护应用最广,其设施及构造如下。

① 养护坑(池)。养护坑(池)主要用于平模机组流水工艺。其构造简单、易于管理、对构件的适应性强,是主要的加速养护方式。它的缺点是坑内上下温差大、养护周期长、蒸汽耗量大。

② 立式养护窑。窑内分顶升和下降两行,成型后的制品入窑后,在窑内一侧层层顶升,同时处于顶部的构件通过横移车移至另一侧,层层下降,利用高温蒸汽向上、低温空气向下流动的原理,使窑内自然形成升温、恒温、降温三个区段。立式养护窑具有节省车间面积、便于连续作业、蒸汽耗量少等优点,但设备投资较大,维修不便。

③水平隧道窑和平模传送流水工艺配套使用。构件从窑的一端进入,通过升温、恒温、降温三个区段后,从另一端推出。其优点是便于进行连续流水作业,但三个区段不易分隔,温度和湿度不易控制,窑门不易封闭,蒸汽有外溢现象。

（2）热模养护。

将底模和侧模做成加热空腔,通入蒸汽或热空气,对构件进行养护。热模养护可用于固定或移动的钢模,也可用于长线台座。成组立模也属于热模养护。

（3）太阳能养护。

太阳能养护是用于露天作业的养护方法。当构件成型后,用聚氯乙烯薄膜或聚酯玻璃钢等材料制成的养护罩将产品罩上,靠太阳的辐射能对构件进行养护。太阳能养护的养护周期比自然养护可缩短 $1/3\sim2/3$,并可节省能源和养护用水,因此已在日照期较长的地区推广使用。

4.2.4　预制混凝土生产操作要点

1. 模板与支撑操作要点

（1）模板与支撑的一般规定。

装配式结构的模板与支撑应根据施工过程中的各种工况进行设计,且应具有足够的承载力、刚度,还应保证其整体稳固性。装配式结构的模板与支撑应根据工程结构形式、预制构件类型、荷载、施工设备和材料供应等条件确定,本条中所要求的各种工况应由施工单位根据工程具体情况确定,以确保模板与支撑稳固、可靠。

模板与支撑应保证工程结构和构件各部分形状、尺寸和位置的准确性。模板安装应牢固、严密、不漏浆,且应便于钢筋安装和混凝土浇筑、养护。

预制构件应根据施工方案要求预留与模板连接用的孔洞、螺栓或长螺母,预留位置应符合设计或施工方案要求。装配式结构的模板与支撑应根据施工过程中的各种工况进行设计计算,根据荷载计算确定支撑间距和构造要求,应保证整体稳固性。

预制构件接缝处宜采用与预制构件可靠连接的定型模板。定型模板与预制构件之间应粘贴密封条,在混凝土浇筑时节点处模板不应产生明显变形和漏浆。编制模板施工专项方案。预制构件根据施工方案要求预留与模板连接用的孔洞、螺栓,预留位置应与模板模数相协调并便于模板安装。预制墙板现浇节点的

模板支设是施工的重点，为了保证节点区模板支设的可靠性，通常在预制构件上预留螺母、孔洞等，施工单位应根据节点区选用的模板形式，将构件预埋与模板固定相协调。

模板宜采用水性脱模剂。脱模剂应能有效减小混凝土与模板间的吸附力，并应有一定的成膜强度，且不应影响脱模后混凝土表面的后期装饰。

（2）模板与支撑安装操作要点。

①叠合楼板施工应符合下列规定：叠合楼板的预制底板安装时，可采用龙骨及配套支撑，龙骨及配套支撑应进行设计计算。宜选用可调标高的定型独立钢支柱作为支撑，龙骨的顶面标高应符合设计要求。预制底板搁置在剪力墙墙体上时，搁置面的标高应准确控制。当预制板支撑于现浇混凝土剪力墙上时，宜在剪力墙墙体浇筑混凝土前的钢模板上端安装控制标高的方钢或木模，按设计标高调整并固定位置，可采用弹线切割找平的方式来保证叠合板安装标高。浇筑上层混凝土时，预制底板上部应避免集中堆载。

②叠合梁施工应符合下列规定：预制梁下部的竖向支撑可采取点式支撑，支撑位置与间距应根据施工验算确定。预制梁竖向支撑宜选用可调标高的定型独立钢支架。预制梁的搁置长度及搁置面的标高应符合设计要求。

③安装预制墙板、预制柱等竖向构件时，应采用可调式斜支撑临时固定；斜支撑的位置应避免与模板支架、相邻支撑冲突。

④夹芯保温外墙板竖缝采用后浇混凝土连接时，宜采用工具式定型模板支模，并应符合下列规定：定型模板应通过螺栓或预留孔洞拉结的方式与预制构件可靠连接。定型模板安装应避免遮挡预制墙板下部灌浆预留孔洞。夹芯墙板的外叶板应采用螺栓拉结或夹板等加强固定。墙板接缝部位及与定型模板连接处均应采取可靠的密封防漏浆措施。本条对夹芯保温外墙板拼接竖缝节点后浇混凝土采用的定型模板做了规定（图4.5），在模板与预制构件、预制构件与预制构件之间应采取可靠的密封防漏浆措施，达到后浇混凝土与预制混凝土相接表面平整度要求。

⑤采用预制外墙模板进行支模时，预制外墙模板的尺寸参数及与相邻外墙板之间的拼缝宽度应符合设计要求。安装时与内侧模板或相邻构件应连接牢固，并采取可靠的密封防漏浆措施。

采用预制外墙模板时，拼接竖缝节点应符合建筑与结构设计的要求，以保证预制外墙模板符合外墙装饰要求，并保证结构在使用过程中的安全可靠（图

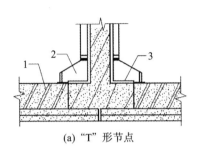 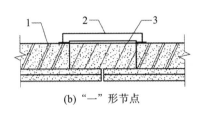

(a) "T" 形节点　　　　　　　　　(b) "一" 形节点

图 4.5　夹芯保温外墙板拼接竖缝节点

注:1—夹芯保温外墙板;2—定型模板;3—后浇混凝土

4.6)。预制外墙模板与相邻预制构件安装定位后,为防止浇筑混凝土时漏浆,需要采取有效的密封措施。

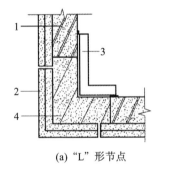 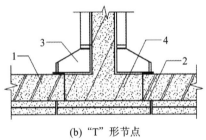

(a) "L" 形节点　　　　　　　　　(b) "T" 形节点

图 4.6　预制外墙模板拼接竖缝节点

注:1—夹芯保温外墙板;2—预制外墙模板;3—定型模板;4—后浇混凝土

⑥预制梁柱节点区域后浇筑混凝土部分采用定型模板支模时,宜采用螺栓与预制构件可靠连接固定,模板与预制构件之间应采取可靠的密封防漏浆措施。

(3) 模板与支撑拆除操作要点。

①模板拆除时,可采取先拆非承重模板,后拆承重模板的顺序。水平结构模板应由跨中向两端拆除,竖向结构模板应自上而下进行拆除。

②多个楼层间连续支模的底层支架拆除时,应根据连续支模的楼层间荷载分配和后浇混凝土强度的增长情况确定。

③当后浇混凝土强度能保证构件表面及棱角不受损伤时,方可拆除侧模。

④与叠合构件同条件养护的后浇混凝土立方体试件的抗压强度达到设计要求后,方可拆除龙骨及下一层支撑;当设计无具体要求时,同条件养护的后浇混凝土立方体试件抗压强度应符合表 4.4 的规定。

表 4.4　模板与支撑拆除时的后浇混凝土强度要求

构件类型	构件跨度/m	达到混凝土设计强度等级值的比例/(%)
板	≤2	≥50
	>2,≤8	≥75
	>8	≥100
梁	≤8	≥75
	>8	≥100
悬臂结构		≥100

　　受弯类叠合构件的施工要考虑两阶段受力的特点,支撑的拆除时间需要考虑同条件养护的现浇混凝土立方体试件的抗压强度,施工时要采取措施,以满足设计要求。

　　⑤预制墙板斜支撑和限位装置应在连接节点和连接接缝部位的后浇混凝土或灌浆料强度达到设计要求后拆除;当设计无具体要求时,后浇混凝土或灌浆料强度达到设计强度的 75% 以上方可拆除。

　　⑥预制柱斜支撑应在预制柱与结构可靠连接、连接节点部位的后浇混凝土或灌浆料强度达到设计要求且上部构件吊装完成后方可拆除。

　　⑦预制墙板斜支撑拆除宜在现浇墙体混凝土模板拆除前进行。本条对预制墙板斜支撑拆除与现浇墙体模板拆除顺序作了规定,以免斜支撑与模板支架之间的施工相互干扰。

　　⑧拆除的模板和支撑应分散堆放并及时清运。应采取措施避免施工集中堆载。

2. 钢筋连接与定位操作要点

　　(1) 钢筋连接操作要点。

　　①预制构件的钢筋连接可选用钢筋套筒灌浆连接接头。采用直螺纹钢筋灌浆套筒时,钢筋的直螺纹连接部分应符合现行行业标准《钢筋机械连接技术规程》(JGJ 107—2016)的规定;钢筋套筒灌浆连接部分应符合设计要求或有关标准规定。

　　②钢筋焊接连接接头应符合现行行业标准《钢筋焊接及验收规程》(JGJ 18—2012)的有关规定。

　　③钢筋机械连接接头应符合现行行业标准《钢筋机械连接技术规程》(JGJ

107—2016)的有关规定。机械连接接头部位的混凝土保护层厚度宜符合现行国家标准《混凝土结构设计规范(2015 年版)》(GB 50010—2010)中受力钢筋混凝土保护层最小厚度的规定,且不得小于 15 mm;接头之间的横向净距不宜小于25 mm。

④当钢筋采用弯钩或机械锚固措施时,钢筋锚固端的锚固长度应符合现行国家标准《混凝土结构设计规范(2015 年版)》(GB 50010—2010)的有关规定。采用钢筋锚固板时,应符合现行行业标准《钢筋锚固板应用技术规程》(JGJ 256—2011)的有关规定。

⑤叠合板上部后浇混凝土中的钢筋绑扎前,应检查并校正其下部预制底板桁架钢筋的位置,并设置钢筋定位件固定钢筋的位置。绑扎过程中采取有效措施,以保证钢筋位置。

叠合板桁架钢筋通常可作为后浇混凝土叠合层中的钢筋马凳使用,但应对其高度进行检查校正,确保钢筋位置准确。

⑥预制墙板连接部位宜先校正水平连接钢筋,然后安装箍筋套,待墙体竖向钢筋连接完成后绑扎箍筋;连接部位加密区的箍筋宜采用封闭箍筋。本条对预制剪力墙构件之间、预制剪力墙构件与现浇剪力墙构件之间连接节点区域的钢筋连接施工顺序作了规定,以便提高安装效率。

⑦当预制构件外露钢筋影响相邻后浇混凝土中钢筋绑扎时,可在预制构件上预留钢筋接驳器,待相邻后浇混凝土结构钢筋绑扎完成后,再将锚固筋旋入接驳器形成连接。本条对预制构件安装与相邻现浇混凝土中钢筋相互干扰的处理方式进行了规定。可采用在预制构件上预留钢筋接驳器的做法,该做法应在预制构件深化设计时完成。

⑧安装预制墙板用的斜支撑预埋件应在叠合板的后浇混凝土中埋设,预埋件安装定位应准确,并采取可靠的防污染措施。

(2) 钢筋定位操作要点。

①装配式结构后浇混凝土内的连接钢筋应埋设准确,连接与锚固方式应符合设计和现行有关技术标准的规定。

②构件连接处的钢筋位置应符合设计要求。当设计无具体要求时,应保证主要受力构件和构件中主要受力方向的钢筋位置,并应符合下列规定:框架节点处,梁纵向受力钢筋宜置于柱纵向钢筋内侧;当主梁和次梁底部标高相同时,次梁下部钢筋应放在主梁下部钢筋之上;剪力墙中水平分布钢筋宜置于竖向钢筋外侧,并在墙端弯折锚固。

③钢筋套筒灌浆连接接头的预留钢筋应采用专用模具进行定位,并应符合下列规定:定位钢筋中心位置偏差不超过1:10时,宜采用套管方式进行调整;定位钢筋中心位置偏差大于1:10时,应按设计单位确认的技术方案处理;应采用可靠的固定措施控制连接钢筋的外露长度,以满足设计要求。

本条对如何保证现浇混凝土内钢筋套筒灌浆连接接头的预留钢筋定位精度作了规定。预留钢筋定位精度对预制构件的安装有重要影响,因此对预埋于现浇混凝土内的预留钢筋采用专用型钢模具对其中心位置进行控制,采用可靠的绑扎固定措施对连接钢筋的外露长度进行控制。

④预制构件的外露钢筋应防止弯曲变形,并在预制构件吊装完成后,对其位置进行校核与调整。

⑤预制梁柱节点区的钢筋安装时,应符合下列规定:节点区柱箍筋应在构件厂预先安装于预制柱钢筋上,随预制柱一同安装就位;预制叠合梁采用封闭箍筋时,其上部纵筋应在构件厂预先穿入箍筋内临时固定,并随预制梁一同安装就位;预制叠合梁采用开口箍筋时,其上部纵筋可在现场安装。

⑥叠合板上部后浇混凝土中的钢筋宜采用成型钢筋网片整体或分片安装定位,分片安装时,应按照设计和现行有关技术标准的规定做好接头连接处理。

⑦装配式结构后浇混凝土施工时,应采取可靠的保护措施,防止定位钢筋整体偏移及受到污染。

3. 混凝土浇筑操作要点

(1) 混凝土浇筑的一般规定。

①装配式结构施工应采用预拌混凝土。预拌混凝土应符合现行相关标准的规定。

②装配式结构施工中的结合部位或接缝处混凝土的工作性能应符合设计与施工规定;当采用自密实混凝土时,应符合现行相关标准的规定。

③装配式结构工程在浇筑混凝土前应进行隐蔽项目的现场检查与验收。

④装配式结构的后浇混凝土节点应根据施工方案要求的顺序浇筑施工。

⑤混凝土浇筑完毕后,应按施工技术方案要求及时采取有效的养护措施,并应符合下列规定:叠合层及构件连接处混凝土浇筑完成后,可采取洒水、覆膜、喷涂养护剂等养护方式,为保证后浇混凝土的质量,规定养护时间不应少于14 d。应在浇筑完毕后的12 h内对混凝土加以覆盖并养护。浇水次数应能保持混凝土处于湿润状态。采用塑料布覆盖养护的混凝土,其敞露的全部表面应覆盖严

密,并应保持塑料布内有凝结水。叠合层及构件连接处后浇混凝土的养护时间不应少于 14 d。混凝土强度达到 1.2 MPa 前,不得在其上踩踏或安装模板及支架。

（2）叠合构件混凝土浇筑操作要点。

①叠合构件混凝土浇筑前,应清除叠合面上的杂物、浮浆及松散骨料,表面干燥时应洒水润湿,洒水后不得留有积水。叠合面对于预制混凝土与现浇混凝土的结合有重要作用,因此本条对叠合构件混凝土浇筑前表面清洁与施工技术处理作了规定。

②叠合构件混凝土浇筑前,应检查并校正预制构件的外露钢筋。

③叠合构件混凝土浇筑时,应采取由中间向两边的方式。本条规定的目的是保证叠合构件混凝土浇筑时,下部预制底板的龙骨与支撑受力均匀,减小施工过程中不均匀分布荷载的不利作用。

④叠合构件与周边现浇混凝土结构连接处,浇筑混凝土时应加密振捣点,当采取延长振捣时间措施时,应符合有关标准和施工作业要求。

⑤叠合构件混凝土浇筑时,不应移动预埋件的位置,且不得污染预埋件外露连接部位。

（3）构件连接混凝土浇筑操作要点。

①装配式结构中预制构件连接处的混凝土强度等级不应低于所连接的各预制构件混凝土强度等级中的较大值。本条规定与《混凝土结构工程施工规范》（GB 50666—2011）中对装配式结构接缝现浇混凝土的要求相一致。如预制梁、柱混凝土强度等级不同时,预制梁、柱节点区混凝土应按强度等级高的混凝土浇筑。

②用于预制构件连接处的混凝土或砂浆,宜采用无收缩混凝土或砂浆,并宜采取提高混凝土或砂浆早期强度的措施;在浇筑过程中应振捣密实,并应符合有关标准和施工作业要求。

③预制构件连接节点和连接接缝部位的后浇混凝土施工应符合下列规定。连接接缝混凝土应连续浇筑,竖向连接接缝可逐层浇筑,混凝土分层浇筑高度应符合现行规范要求;浇筑时应采取保证混凝土或砂浆浇筑密实的措施。同一连接接缝的混凝土应连续浇筑,并应在底层混凝土初凝之前将上一层混凝土浇筑完毕。预制构件连接节点和连接接缝部位的混凝土应加密振捣点,并适当延长振捣时间。

④预制构件连接处混凝土浇筑和振捣时,应对模板及支架进行观察和维护,

发生异常情况应及时进行处理;构件接缝混凝土浇筑和振捣应采取措施防止模板、相连接构件、钢筋、预埋件及其定位件移位。

4.3　混凝土结构施工技术

4.3.1　混凝土装配式建筑结构施工技术的原理及价值

混凝土构件运输至施工现场后,就要及时展开构件的装配工作。采用构件安装与现场浇筑两种方式进行施工。安装混凝土预制构件后,利用套筒灌浆的方法,连接钢筋与套筒,确保预制件与钢筋的受力强度符合要求,而后通过节点浇筑,使得混凝土构件与钢筋形成整体。装饰板与楼梯板等预制构件逐层装配,预制飘窗构件则是错层装配。在预制构件的装配过程中,吊装、安装、套筒灌浆、节点浇筑等环节要严格按照工程质量要求及技术规范实施。

混凝土装配式建筑结构施工技术提高了建筑施工的效率及质量,加大了城镇化发展对建筑的需求;推动了建筑行业相关产业的发展,为经济的发展注入了新的活力;为建筑施工的可控、可衔接等需求提供了技术支撑,促进了施工技术的持续发展。

4.3.2　混凝土装配式建筑结构施工技术的流程及要点

1. 预制构件的制造

为了保证预制构件的规格、尺寸及质量符合要求,要选择具有材料供应资格的供应商及具有生产资格的预制构件厂,保证预制构件符合国家、行业相关规范及工程的要求。

对预制构件装配的基础性工作应当提前做好,例如钢筋结构、预留预埋等,同时,预留预埋工作也要根据相关规范及施工的具体需求实施。在加工预制构件时,混凝土各成分的选择要按照标准进行,并且要严格按照施工文件配比。所用的模板应当符合要求,保证模板光滑平整且没有异物粘连,并且要考虑模板装卸时的简便性。

根据预制构件的功能及安装需求,预先在构件上埋设吊环、螺母、套筒等。安装时先用定位销进行固定,待混凝土达到脱模强度后进行脱模,再进行连接部位的找准。

2. 预制构件的运输与堆放

在正式运输预制构件的前一天,要将预制构件的规格、型号等信息与施工现场相关人员进行核验比对,确认好型号规格、清点数量及检验配套情况。

所选择的运输车辆应当是大型卡车。在装车前,要在卡车货斗底部铺设 100 mm×100 mm 的木方垫底,同时在木方上增设柔软、具有缓冲作用的橡胶垫,并且用槽钢制作"人"字形支撑,将预制构件容易损坏的一面朝外。一般来说,预制板可叠加累放 2～4 层,且每层间要设置木方及橡胶垫,保证运输途中受力均匀且不会损坏。此外,应选择适当的运输路线,运输车辆要平稳行驶。

预制构件运输至施工现场,要临时堆放在起重设备工作范围内的临时场地上,底部要铺设 100 mm×100 mm 方木,各层间对称放置 8 个小方木,要层层对齐。

3. 预制板安装的准备工作

①对安装人员进行有效培训,保证施工的准确与安全,使工人知悉安装要一步到位,出现差错就难以挽回。②搭设临时储料库,准备一定量的灌浆料,灌浆时的用具要配置齐全。③对预制构件的表面进行清理,不应有灰尘、水泥颗粒、油污等。与灌浆有关联的一面不可有水,防止灌浆时出现裂缝等问题。④进行灌浆分区,以避免大体积灌浆浇筑时因凝结过快而导致灌浆效果逐渐下降。⑤核对钢筋结构的位置,为预制板准确安装提供保障。在预制构件上钢筋装配处打孔,孔的直径比钢筋直径大约 2 mm,以保证钢筋容易准确进入。

4. 预制构件的吊装

为了减少不同构件更换起吊点时所消耗的时间,要对吊链作如下设置:一侧为两个吊点,另一侧根据构件吊装尺寸设计不同吊点。如此就可在更换吊装构件时,只调整一侧的吊点,节省时间。

根据各个构件上的吊环位置确定起吊点,确定后以卸扣连接钢丝绳和吊环。当起吊达到了 500 mm 高度时,进行观察检验,此时构件无外观上的损坏且吊环也安全牢固,便可继续起吊。吊装要缓慢、匀速进行,吊装到指定高度后,由等待的工人用挂钩挂住,拉住预制构件,再缓缓下放至指定位置。

5. 预制构件定位

为了使预制构件装配准确,要提前将预制构件上预留的灌浆套筒与其连接构件上的钢筋连接,等到吊装到位之后以支撑的方法进行更正、调节,最后固定,固定后开始灌浆,将钢筋及套筒连成一个整体。

在预制墙板定位时,吊装到相应位置时,将墙板两侧已装好的斜支撑螺栓迅速插入辅助定位的豁口槽中。而后,墙板缓缓落下,豁口槽也随之下降到墙板就位。

为了确保相邻 PC 构件的安装准确可靠,要在 PC 构件上方设置定位销,下方设置定位销孔,定位销孔要与 PC 构件的水平方向一致,使得上层 PC 构件安装后可轻微活动调节。

6. 预制构件的安装与调节

安装预制墙板时,将墙板的斜支撑用螺栓装在墙板与橡胶板的连接结构上,此时墙板大致是竖直的,而后用调节式的斜支撑螺栓固定墙板。待固定完毕后,将斜支撑更换为短杆支撑,便于进行后续的校准调节。

更换为短杆支撑后,开始进行墙板的调节。在墙板的平行、垂直及水平线的位置进行微调。墙板的平行方向存在偏差时,用小型千斤顶缓慢调节;墙板的垂直方向存在偏差时,用预设的可调装置在水平方向上适当移动墙板顶部进行校正;墙板的水平线方向出现偏差时,则可用短杆斜支撑进行微调校正。

7. 现浇点钢筋的绑扎

一般而言,在预制板上预留的钢筋为开口箍筋,因此在绑扎展开前,要在暗柱箍筋处标定交叉位置。进行绑扎时,要保证各种钢筋结构的固定强度,使箍筋、主筋等固定为牢靠的整体。在正式绑扎竖筋之前,要对其进行严格校正,而后再绑扎竖筋。构件上水平方向与竖直方向的钢筋要交叉、错开绑扎,两个方向的钢筋每一个相交处都要绑牢,竖向钢筋相邻处要多绑扎几次,绑扎要紧密。

进行墙体钢筋的横向、纵向控制时,要用强度较好的钢筋制成梯子筋,在两个方向钢筋的间隔之间作为定位筋。

设置好线管、线盒等预埋件,尽可能采用最新形式的线盒,其自带穿筋管,便于预埋固定。

8. 预制构件的灌浆

要选择与钢筋材料能紧密贴合、固定的水泥灌浆材料,这种材料颗粒小、便于集中、强度高、流动性好,是较佳的钢筋连接材料。

拌和好灌浆料后,在预制构件现浇处合模之前进行灌浆操作。各构件要进行校正并确定无误后进行灌浆,构件的灌浆一面要少量洒水,但不可存在积水。灌浆应根据事先划分好的灌浆分区取灌浆料,而后注入灌浆孔,待灌浆料从溢流孔流出,便可判定已经灌满。

在灌浆过程中,为了掌握灌浆的情况,保证质量,要同时制作与灌浆料一样的试块。因为灌浆情形随着时间发生变化,所以每一层灌浆都要制作留取 3 个试块。灌浆完成后,按照相关标准进行养护,养护时长一般为 28 d。

在灌浆作业完成后,立即对相关的设备及用具进行清理,以免浆料凝固后难以洗净。需要注意的是,灌浆筒每用一次就要洗涤一次,因此,在进行灌浆时,一般要准备 3 个或者 4 个灌浆筒。灌浆完成后的 4 h 内,要保证预制构件不受振动或其他移动。

9. 现浇构件支模

对现浇构件支模时,两构件之间以及线段走向的现浇点,为"一"字形相接,要在内侧支模,外侧不需要支模。外墙面之间可填充聚乙烯棒,打胶修正后即可当作外模板支撑。

若两构件之间为 L 形相交,要在内侧、外侧支模。若在内侧,则应选用标准的角模;若在外侧,则要按照构件尺寸、性能制作相应的异形角模支撑。

若两构件的现浇节点接触方式为 T 形相交,则在预制构件的外侧用木方支模,木方内要填充聚苯板,并且保证填充牢固、整齐。

10. 保温装饰层预制构件安装

在进行装配式建筑结构施工时,采用一体化的 PC 保温板,该板材不仅在预制构件外侧可充当模板,还能起到保温、美观的功能。保温板要与预制外墙板相匹配,二者应由同一个厂家生产。

进行安装时,要在首层 PC 板上设置临时支撑,其上部吊环与墙体的纵筋相连,先进行初步固定,而后与内侧钢模结合,用螺栓与 PC 板的螺母进行对应固定,并进行找准校正,最后逐层进行浇筑,同时要按照施工要求确保浇筑高度。

用 PC 板在两相邻墙板上固定浇筑时,若两墙板构件为"一"字形连接,现浇节点内侧要用大钢模,并且用螺栓与 PC 板上提前留置的螺母固定;若两墙板间为 L 形连接,则内侧以大钢模支撑,要使用穿墙螺栓与 PC 板上预留螺母固定;若两预制墙板间为 T 形连接,则内侧以大钢模支撑,并用穿墙螺栓与板材上预留螺母固定。

11. 墙体构件的浇筑

在正式浇筑之前,要将所用模板清理干净,保证模板符合施工要求,而后架设好模板、钢筋,并且要将预埋件(如线管、线盒等)绑扎在安装位置,方能开始正式浇筑。在进行墙柱的浇筑之前,要在墙柱位置的底部铺设垫块,垫块配合比要与混凝土配合比相同。

所浇筑混凝土应当充分振捣,搅拌均匀,且振捣要分层进行。以"快插慢拔"的方法进行,以避免混凝土发生离析现象,并且排除其中大部分气体,以保证混凝土的质量。振捣时要避免触碰到模板、钢筋及预埋件等其他结构件,要实时对振捣的厚度进行观测,在浇筑完成以前,要对埋件、插筋等结构件的表面进行清理,防止因混凝土凝结而导致这些结构件的表面受损、受污。

墙板上口处在浇筑后,要对周围的钢筋进行整理、找平,浇筑高度要超过顶板下端约 25 mm,而后将墙板构件上的混凝土清理干净,为下一步工作打好基础。

12. 混凝土的养护

在预制构件装配完成进行连接浇筑后,要按照相关要求进行混凝土养护,养护方式主要是定时浇水,使浇筑位置表面潮湿即可。养护时间最短为 7 d,若 7 d 后测得混凝土强度未达到要求,则要适当增加养护时间。

需注意的是,在夏季天气炎热时要增加浇水频率,以应对水分蒸发过快的问题。若有必要,应在混凝土表面铺盖塑料膜以保持水分。应采取多种有效措施防止或减少混凝土养护期间可能产生的裂缝。混凝土达到一定强度后,可拆除模板并对模板进行及时清理。

4.4　混凝土结构施工质量控制

4.4.1　施工制度管理

1. 工装系统

装配式混凝土建筑施工宜采用工具化、标准化的工装系统。工装系统是指装配式混凝土建筑吊装、安装过程中所用的工具化、标准化吊具和支撑架体的产品等,包括标准化堆放架、模数化通用吊梁、框式吊梁、起吊装置、吊钩吊具、预制墙板斜支撑、叠合板独立支撑、支撑体系、模架体系、外围护体系、系列操作工具等产品。工装系统的定型产品及施工操作均应符合国家现行有关标准及产品应用技术手册的有关规定,在使用前应进行必要的施工验算。

2. 信息化模拟

装配式混凝土建筑施工宜采用建筑信息模型技术对施工全过程及关键工艺进行信息化模拟。施工安装宜采用 BIM 组织施工方案,用 BIM 模型指导和模拟施工,制订合理的施工工序并精确算量,从而提高施工管理水平和施工效率,减少浪费。

3. 预制构件试安装

装配式混凝土建筑施工前,宜选择有代表性的单元进行预制构件试安装,并应根据试安装结果及时调整施工工艺、完善施工方案。为避免由于设计或施工缺乏经验造成的工程实施障碍或损失,保证装配式混凝土结构施工质量,并不断摸索和积累经验,特提出应通过试生产和试安装进行验证性试验。装配式混凝土结构施工前的试安装,对于没有经验的承包商非常必要,这不但可以验证设计和施工方案存在的缺陷,还可以培训人员、调试设备、完善方案。对于没有实践经验的新的结构体系,应在施工前进行典型单元的安装试验,验证并完善方案实施的可行性,这对于体系的定型和推广使用是十分重要的。

4. "四新"推广要求

装配式混凝土建筑施工中采用的新技术、新工艺、新材料、新设备,应按有关规定进行评审、备案。施工前,应对新的或首次采用的施工工艺进行评价,并应制订专门的施工方案。施工方案经监理单位审核批准后实施。

5. 安全措施的落实

装配式混凝土建筑施工过程中应采取安全措施,并应符合国家现行有关标准的规定。装配式混凝土建筑施工中,应建立健全安全管理保障体系和管理制度,危险性较大的分部分项工程应经专家论证通过后进行施工。应结合装配式混凝土建筑的施工特点,针对构件吊装、安装施工安全要求,制订系列安全专项方案。

6. 人员培训

施工单位应根据装配式混凝土建筑工程特点配置组织的机构和人员。施工作业人员应具备岗位需要的基础知识和技能。施工企业应对管理人员及作业人员进行专项培训,严禁未经培训者上岗及培训不合格者上岗;要建立完善的内部教育和考核制度,通过定期考核和劳动竞赛等形式提高职工素质。对于长期从事装配式混凝土建筑施工的企业,应逐步建立专业化的施工队伍。

7. 施工组织设计

装配式混凝土建筑应结合设计、生产、装配一体化的原则整体策划,协同建筑、结构、机电、装饰装修等专业要求,制订施工组织设计。施工组织设计应体现管理组织方式,符合装配工法的特点,以发挥装配技术优势为原则。

8. 专项施工方案

装配式混凝土结构施工应制订专项方案。装配式混凝土结构施工方案应全面、系统,且应结合装配式建筑特点和一体化建造的具体要求,满足节省资源、减少人工、提高质量、缩短工期的原则。

专项施工方案包括以下内容。

(1)工程概况:应包括工程名称、地址;建筑规模和施工范围;建设单位、设计单位、施工单位、监理单位信息;质量和安全目标。

(2)编制依据:指导安装所必需的施工图(包括构件拆分图和构件布置图)和相关的国家标准、行业标准、部颁标准,省和地方标准及强制性条文与企业标准。

（3）工程设计结构及建筑特点：结构安全等级、抗震等级、地质水文条件、地基与基础结构，以及消防、保温等要求。同时，要重点说明装配式结构的体系形式和工艺特点，对工程难点和关键部位要有清晰的预判。

（4）工程环境特征：场地供水、供电、排水情况；详细说明与装配式结构紧密相关的气候条件，如雨、雪、风等特点；详细说明对构件运输影响较大的道路桥梁情况。

（5）进度计划：进度计划应与构件生产计划和运输计划等相结合。

（6）施工场地布置：包括场内循环通道、吊装设备布设、构件码放场地等。

（7）预制构件运输与存放：预制构件运输方案包括车辆型号及数量、运输路线、发货安排、现场装卸方法等。

（8）安装与连接施工：包括测量方法、吊装顺序和方法、构件安装方法、节点施工方法、防水施工方法、后浇混凝土施工方法、全过程的成品保护及修补措施等。

（9）绿色施工。

（10）安全管理：包括吊装安全措施、专项施工安全措施等。

（11）质量管理：包括构件安装的专项施工质量管理，渗漏、裂缝等质量缺陷防治措施。

（12）信息化管理。

（13）应急预案。

9.　图纸会审

图纸会审是指工程各参建单位（建设单位、监理单位、施工单位、各种设备厂家）在收到设计院施工图设计文件后，对图纸进行全面细致的熟悉，审查出施工图中存在的问题及不合理情况，并提交设计院进行处理的一项重要活动。

对于装配式混凝土建筑，其图纸会审应重点关注以下几个方面。①装配式结构体系的选择和创新应该进行专家论证，深化设计图应该符合专家论证的结论。②对于装配式结构与常规结构的转换层，其固定墙部分与预制墙板灌浆套筒对接的预埋钢筋的长度和位置。③墙板间边缘构件竖缝主筋的连接和箍筋的封闭，后浇混凝土部位粗糙面和键槽。④预制墙板之间上部叠合梁对接节点部位的钢筋（包括锚固板）搭接是否存在矛盾。⑤外挂墙板的外挂节点做法、板缝防水和封闭做法。⑥水、电线管盒的预埋、预留，预制墙板内预埋管线与现浇楼板的预埋管线的衔接。

10. 技术、安全交底

技术交底的内容包括图纸交底、施工组织设计交底、设计变更交底、分项工程技术交底。技术交底采用三级制,即项目技术负责人→施工员→班组长。项目技术负责人向施工员进行交底,要求细致、齐全,并应结合具体操作部位、关键部位的质量要求、操作要点及安全注意事项等进行交底。施工员接受交底后,应反复、细致地向操作班组进行交底,除口头和文字交底外,必要时应进行图表、样板、示范操作等方法的交底。班组长在接受交底后,应组织工人进行认真讨论,保证工人明确施工意图。

对于现场施工人员要坚持每日班前会制度,与此同时进行安全教育和安全交底,做到安全教育天天讲,安全意识时刻保持。

11. 测量放线

安装施工前,应进行测量放线、设置构件安装定位标识。根据安装连接的精细化要求,控制合理误差。安装定位标识方案应按照一定的顺序进行编制,标识点应清晰明确,定位顺序应便于查询。

12. 吊装设备复核

安装施工前,应复核吊装设备的吊装能力是否满足要求,检查、复核吊装设备及吊具是否处于安全操作状态,并核实现场环境、天气、道路状况等是否满足吊装施工要求。

13. 核对已施工完成的结构和预制构件

安装施工前,应核对已施工完成的结构、基础的外观质量和尺寸偏差,确认混凝土强度和预留预埋是否符合设计要求,并应核对预制构件的混凝土强度,以及预制构件和配件的型号、规格、数量等是否符合设计要求。

4.4.2 预制构件的进场验收

1. 验收程序

预制构件运至现场后,施工单位应组织构件生产企业、监理单位对预制构件的质量进行验收,验收内容包括质量证明文件验收,构件外观质量、结构性能检验等。未经进场验收或进场验收不合格的预制构件,严禁使用。施工单位应对构件进行全数验收,监理单位对构件质量进行抽检,发现存在影响结构质量或吊装安全的缺陷时,不得验收通过。

2. 验收内容

(1)质量证明文件。

预制构件进场时,施工单位应要求构件生产企业提供构件的产品合格证、说明书、试验报告、隐蔽验收记录等质量证明文件。对质量证明文件的有效性进行检查,并根据质量证明文件核对构件。

(2)观感验收。

在质量证明文件齐全、有效的情况下,对构件的外观质量、外形尺寸等进行验收。观感质量可通过观察和简单的测试确定,工程的观感质量应由验收人员通过现场检查并应共同确认,对影响观感及使用功能和质量评价差的项目应进行返修。观感验收也应符合相应的标准。

观感验收主要检查以下内容。①预制构件粗糙面质量和键槽数量是否符合设计要求。②预制构件吊装预留吊环、预留焊接埋件应安装牢固、无松动。③预制构件的外观质量不应有严重缺陷,对已经出现的严重缺陷,应按技术处理方案进行处理,并重新检查验收。④预制构件的预埋件、插筋及预留孔洞等的规格、位置和数量应符合设计要求。对构件中存在的影响安装及施工的缺陷,应按技术处理方案进行处理,并重新检查验收。⑤预制构件的尺寸应符合设计要求,且不应有影响结构性能和安装、使用功能的尺寸偏差。对超过尺寸允许偏差且影响结构性能和安装、使用功能的部位,应按技术处理方案进行处理,并重新检查验收。⑥构件明显部位是否贴有标识构件型号、生产日期和质量验收合格的标志。

(3)结构性能检验。

在必要的情况下,应按要求对构件进行结构性能检验,具体要求如下。

梁板类简支受弯预制构件进场时应进行结构性能检验,并应符合下列规定。①结构性能检验应符合现行国家相关标准的有关规定及设计的要求,检验要求和试验方法应符合《混凝土结构工程施工质量验收规范》(GB 50204—2015)的规定。②钢筋混凝土构件和允许出现裂缝的预应力混凝土构件应进行承载力、挠度和裂缝宽度检验;不允许出现裂缝的预应力混凝土构件应进行承载力、挠度和抗裂检验。③对大型构件及有可靠应用经验的构件,可只进行裂缝宽度、抗裂

和挠度检验。④对使用数量较少的构件,当能提供可靠依据时,可不进行结构性能检验。

对其他预制构件,如叠合板、叠合梁的梁板类受弯预制构件(叠合底板、底梁),除设计有专门要求外,进场时可不做结构性能检验,但应采取下列措施:施工单位或监理单位代表应驻厂监督制作过程。无驻厂监督时,预制构件进场时应对预制构件主要受力钢筋数量、规格、间距及混凝土强度等进行实体检验。

4.4.3　预制构件安装施工过程的质量控制

预制构件安装是将预制构件按照设计图纸要求,通过节点之间的可靠连接,并与现场后浇混凝土形成整体混凝土结构的过程,预制构件安装的质量对整体结构的安全和质量起着至关重要的作用。因此,应对装配式混凝土结构施工作业过程实施全面和有效的管理与控制,保证工程质量。

装配式混凝土结构安装施工质量控制主要从施工前的准备、原材料的质量检验与施工试验、施工过程的工序检验、隐蔽工程验收、结构实体检验等多个方面进行。

对装配式混凝土结构工程的质量验收有以下要求:工程质量验收均应在施工单位自检合格的基础上进行;参加工程施工质量验收的各方人员应具备相应的资格;检验批的质量应按主控项目和一般项目验收;对涉及结构安全、节能、环境保护和主要使用功能的试块、构配件及材料,应在进场时或施工中按规定进行见证检验;隐蔽工程在隐蔽前应由施工单位通知监理单位验收,并应形成验收文件,验收合格后方可继续施工;工程的观感质量应由验收人员现场检查,并应共同确认。

1. 施工前的准备

装配式混凝土结构施工前,施工单位应准确理解设计图纸的要求,掌握有关技术要求及细部构造,根据工程特点和有关规定,进行结构施工复核及验算,编制装配式混凝土专项施工方案,并进行施工技术交底。

装配式混凝土结构施工前,应由相关单位完成深化设计,并经原设计单位确认,施工单位应根据深化设计图纸对预制构件施工预留和预埋进行检查。施工现场应具有健全的质量管理体系、相应的施工技术标准、施工质量检验制度和综合施工质量控制考核制度。应根据装配式混凝土结构工程的管理和施工技术特点,对管理人员及作业人员进行专项培训,严禁未经培训者上岗及培训不合格者上岗。应根据装配式混凝土结构工程的施工要求,合理选择并配备吊装设备;应根据预制构件存放、安装和连接等要求,确定安装使用的工器具方案。设备管线、电线、设备机器,以及建设材料、楼板材料、砂浆、厨房配件等装修材料的水平和垂直起重,应按批准的施工组织设计文件(专项施工方案)具体要求执行。

2. 施工过程中的工序检验

对于装配式混凝土建筑,施工过程中主要涉及预制构件安装、模板与支撑、钢筋、混凝土等分项工程。其中,模板与支撑、钢筋、混凝土的工序检验可参见现浇结构的检验方法。本节重点讲述预制构件安装的工序检验。

对于工厂生产的预制构件,进场时应检查其质量证明文件和表面标识。预制构件的质量、标识应符合设计要求及现行国家相关标准的规定。

预制构件安装就位后,连接钢筋、套筒或浆锚的主要传力部位不应出现影响结构性能和构件安装施工的尺寸偏差。对已经出现的影响结构性能的尺寸偏差,应由施工单位提出技术处理方案,并经监理(建设)单位许可后处理。对经过处理的部位,应重新检查验收。预制构件安装完成后,外观质量不应有影响结构性能的缺陷。对已经出现的影响结构性能的缺陷,应由施工单位提出技术处理方案,并经监理(建设)单位认可后处理。对经过处理的部位,应重新检查验收。预制构件与主体结构之间、预制构件与预制构件之间的钢筋接头应符合设计要求。施工前应对接头施工进行工艺检验。

灌浆套筒进场时,应抽取试件检验外观质量和尺寸偏差,并应抽取套筒,采用与之匹配的灌浆料制作对中连接接头,并做抗拉强度检验,检验结果应符合现行行业标准《钢筋机械连接技术规程》(JGJ 107—2016)中 I 级接头对抗拉强度的要求。接头的抗拉强度不应小于连接钢筋抗拉强度标准值,且破坏时应断于接头外钢筋。此外,还应制作不少于 1 组 40 mm×40 mm×160 mm 灌浆料强度试件。灌浆料进场时,应对其拌和物 30 min 流动度、泌水率,以及 3 h 膨胀率、1 d 强度、28 d 强度进行检验,检验结果应符合标准规定。施工现场灌浆施工中,灌浆料的 28 d 抗压强度应符合设计要求及标准规定,用于检验强度的试件应在灌浆地点制作。装配式混凝土结构钢筋套筒连接或浆锚搭接连接灌浆应饱满,所有出浆口均应出浆。

后浇连接部分的钢筋品种、级别、规格、数量和间距应符合设计要求。预制构件外墙板与构件、配件的连接应牢固、可靠。连接节点的防腐、防锈、防火和防水构造措施应满足设计要求。

承受内力的接头和拼缝,当其混凝土强度未达到设计要求时,不得吊装上一层结构构件。若设计无具体要求,应在混凝土强度不低于 10 MPa 或具有足够的支撑时吊装上一层结构构件。已安装完毕的装配式混凝土结构,在混凝土强度达到设计要求后方可承受全部荷载。

装配式混凝土结构预制构件的防水节点构造做法应符合设计要求。装配式混凝土结构预制构件连接接缝处防水材料应符合设计要求,并具有合格证、厂家检测报告及进厂复试报告。

装配式混凝土结构安装完毕后,预制构件安装尺寸的允许偏差及检验方法见表4.5。

建筑节能工程进厂材料和设备的复验报告、项目复试要求,应按有关规范规定执行。

表 4.5 预制构件安装尺寸的允许偏差及检验方法

项目			允许偏差/mm	检验方法
构件中心线对轴线位置	基础		15	经纬仪及尺量
	竖向构件(柱、墙、桁架)		8	
	水平构件(梁、板)		5	
构件标高	梁、柱、墙、板底面或顶面		±5	水准仪或拉线、尺量
构件垂直度	柱、墙	≤6 m	5	经纬仪或吊线、尺量
		>6 m	10	
构件倾斜度	梁、桁架		5	经纬仪或吊线、尺量
相邻构件平整度	板端面		5	2 m 靠尺和塞尺量测
	梁、板底面	外露	3	
		不外露	5	
	柱、墙侧面	外露	5	
		不外露	8	
构件搁置长度	梁、板		±10	尺量
支座、支垫中心位置	板、梁、柱、墙、桁架		10	尺量
墙板接缝	宽度		—	尺量

3. 隐蔽工程验收

装配式混凝土结构工程应在安装施工及浇筑混凝土前完成下列隐蔽项目的现场验收。①预制构件与预制构件之间、预制构件与主体结构之间的连接应符合设计要求。②预制构件与后浇混凝土结构连接处混凝土粗糙面的质量或键槽的数量、位置。③后浇混凝土中钢筋的牌号、规格、数量、位置。④钢筋连接方式、接头位置、接头数量、接头面积百分率、搭接长度、锚固方式、锚固长度。⑤结构预埋件、螺栓连接、预留专业管线的数量与位置。构件安装完成后,在对预制混凝土构件拼缝进行封闭处理前,应对接缝处的防水、防火等构造做法进行现场验收。

4. 结构实体检验

根据现行国家标准《建筑工程施工质量验收统一标准》(GB 50300—2013)的规定,在混凝土结构子分部工程验收前应进行结构实体检验。对结构实体进行检验,并不是在子分部工程验收前的重新检验,而是在相应分项工程验收合格的基础上,对涉及结构安全的重要部位进行的验证性检验,其目的是强化混凝土结构的施工质量验收,真实地反映结构混凝土强度、受力钢筋位置、结构位置与尺寸等质量指标,确保结构安全。

对于装配式混凝土结构工程,应对涉及混凝土结构安全的有代表性的连接部位及进厂的混凝土预制构件进行结构实体检验。

结构实体检验分现浇和预制两部分,包括混凝土强度、钢筋直径、间距、混凝土保护层厚度以及结构位置与尺寸偏差。当工程合同有约定时,可根据合同确定其他检验项目和相应的检验方法、检验数量、合格条件。

结构实体检验应由监理工程师组织并见证,混凝土强度、钢筋保护层厚度应由具有相应资质的检测机构完成,结构位置与尺寸偏差可由专业检测机构完成,也可由监理单位组织施工单位完成。为保证结构实体检验的可行性、代表性,施工单位应编制结构实体检验专项方案,并经监理单位审核批准后实施。结构实体混凝土同条件养护试件强度检验的方案应在施工前编制,其他检验方案应在检验前编制。

装配式混凝土结构位置与尺寸偏差检验与现浇混凝土结构相同,混凝土强度、钢筋保护层厚度检验可按下列规定执行:连接预制构件的后浇混凝土结构与现浇混凝土结构相同。进场时,不进行结构性能检验的预制构件部位与现浇混

凝土结构相同,按批次进行结构性能检验的预制构件,部分可不进行结构性能检验。

混凝土强度检验宜采用同条件养护试块或钻芯取样的方法,也可采用非破损方法检测。当混凝土强度及钢筋直径、间距、混凝土保护层厚度不满足设计要求时,应委托具有资质的检测机构按现行国家有关标准的规定做检测鉴定。

第5章　装配式钢结构

5.1　钢结构的结构体系与应用范围

5.1.1　钢结构的结构体系

钢结构是指用型钢或钢板制成基本构件,根据使用要求,通过焊接或螺栓连接等方式将基本构件按照一定规律组成可承受和传递荷载的结构形式。钢结构在工厂加工、异地安装的施工方法令其具有装配式建筑的属性。推广钢结构建筑,契合了国家倡导的大力发展装配式建筑的要求。

根据受力特点,钢结构建筑的结构体系可分为桁架结构、排架结构、刚架结构、网架结构和多高层结构等。

1. 桁架结构

桁架是由杆件在杆端用铰连接而成的结构,是格构化的一种梁式结构。桁架主要由上弦杆、下弦杆和腹杆三部分组成,各杆件受力均以单向拉、压为主,通过对上下弦杆和腹杆的合理布置,可适应结构内部的弯矩和剪力分布。桁架分为平面桁架和空间桁架。其中,平面桁架根据外形可分为三角形桁架、平行弦桁架、折弦桁架等。平面桁架常用于房屋建筑的屋盖承重结构,此时称为屋架。

2. 排架结构

排架结构是指由梁(或桁架)与柱铰接、柱与基础刚接而成的结构,一般采用钢筋混凝土柱,多用于工业厂房。

3. 刚架结构

门式刚架是刚架结构中常见的一种结构形式,其杆件部分全部采用刚结点连接而成。门式刚架按跨数分为单跨、双跨、多跨、带挑檐或带毗屋等;按起坡情

形分为单脊单坡、单脊多坡及多脊多坡等。门式刚架结构开间大,柱网布置灵活,广泛应用于各类工业厂房、仓库、体育馆等公共建筑。

4. 网架结构

网架结构是指由多根杆件按照一定的网格形式通过结点联结而成的空间结构,具有用钢量省、空间刚度大、整体性好、易于标准化生产和现场拆装的优点,可用于车站、机场、体育场(馆)、影(剧)院等大跨度公共建筑。

网架结构按本身的构造分为单层网架、双层网架和三层网架。双层网架比较常见;单层网架和三层网架分别适用于跨度很小(不大于 30 m)和跨度特别大(大于 100 m)的情况,但在国内的工程应用较少。目前,国内较为流行的一种分类方法是按组成方式将网架分为四大类:交叉桁架体系网架、三角锥体系网架、四角锥体系网架、六角锥体系网架。

5. 多高层结构

(1)框架结构。

框架结构由梁和柱构成承重体系,承受竖向力和侧向力。其基本结构体系一般可分为 3 种:柱-支撑体系、纯框架体系、框架-支撑体系。其中,框架-支撑体系在实际工程中应用较多。框架-支撑体系是在建筑的横向用纯钢框架,在纵向布置适当数量的竖向柱间支撑,用来加强纵向刚度,以减少框架的用钢量,横向纯钢框架由于无柱间支撑,更便于生产、物流等功能的安排。

(2)框架-剪力墙结构。

框架-剪力墙结构是在框架结构的基础上加入剪力墙以抵抗侧向力。剪力墙一般为钢筋混凝土结构,或采用钢-混凝土组合结构。框架-剪力墙结构比框架结构具有更好的侧移刚度,适用于高层建筑。

(3)框筒结构。

框筒结构一般由钢筋混凝土核心筒与外圈钢框架组合而成。核心筒主要由四片以上的钢筋混凝土墙体围成方形、矩形或多边形,内部设置一定数量的纵、横向钢筋混凝土隔墙。当建筑较高时,核心筒墙体内可设置一定数量的型钢骨架。外圈钢框架由钢柱与钢梁刚接而成。建筑的侧向变形主要由核心筒来抵抗。框筒结构是高层建筑常用的一种结构体系。

(4)新型装配式钢结构体系。

在国家对装配式建筑的大力支持下,企业、科研院(所)、高校等已经开展了新型装配式钢结构体系的研究及应用,其中包括装配式钢管混凝土结构体系、结构模块化新型建筑体系(分为构件模块化可建模式和模块化结构模式)、钢管混凝土组合异形柱框架-支撑体系、整体式空间钢网格盒子结构体系、钢管束组合剪力墙结构体系和箱形钢板剪力墙结构体系等。

5.1.2　钢结构应用范围

钢结构与其他结构类型相比,具有强度高、自重小、韧性好、塑性好、抗震性能优越、便于生产加工、施工速度快等优点,在建筑工程中应用广泛。

1. 大跨度结构

结构跨度越大,自重在荷载中所占的比例就越大。减小结构的自重会带来明显的经济效益。钢结构轻质高强的优势正好适用于大跨度结构,如体育场(馆)、会展中心、候车厅和机场航站楼等。钢结构所采用的结构形式有空间桁架、网架、网壳、悬索(包括斜拉体系)、张弦梁、实腹式(或格构式)拱架和框架等。

2. 工业厂房

吊车起重量较大或者工作较繁重的车间的主要承重骨架多采用钢结构。另外,有强烈辐射热的车间,也经常采用钢结构。其结构形式多为由钢屋架和阶形柱组成的门式刚架或排架,也有采用网架作屋盖的结构形式。

3. 多层、高层以及超高层建筑

由于钢结构的综合效益指标优良,近年来在多、高层民用建筑中得到了广泛的应用。其结构形式主要有多层框架、框架-支撑结构、框筒结构、巨型框架等。

4. 高耸结构

高耸结构包括塔架和桅杆结构,如高压输电线路的塔架,广播、通信和电视发射用的塔架和桅杆,火箭(卫星)发射塔架等。例如,埃菲尔铁塔和广州新电视塔就是典型的高耸结构。

5. 可拆卸结构

钢结构可以用螺栓或其他便于拆装的方式来连接,因此非常适用于需要搬迁的结构,如建筑工地、油田和野外作业的生产和生活用房的骨架等。钢筋混凝

土结构施工用的模板和支架及建筑施工用的脚手架等也大量采用钢材制作。

6. 轻型钢结构

钢结构相对于混凝土结构重量小,这不仅对大跨度结构有利,而且对屋面活荷载特别小的小跨结构也有优越性。当屋面活荷载特别小时,小跨结构的自重也成为一个重要因素。冷弯薄壁型钢屋架在一定条件下的用钢量比钢筋混凝土屋架的用钢量还少。轻型钢结构的结构形式有实腹变截面门式刚架、冷弯薄壁型钢结构(包括金属拱形波纹屋盖)以及钢管结构等。

7. 其他构筑物

此外,皮带通廊栈桥、管道支架、锅炉支架等其他钢构筑物,海上采油平台等也大都采用钢结构。

5.2 钢结构基本施工方法

5.2.1 构件制作流程与重难点分析

1. 箱型柱制作

箱型柱的主要制作步骤如下。

(1)翼缘、腹板、隔板等板材的下料。

箱型柱的翼缘、腹板一般采用定长进料的方式,一般情况下翼缘、腹板均不进行拼接,以构件制作所需的长宽尺寸为基础订货。预订板材时,宽度方向尺寸以满足 3～4 块料为宜。如果因不得已而要进行拼接,需采用埋弧焊的方式对拼接处进行焊接,经无损探伤、检验合格后,才可下料。

考虑到钢板在焊接后,焊缝处易出现收缩现象,腹板、翼板的下料宽度宜取正公差 0～2 mm,不得按照负公差尺寸下料。箱型柱内隔板、衬板、垫板等数量多,箱型柱内的板材焊接质量会直接影响箱型柱的整体质量,因此在下料时必须保证每块隔板和垫板的尺寸、形状、质量满足焊接要求。

(2)U 型柱的组装和焊接。

U 型柱组立时,首先将下翼缘板(如图 5.1①部分)运送至组立机上面,然后以下翼缘板的两端为基准,预留出大约 3 mm 的空间,按照要求定位出内隔板的基准线,将内隔板(如图 5.1②部分)置于下翼缘板上进行焊接。U 型柱的组装及焊接见图 5.1。

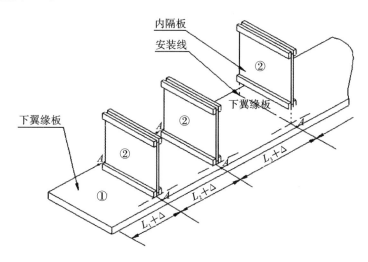

图 5.1　U 型柱的组装及焊接

按照顺序将隔板、柱封板等部件焊接起来,之后将两边的腹板吊装至下翼缘板两侧,注意腹板的坡口一侧需朝外侧放置。采用手工焊接的方式将腹板与内隔板的垫板、衬板进行点焊,完成 U 型柱的组装和焊接。

(3)箱型柱的装配及电渣焊的焊接。

待下翼缘板、内隔板、垫板、衬板以及两侧的腹板组装完成后,将上翼缘板吊送到组立机上,就位后,从一侧向另一侧依次焊接上翼缘板与腹板的对接缝。

焊接后,将箱型柱吊送至翻转机上,用手工气割电渣焊两端的引、熄弧帽口,然后割平、磨好,并检查箱型柱的弯曲变形。焊缝内如果有超标缺陷,则返修至合格为止。

(4)矫正。

虽然箱型柱采用了对称法进行同步焊接,但有时难免会出现小位移的变形,当变形超过允许的限值时,必须进行矫正处理。一般采取冷矫正法(即机械矫正法)对变形部位进行矫正,如果有大量部位需要矫正,则采用热矫正法(即火焰加热法)进行矫正。

机械矫正法是在油压机上对柱弯曲变形的部分进行下压,使变形少的部分伸长,从而得到矫正。

火焰加热法是利用火焰对钢板的凸起处进行加热,待其冷却后使变形大的地方产生收缩,以此来达到矫正的目的。

(5)焊接牛腿、连接耳板等。

箱型柱矫正完成后,将其放置于回转台架上,在柱的四面画出中心线,以此为基础,根据深化设计图纸准确确定牛腿、连接耳板等部件的位置,然后焊接这些部件。

(6)栓钉焊接。

栓钉焊接接头外观与外形尺寸应符合表5.1的要求。

表 5.1　栓钉焊接接头外观与外形尺寸

序号	外观检查项目	合格要求
1	焊缝形状	全范围,焊缝高大于 1 mm,焊缝宽 0.5 mm
2	焊缝缺陷	无气孔,无夹渣
3	焊缝咬肉	咬肉深度小于 0.5 mm
4	焊钉焊后高度	偏差±2 mm
5	焊钉垂直度	$\leqslant 5°$

(7)构件抛丸。

构件在涂装前应进行抛丸处理,可根据除锈等级来确定抛丸机的输送速度。根据箱型柱的高度和结构,调整抛丸机的抛射角度。抛丸存量不应少于2000 kg。在抛丸后及时观察除锈程度,若抛丸后的质量达不到规定的要求,则需进行二次抛射,若二次抛射后仍然达不到规定要求,则选择用钢丸进行除锈。抛丸结束后3 h内应转入下道工序。

(8)防腐涂装。

油漆涂刷前,应及时将箱型柱上的杂物清理干净。基面除锈质量的好坏直接关系到涂层质量的好坏。

2. H 型钢梁制作

H 型钢梁的主要制作步骤如下。

(1)放样、号料。

H 型钢梁在号料前,应先检查原钢板材料的材质、规格、质量是否满足要求,不同规格、材质的钢板应分别号料。号料按照先大后小的顺序进行。

（2）下料切割。

下料前应检查原材料的品种、规格、牌号是否保持一致，检查完成后依据图纸加工要求进行下料切割。

翼缘板、腹板等板件的钢板采用数字控制切割机下料，用于制作连接板、加劲板的板件采用剪板机进行下料切割。

（3）H 型钢的组立。

H 型钢可用 H 型钢流水线组立机进行组立。

（4）焊接。

采用门型埋弧焊机来焊接直线段主焊缝。

（5）矫正。

用 H 型钢矫正机对 H 型钢进行矫正。H 型钢梁局部的焊接变形则利用火焰加热法进行矫正。

（6）钻孔。

高强螺栓采用数字控制钻床定位钻孔，以保证螺栓孔位置、尺寸的准确性。

（7）H 型钢的装配。

在 H 型钢装配之前，应先确保钢梁主体检测已经满足要求。不合格的 H 型钢不可用于组装。将 H 型钢吊送至组装平台上，用石笔在钢板上画出图纸上标注的基准线，根据连接板等在结构中的位置将其焊接在柱身上。

3. 重难点分析及处理方法

钢构件的制作重难点主要是钢板之间的焊接质量不易得到保证。焊接是钢结构的主要连接形式之一，有着构造简单、不削弱构件截面、加工方便等优点，但是焊接结构对裂纹敏感，一旦发生裂纹极易扩展开来，低温冷脆性突出，因此对焊接质量的把控尤为重要。在钢构件的焊接过程中，主要存在的焊缝缺陷可以分为六类：裂纹、孔穴、固体夹杂、未熔合、未焊透、形状缺陷。裂纹的处理方法是在两端对开孔或者在裂纹处进行补焊。孔穴的处理方法是在弧坑处补焊。固体夹杂的处理方法是挖去夹钨处缺陷金属，重新焊补。对开敞性好的结构的单面未焊透缺陷，可在焊缝背面直接补焊。对于不能直接补焊的重要焊件，应铲去未焊透的焊缝金属，重新焊接。除此之外，焊缝缺陷还包括咬边、下塌、焊瘤、错边、角度偏差、根部收缩、表面不规则等形状缺陷。

5.2.2 主体结构施工

1. 钢柱安装

结合吊装需求及现场的实际条件选用合理、合适的吊装设备。钢柱吊装至指定的位置后,用临时螺栓连接临时连接板及钢柱的耳板,通过倒链、千斤顶等调节措施,使用全站仪辅助完成钢柱的初步校正。

钢柱吊点的设置需要考虑吊装方便、稳定可靠的要求,还要避免钢柱产生变形。通常利用钢柱柱身上焊接的连接耳板来完成吊装工作。耳板采用 Q355B 钢板制作,板厚 20 mm,如钢柱重量过大,则耳板板厚需要经过计算后确定。

为保证柱身在吊装过程中不易变形及吊装的简易性,钢柱柱身上焊接临时耳板,以方便钢柱的吊装工作。

钢柱的校正主要包括垂直度和扭度的调整。目前常采用无缆风绳法,在钢柱柱身上安装千斤顶,利用千斤顶配合两台经纬仪调整钢柱垂直度。在保证柱顶轴线偏移达到控制要求后,拧紧柱身耳板上的螺栓,利用撬棒、钢楔等工具调整扭转角度,待调整完毕后,割除临时耳板,完成钢柱的焊接。

2. 钢梁安装

在相邻的钢柱安装完成后,要及时安装钢柱之间的钢梁,使钢梁与钢柱连接形成稳定的几何不变体系。若有不能及时安装的钢梁,则用缆风绳将钢柱固定,以避免钢柱产生变形。按照先主梁后次梁的顺序安装钢梁,当一节钢柱有两层时,应先安装下层钢梁,再安装上层钢梁。钢梁在工厂加工时,应预留吊装孔或设置吊耳作为吊点。

利用塔吊将钢梁运送到图纸中标注的位置,就位后及时将连接板夹好,然后拧紧安装螺栓。规范规定钢梁与钢柱的安装螺栓数量不得少于螺栓总数的30%且大于2个。

对于一般重量的钢梁,可利用螺孔进行吊装,如果钢梁过重,则需要在钢梁制作时焊接吊耳来辅助钢梁的吊装。对于轻型钢梁(重量小于 4 t 的钢梁),可采用"串吊"方式进行吊装,以节省吊装运次。翼缘板厚不大于 16 mm 时,宜选择开吊装孔;翼缘板厚大于 16 mm 时,宜选择焊接吊耳。

3. 楼板体系与施工工艺

（1）楼板体系介绍。

随着装配式钢结构建筑的发展，传统的现浇楼板已经无法满足装配式建筑施工速度、绿色环保及现场装配速度的需求。近年来，适用于装配式钢结构建筑的楼板体系主要有钢筋桁架楼承板和混凝土叠合楼板。楼板体系对比见表5.2。

表 5.2　楼板体系对比

楼承板类型	支模	装配化程度	施工便捷性	施工速度	成本
钢筋桁架楼承板	分为支模、不支模两种	一般	方便	快	易采购，造价低
混凝土叠合楼板	无须支模	高	自重大，施工麻烦	慢	成本高

（2）钢筋桁架楼承板施工工艺。

①钢筋桁架楼承板装配及吊装。钢筋桁架楼承板在工厂内装配完成，一般情况下一块楼承板为三榀桁架。根据施工现场的具体条件及吊装要求，在钢筋桁架楼承板运输至施工现场后进行检验，检验合格后堆放在合适的位置，并做标记。

在吊装时，楼承板底部和上部均设置 U 形卡口木制托板条，用两个吊装带进行楼承板的吊装以保持平衡。楼承板吊装就位后应及时铺设。

②焊接堵缝角钢。铺设楼承板之前，在钢梁两侧焊接堵缝角钢，用来防止楼承板在钢梁两侧漏浆。

③铺设楼承板。根据排版图，按照排版方向，在钢梁边的堵缝角钢上画出第一条位置基准线，在钢梁翼缘上画出钢筋桁架的起始基准线。依据基准线安装第一块楼承板，按照图纸要求依次安装其余楼承板。若最后一块楼承板非标准宽度，则应该按照设计要求在工厂切割，严禁在现场进行切割。楼承板安装过程中，应同步焊接钢梁上的栓钉。

④安装边模板。安装边模板是保证混凝土不渗漏的关键步骤。安装时，将边模板水平面贴紧钢梁的上翼缘，通过点焊固定。垂直方向用钢筋与栓钉焊接固定。

⑤管线及附加钢筋铺设。按照设计图纸放置所需的水平及垂直附加钢筋。

管线在绑扎附加钢筋之前铺设。

⑥浇筑混凝土。正对钢梁部位进行混凝土的倾倒,倾倒范围控制在钢梁两侧 1/6 板跨范围内。在倾倒后及时向四周摊开,混凝土堆高不得高于 0.3 m,其余要求应符合国家规范要求。

⑦拆除底模板。待混凝土的强度符合设计要求后,及时拆除模板,方便重复使用。

(3)混凝土叠合楼板施工工艺。

①支撑体系安装。在安装支撑体系前,应专门做相应的施工方案,并对支撑体系的强度以及刚度进行计算校核。支撑体系在水平方向上须达到一定的标准,以满足楼板浇筑后的平整度要求。常见的支撑体系有木模板支撑体系和铝模板支撑体系。在设计支撑时应考虑到方便周转、性能优越的要求。

②叠合板吊装。混凝土叠合板为水平构件,在吊装时宜选用平吊的方式。有必要时可通过计算来确定吊装的位置、吊点数量和支撑体系。一般情况下,在四角设置吊点以保证吊装时板能均匀受力。吊装就位前,待距离就位处300 mm左右时停顿片刻,并根据图纸对叠合板进行定位。定位后,缓缓将叠合板落下,注意板面不被损坏。

③管线敷设及钢筋绑扎。根据深化设计图纸的要求,敷设机电管线。为了方便施工,在工厂生产阶段就已经预埋所需的线盒及洞口。管线敷设后,即可安装楼板上钢筋。

④浇筑混凝土。浇筑前,对表面进行打扫,清除叠合面上的杂物及灰尘,用水湿润。待叠合面清理干净后,方可浇筑叠合板混凝土。浇筑混凝土时从中间向两边浇筑,连续作业,不间断完成。采用平板振捣器进行振捣。混凝土浇筑结束后,用塑料薄膜进行养护,养护时长不得低于 7 d。

4. 围护体系与施工工艺

装配式钢结构建筑符合工业化生产和标准化生产的要求,所以其围护结构不仅应满足强度、稳定性的要求,还应满足隔声、轻质、防火、绿色环保、密封性等要求。目前,装配式钢结构适用的墙体材料可分为砌块和板材两类。砌块主要有蒸压加气混凝土砌块、石膏砌块等,建筑板材主要有蒸压轻质加气混凝土板(ALC墙板)、纤维增强水泥平板、钢丝网水泥类夹芯复合板等。

ALC 墙板安装的主要步骤如下。

（1）表面清理及放线。

在安装 ALC 墙板前,清理墙板和连接部位表面的杂物、砂浆、混凝土等,以确保后续施工作业面的清洁。清理干净后,在楼层面四周放出墙板的控制线。

（2）固定角钢。

根据已经放出的控制线,按照节点的构造要求安装所需的角钢。

（3）吊装、校正及固定。

用吊带绑住 ALC 墙板中部并将其运送至安装位置的附近,缓慢将板顶上下移动,至墙板与角钢部位贴近,微调至正确位置。用靠尺测量墙面的平整度,用托线板检查墙板的垂直度。检查墙板与定位线的对应情况并调整,调整后用木楔将顶部、底部顶实,将钩头螺栓焊接在角钢上。

（4）密封处理。

用专用勾缝剂对墙板缝进行堵实处理。洒水湿润墙面,抹底层砂浆,底层砂浆干燥后抹面层砂浆。

5. 防腐、防火技术

钢材在与空气接触时极易发生腐蚀,这种现象在潮湿的环境中尤为明显。防腐方法很多,主要分为改善钢材性质的防腐法、电化学防腐法和在构件表面涂刷漆料法。目前,钢结构主要的防腐技术是在构件表面涂刷防腐漆料,来达到防腐的目的。涂刷防腐涂料也是最经济、简便的防腐方法。

防腐涂料结构主要分为三层:底漆、中漆、面漆。底漆主要起附着作用,中漆的作用主要是提高耐久性和使用年限,面漆起防腐蚀、保护底漆及装饰作用。

在遇热后,钢材的强度会明显下降,且温度越高,强度下降越快。温度大于500 ℃时,整体性能严重下降,稳定性大幅降低。钢构件的防火对于结构整体的安全性起着关键的作用,一旦某个构件在火灾后失效,整体结构就有可能发生连续性倒塌。因此,钢结构的防火问题不容小觑。

5.2.3　装配式钢结构施工技术要点分析

1. 施工放线

首先,需要按照图纸施工设计要求,反复核准建筑的轴线与标高。其次,使用经纬仪和水准仪等设备对核准的轴线和标高进行复核。然后,按照大样前、小样后的顺序,确定好装配式钢构件与基础混凝土上的十字轴线和面边线的连接

位置。最后,保持钢架架构的形状和螺栓强度,不能够出现刚架柱变形问题。

2. 基础混凝土内螺栓预埋

首先,需要了解钢构件配套的螺栓规格、数量、型号、长度、质量、标高等信息。其次,螺栓预埋完毕后,需要立即进行钢结构建筑基础的混凝土浇筑和振捣。然后,在对钢结构和螺栓进行浇筑和振捣时,一定要使用塑料薄膜和黄油对钢结构螺栓丝扣部位进行包裹,避免其受到混凝土污染。最后,观察钢结构建筑混凝土的浇筑、振捣是否会导致预埋螺栓产生位移,并在浇筑、振捣结束后予以清理。

3. 钢构件的制作运输及验收

首先,需要严格按照施工设计图纸设计钢结构施工方案。其次,按照设计图纸设计钢构件。然后,检验分析生产出来的半成品质量。最后,使用焊接技术对钢构件进行组装焊接,做好除锈处理,保证焊接缝的质量符合验收标准。

钢构件在运输过程中,需要严格按照安装顺序,先安装的先运输,确保供应的及时性。如果构件厂与施工现场距离较远,那么在运输前,需要制订出专项运输计划,选择运输方法、吊装设备等。同时,如果在运输过程中,构件的稳定性较差,还需要制订出科学的保护措施。

当钢构件运送到施工现场时,还需要对构件的外观、型号、编码、质量等信息进行全面核实,并做好相关构件功能的分类,做好标记。如果构件在进行吊装前,出现脱漆、变形等问题,需要及时进行修正和完善。

4. 钢柱定位

装配式钢结构在进行框架定位时,需要做好第一节钢柱的准确定位,才能够确保上面部分的钢柱在垂直度上与规定的数值没有较大差异。在对两个原始端点进行二次测量时,一定要确保起始端点位置的准确性,并结合实际施工情况,选择一个较为开阔的位置设置第二个测试点,并利用闭合的方法来确保钢柱上每个点的位置。为了确保钢柱柱脚锚栓的精确度,还需要使用锚柱支架平台设计方式来保证柱脚的定位,避免柱脚施工受到混凝土浇筑的影响。另外,还需要使用相关设备对柱中心位置进行确定,设置锚柱四周支架线路。当锚栓支座被固定完成后,还需要借助全站仪等设备来对锚栓位置的精确性进行检测,一旦发现位置不精确,需要立即进行修正,并多次复查固定位置的精确度。

5. 柱的垂直度

首先,在吊装第一节钢柱时,需要使用水准仪在钢柱四周进行测试,并对钢柱进行调整,这有利于提高钢柱吊装的准确性。其次,需要使用全站仪对钢柱顶头的中心点进行定位和测量,保证钢柱的垂直度。然后,在对全站仪进行修建时,选取合适的位置后,与钢柱保持一定的距离,避免仪器设备出现仰视,导致测量出现误差。而对第一节钢柱向上部分,需要在每一层布置多个放线井,并对其进行激光垂直测量,避免增加施工高度,导致仪器测量仰角增加,使垂直测量误差变大。同时,还需要在每一层的合适位置布置好控制点,这有利于施工人员和监控人员进入内部对控制点的位置进行调控,有利于保证施工过程中钢柱的垂直度和位置的准确性。

6. 钢结构吊装

装配式钢结构建筑吊装需要严格遵循"钢柱→钢梁→支撑"的顺序,由中间向四周扩展。当前,最常见的装配式钢结构吊装施工方法为综合吊装法,横向构件能够采用从上到下的安装顺序进行安装,还可以采用对称安装技术和对称固定技术来降低安装过程中出现的焊接变形。一旦完成钢梁安装后,就需要及时对建筑楼梯、楼面压型钢板进行施工作业。值得注意的是,需要时刻关注施工现场的自然温度和焊接温度,避免温度过高或者过低导致钢构件焊接出现变形。

5.3　钢结构施工质量控制

施工质量控制是一个全过程的系统控制过程,根据工程实体形成的时间段,钢结构工程的质量控制应从原材料进场、加工预制、安装焊接、尺寸检查等方面着手,特别要做好施工前预控及施工过程中质量巡检等工作。

5.3.1　钢结构工程施工前的质量控制要点

(1)核查施工图纸和施工方案。认真审核施工图纸,对钢柱的轴线尺寸和钢梁标高等与基础轴线尺寸进行核对,理解设计意图,掌握设计要求,参加图纸会审和设计交底会议,会同各方把设计差错消除在施工之前;认真审阅施工单位编制的施工技术方案,由专业监理工程师进行初审,总监理工程师批准,审批程

序要合规。

（2）核查加工预制和安装检测用的计量器具。核查加工预制和安装检测用的计量器具是否进行检定，状态是否良好；检查承包单位专职测量人员的岗位证书及测量设备检定证书；复核控制桩的校核成果、保护措施，以及平面控制网、高程控制网和临时水准点的测量成果。

（3）核查资质文件。核查钢结构质量和技术管理人员资质，以及质量和安全保证体系是否健全。对质量管理体系、技术管理体系和质量保证体系应审核以下内容：质量管理、技术管理和质量保证的组织机构，质量管理、技术管理制度；专职管理人员和特种作业人员的资格证、上岗证。

（4）材料进场的质量检查。钢结构用钢材及焊接填充材料的选用应符合设计图的要求，并应有钢厂和焊接材料厂出具的质量证明书或检验报告；其化学成分、力学性能和其他质量要求必须符合国家现行标准规定。当采用其他钢材和焊接材料替代设计选用的材料时，必须经原设计单位同意。

当钢材表面有锈蚀、麻点或划痕等缺陷时，缺陷深度不得大于钢材厚度允许负偏差的 $1/2$，且不应大于 $0.5~\text{mm}$；同时检查钢材表面的平整度、弯曲度和扭曲度等是否符合规范要求；所有的连接件均应进行标记，焊材按规定进行烘干。

5.3.2 钢结构施工过程中的质量控制要点

1. 钢结构安装控制要点

钢构件在安装前应对其表面进行清洁，保证安装构件表面干净，结构主要表面不应有疤痕、泥沙等。钢结构安装前要求施工单位做好工序交接的同时，还要求施工单位对基础做好下列工作：基础表面应有清晰的中心线和标高标记，基础顶面凿毛；基础施工单位应提交基础测量记录，包括基础位置及方位测量记录。

钢柱安装前应对地脚螺栓等进行尺寸复核，有影响安装的情况时，应进行技术处理。在安装前，地脚螺栓应涂抹油脂保护。钢柱在安装前应对基础尺寸进行复核，主要核对轴线、标高线是否正确，以便对各层钢梁进行引线。安装柱时，每节柱的定位轴线应从地面控制轴线直接引上，不得从下层柱的轴线引上。各层的钢梁标高可按相对标高或设计标高进行控制。钢柱在安装前应将中心线及标高基准点等标记做好，以便安装过程中进行检测和控制。

钢柱、钢梁、斜撑等钢构件从预制场地向安装位置倒运时，必须采取相应的措施，进行支垫或加垫（盖）软布、木材（下垫上盖）。

钢梁吊装前应由技术人员对钢柱上的节点位置、数量进行再次确认,避免造成失误。钢梁安装后的主要检查项目是钢梁的中心位置、垂直度和侧向弯曲矢高。

钢结构主体形成后应对主要立面尺寸进行全部检查,对所检查的每个立面,除两列角柱外,尚应至少选取一列中间柱。对于整体垂直度,可采用激光经纬仪、全站仪测量。

2. 钢结构焊接工程质量控制要点

施工单位对其首次采用的钢材、焊接材料、焊接方法、焊后热处理等,应进行焊接工艺评定,并应根据评定报告确定焊接工艺。

焊接材料对钢结构焊接工程的质量有重大影响,因此进场的焊接材料必须符合设计文件和国家现行标准的要求。

钢结构焊接必须由持证的技术工人进行施焊。钢结构的焊接质量要求:焊缝表面不得有裂纹、焊瘤等缺陷;一、二级焊缝的焊接质量必须遵照设计及规范要求,并按设计及规范要求进行无损检测;一级、二级焊缝不得有表面气孔、夹渣、弧坑、裂纹、电弧擦伤等缺陷,且一级焊缝不得有咬边、未焊满、根部收缩等缺陷。焊缝质量不合格时,应查明原因并进行返修,同一部位返修次数不应超过两次。当超过两次返修时,应编制返修工艺措施。

钢结构的焊缝等级、焊接形式,焊缝的焊接部位、坡口形式和外观尺寸必须符合设计和焊接技术规程的要求。

3. 钢结构防腐工程质量控制要点

钢结构除锈应符合设计及规范要求,在防腐前应进行除锈和隐蔽工程报验,监理工程师要对钢结构的表面质量和除锈效果进行检查和确认。

钢结构防腐涂料、稀释剂和固化剂等材料的品种、规格、性能、颜色等应符合现行国家产品标准和设计要求。钢结构在涂装时的环境温度和相对湿度应符合涂料产品说明书的要求。钢结构除锈后应在 4 h 内及时进行防腐施工,以免钢材二次生锈。如不能及时涂装,则钢材表面不应出现未经处理的焊渣、焊疤、灰尘、油污、水和毛刺等。防腐涂料的涂装遍数和涂层厚度应符合设计要求。钢结构各构件防腐涂装完成后,钢构件的标记和编号应清晰完整,以便于施工单位识别和安装。

4. 钢结构防火工程质量控制要点

防火涂料施工前应由各专业、工种办理交接手续,在钢结构防腐、管道安装、设备安装等完成后再进行防火涂料涂刷。

防火涂料施工前钢结构的防腐涂装应已按设计要求涂刷完成。防火涂料施工前,应由施工单位技术人员对工人进行技术交底。

对于防火涂料涂层的厚度检查,检查数量为涂装构件数的 10% 且不少于 3件;当采用厚涂型防火涂料进行涂装时,检查要求 80% 及以上面积的涂层厚度符合设计或规范的要求,且最薄处厚度不应低于要求的 85%。

钢结构的防火涂料施工往往与各专业施工相交叉,对已施工完成的部位要有成品保护措施,如出现破损情况,应及时进行修补。防火涂料的表面色应按设计要求进行涂刷。

5. 钢结构成品控制

钢结构成品或半成品在钢结构预制场地的堆放要求:根据组装的顺序分别存放,存放构件的场地应平整,并应设置垫木或垫块;箱装零部件、连接用紧固标准件宜在库内存放;对易变形的细长钢柱、钢梁、斜撑等构件应采取多点支垫措施。

6. 钢结构隐蔽工程验收

隐蔽工程是指在施工过程中,上一道工序的工作成果将被下一道工序的工作成果覆盖,完工以后无法检查的那一部分工程。隐蔽工程验收记录是工程交工验收所必需的技术资料的重要内容之一,主要包括对焊后封闭部位的焊缝的检查;刨光顶紧面的质量检查;高强度螺栓连接面质量的检查;构件除锈质量的检查;柱底板垫块设置的检查;钢柱与杯口基础安装连接二次灌浆的质量检查;埋件与地脚螺栓连接的检查;屋面彩板固定支架安装质量的检查;网架高强度螺栓拧入螺栓球长度的检查;网架支座的检查;网架支座地脚螺栓与过渡板连接的检查等。

第6章 装配式建筑设备

建筑设备是指建筑物内的给水、排水、消防、供热、通风、空气调节、燃气供应、供电、照明、通信等,为建筑物的使用者提供生活、生产和工作服务的各种设施和设备系统的总称。建筑设备所涉及的专业包括建筑给排水、建筑电气(包括建筑强电、弱电)、建筑采暖、建筑通风与空调、建筑燃气供应等。

随着社会经济的发展,建筑中的设备(水电、消防设施、通信、网络、有线电视等)日趋复杂和完善。如果把建筑外形、结构及建筑装饰分别比作人的体形、骨骼及服饰,那么建筑设备可比作人的内脏器官。空调与通风好比人的呼吸系统,室内给排水好比人的肠胃系统,供配电好比人的供血系统,自动控制与弱电好比人的神经及视听系统。人的外形与内部器官的关系好比建筑外形与设备的关系,均是互为依存,缺一不可。装配式建筑所包含设备、设施系统的工作原理和作用等与传统建筑一样,其主要区别在设计与施工方面。本章重点介绍装配式建筑给排水工程、装配式建筑电气工程、装配式建筑暖通空调工程。

6.1 装配式建筑给排水工程

6.1.1 给排水设计

装配式建筑给排水设计项目的设计一般可划分为 2 个阶段:初步设计阶段和施工图设计阶段。对于规模较大或较重要的装配式建筑工程项目,其给排水设计可划分为 3 个阶段:方案设计阶段、初步设计阶段和施工图设计阶段。

与传统建筑给排水设计不同,装配式建筑给排水设计利用 BIM 技术将常规的二维图形转为三维可视化模型,各专业人员可通过清晰的三维模型正确、有效地理解设计意图,协助各方及时、高效地作出决策;采用 BIM 技术的项目,各专业、各工作成员间都在一个三维协同环境中共同工作,深化设计、修改可以实现联动更新,通过这种无中介、及时的沟通方式,可以最大限度地避免因人为沟通

不及时而带来的设计错漏。各专业管线建立的模型可以通过各专业管线的综合排布,检查管线是否碰撞,检查管线与建筑、结构之间是否碰撞,如果发生碰撞,则调整相撞管线,从而将施工阶段的问题提前至设计阶段解决。因此,装配式建筑给排水设计,将设计模式由"设计→现场施工→提出更改→设计变更→现场施工"的传统模式,转变为"设计→工厂加工→现场施工"的新型模式。结合预制构件的特点(钢筋及金属件较多),预埋套管、预留孔洞、预埋管件(包括管卡、管道支架、吊架等)均需在工厂加工完毕,给排水专业需在施工图设计中完成预留部分的细部设计。

装配式建筑给排水设计的主要步骤如下:①根据建筑物的性质及给定的设计依据,确定室内与室外的给排水方案;②进行给水系统、排水系统以及消防系统的设计计算;③绘制给水、消防管网的总系统图和排水、雨水系统图;绘制给排水详图;④形成建筑给排水管道系统整体模型,进行包括给排水管道之间,管道与建筑、结构等其他专业之间的碰撞检查;⑤链接建筑项目,对管道系统备部件、各设备进行定位;⑥确定给排水管道、管件等的预留孔洞和预埋套管等;⑦整理设计图纸,统计总材料表,书写给排水工程设计说明及图纸目录;⑧整理并完善设计计算说明书。

装配式建筑给排水大部分设计程序与传统建筑给排水设计一样,主要区别在于建模后的碰撞检查,管道、设备定位,预留孔洞、预埋套管等步骤。

1. 建模后的碰撞检查

装配式建筑给排水设计中应用 BIM 技术的一大优势是可在设计中进行碰撞检查。在建筑给排水管道模型构建好之后,设计人员检查分析模型中各管道之间,管道与建筑、结构之间的碰撞情况,若生成模型时发生碰撞,则会在图纸上显示出来,设计人员及时调整设计方案,降低施工难度。

2. 管道、设备定位

利用 BIM 技术完成装配式建筑给排水设计模型,并经碰撞检查调整完善后,可通过链接建筑模型图,对给排水管道系统备部件进行定位。

预制混凝土构件是在工厂生产后运至施工现场进行组装的,因此,其与主体结构之间靠金属件和现浇处理连接。所有预埋件的定位除了要满足距墙面的要求,以及穿楼板、穿梁的结构要求,还要给金属件和现浇混凝土留有安装空间。

3. 预留孔洞、预埋套管

（1）给水、热水、消防给水管道。

装配式建筑给水管道预留孔洞和预埋套管做法，应根据室内或工艺要求及管道材质而定，塑料管、复合管、铜管和薄壁不锈钢管预留孔洞和预埋套管设置的一般原则如下。

①给水管道穿越承重墙或基础时，应预留洞口，管顶上部净空高度不得小于建筑物的沉降量，一般不小于《建筑给水排水设计手册》及相关规范规定的距离。

②穿越地下室外墙处应预埋刚性或柔性防水套，且应按照《防水套管》（02S404）相关规定选型。

③穿越楼板、屋面时应预留套管，一般孔洞或套管大于管外径 50～100 mm。

④垂直穿越梁、板、墙（内墙）、柱时应加套管，一般孔洞或套管大于管外径 50～100 mm；消防管道预留孔洞和预埋套管做法与给水管道一样，热水管道除应满足上述要求，其预留孔洞和预埋套管应考虑保温层厚度。若管材采用交联聚乙烯（PE-X）管，还应考虑其管套厚度。

（2）排水管道。

装配式建筑排水系统设计应尽量采用同层排水的方式，减少排水管道穿过楼板，立管应尽量设置在管井、管窿内，以减少预制构件的预留、预埋管件。塑料排水管道预留孔洞和预埋套管的做法根据《建筑排水管道安装——塑料管道》（19S406）及相关标准规范确定，铸铁排水管道预留孔洞和预埋套管的做法可根据《建筑生活排水柔性接口铸铁管道与钢塑复合管道安装》（13S409）及相关标准规范确定。排水管道预留孔洞和预埋套管的确定一般可遵循以下原则：排水管道穿越承重墙或基础时，应预留洞口，管顶上部净空高度不得小于建筑物的沉降量，一般不小于 0.15 m。预埋有管道附件的预制构件在工厂加工时，应做好保洁工作，避免附件被混凝土等材料堵塞。

（3）管道支吊架。

管道支吊架应根据管道材质确定预留孔洞和预埋套管，优先选用生产厂家配套供应的成品管卡，管道支吊架的间距和设置要求可参见厂家样本，或参见《室内管道支架及吊架》（03S402）。管道支吊架设置的一般原则如下。

①管道的起端和终端需设置固定支架。

②对于横管，任意两个接头之间应有支撑；且支撑不得设置在接头上。

③在给水栓和配水点处必须用金属管卡或吊架固定，管卡或吊架宜设置在

距配件 40～80 mm 处。

④冷、热水管共用支吊架时应按照热水管要求确定。

⑤立管底部弯管处应设承重支吊架。

⑥立管和支管支架应靠近接口处。

⑦横管转弯时应增设支架。

⑧管道穿梁安装时,穿梁处可视作一个支架。

⑨卫生器具排水管穿越楼板时,穿楼板处可视作一个支架。

⑩热水管道固定支架的间距应满足管道伸缩补偿的要求。

6.1.2 给排水施工

装配式建筑给排水施工与传统的建筑给排水施工一样,主要包括准备阶段、施工阶段和验收阶段,但是在具体的内容上却存在着较大的差异,这些阶段都需要针对具体的工程内容进行。装配式建筑给排水施工的主要不同点是通过深化施工设计,结合准确的安装定位手段,在结构施工时直接安装管道、连接预埋件,提高后续管道安装施工工艺标准,并实现标准户型给排水管道安装的工厂化下料组装、流水线装配作业。

装配式建筑给排水施工流程如下:设计图纸深化→标准户型大样图→施工工艺技术交底→制作预埋定位模板→预埋件平面定位安装(混凝土浇筑)→按照样板测定管道下料尺寸→统一下料、组装→管道现场装配安装→成品保护。

管道安装流程如图 6.1 所示。

图 6.1 管道安装流程

装配式建筑给排水施工的重要环节包括制作预埋定位模板、预埋件定位、管道下料和组装、给排水管道现场装配、成品保护等环节。具体阐述如下。

1. 制作预埋定位模板、预埋件定位

以钢筋墙体轴线为基础,按照确定的相对空间尺寸,制作预埋定位模板。

利用预埋定位模板进行预埋件平面定位,定位时必须确保模板定位点和结构轴线吻合。按照定位模板上的各预埋件位置孔,在模板上用记号笔画出各个

预埋件位置和固定点;在土建模板支模后铺底筋前即开始进行预埋件的固定。

在钢筋绑扎和混凝土浇筑时,应进行旁站看护,若发现对预埋件产生碰撞类损坏,应及时更换。

土建拆模后管道安装前,应将固定预埋件的铁钉透出混凝土板的部分进行切除,并用防锈漆作防锈处理。

2. 管道下料和组装

按照施工规范、装配式建筑项目的具体特点和要求,安装样板层和标准件样板。按照样板层不同户型标准卫生间的给排水管道、管件的长度,以及连接管件的支管长度(严格控制支管误差),测量记录统一下料和组装的尺寸清单。按照各标准卫生间支管线尺寸进行统一下料。

按照组装编号图,进行吊卡、吊杆、支管组装预制。参照样板进行分段组装,确保现场安装连接的方便。

组装好的支管成品应进行明确标注,标明对应户型、位置等信息。

3. 给排水管道现场装配

(1) 安装吊卡:清理顶板上拆模后吊卡预埋底座孔,按照标准样板不同吊杆长度统一安装吊架。安装吊架时一并清理管道预埋件。对于有坡度要求的排水管道安装,不同位置的吊卡、吊杆长度不同,必须进行编号对应安装。组装好的支管成品统一运输到相应位置。

(2) 支管装配:将分段组装好的支管对应各个预埋件位置进行连接。

(3) 闭水、通水、通球、压力试验:建筑给排水管道安装完成后,应按照相关规范要求进行闭水、通水、通球、压力试验。

(4) 管口封闭、管道保护:支管成品安装后,管道全部缠塑料膜或者封堵管口,避免土建粉刷、抹灰时的污染,安装好的管道支管管口,应采用专用材料封堵管口,将所有管口临时封闭严密,防止因异物进入而造成管道堵塞。

4. 成品保护

装配式建筑给排水施工完成后,要做好成品保护。成品保护应重点关注以下几点。

(1) 预埋件、管材、管件在运输、装卸和搬运时应轻放,不得抛、摔、拖。

(2) 管材应存放于温度不高于 40 ℃的库房内,且库房内应有良好的通风条件。管材应水平堆放在平整的地面上,不得乱堆乱放,不得暴晒。当采用垫物支垫时,支垫宽度不得小于 75 mm,间距不得大于 1 m。管材外悬的端部应小于 500 mm,叠放时高度不应超过 1.5 m。

（3）预埋件安装前应对预埋件采用圆形聚塑板块或湿锯末进行封闭保护,外露封口宜用封箱胶带封口保护。

（4）预埋件定位固定安装后,在结构混凝土浇筑时派人专门看护,确保不被碰撞,不发生移位、倾斜、损坏。

（5）安装好的管道应采用塑料布等包裹外壁,易碰撞部位应用木板捆绑保护。

（6）土建、装修施工完成后,拆除保护包裹的塑料布,并清洗干净。

6.2　装配式建筑电气工程

因为装配式建筑的预制件都是在工厂一次性加工完成的,不允许现场开孔、开槽,所以装配式建筑对设计方的要求较高。对于电气专业来说,在设计过程中一定要对设备和管线的布置有精确的定位,这样才能使预制部分和现浇部分完美衔接。

装配式建筑电气工程在设计阶段,要做好在预制墙板上设置强电箱、弱电箱、预留预埋管线和开关点位的设计;装修设计应提供详细的"点位布置图",并与建筑、结构、设备等专业和工厂进行协同,确定最终的技术路线。

6.2.1　建筑电气设计

1. 强电设计

（1）变配电部分。

①变配电系统整体设计。

以装配式建筑的面积、使用性质等为依据,对其用电性质、用电容量等进行判断和估算。装配式建筑的供电线路应该是从电网主线路引入建筑内部各分区并实现全面供电,所以预制装配式建筑整体要设置配电总箱,而建筑内各单元要配置单元配电总箱,各楼层要配置电表箱。三层变配电结构以放射式构成统一的整体,而且变电站和负荷中心的位置较为接近,供电半径要在合理的范围内。

在整个变配电系统中,低压配电要以放射式和树干式相结合的设计形式为主,而干线设计要使电缆或密集型母线沿着电缆桥架和电缆竖井铺设。

根据《民用建筑电气设计标准(共二册)》(GB 51348—2019)、《干式电力变压器技术参数和要求》(GB/T 10228—2015)等相关设计规范的要求,在设计过程中应尽可能采用节能型干式变压器,为保证其在经济状态下运行,其长期负荷要在 85% 以下,可见预制装配式建筑经济性突出。考虑到抑制电网谐波、提升抗干扰能力,在选择配套设施的过程中应积极利用 Dynll 接线组别的三相变压器,对噪声进行控制。除此之外,预制装配式建筑变配电设备的补偿能力要满足其所在区域供电部门的实际要求,否则会对整个电网的用电计量产生影响。

②配电管敷设、开凿、准备设计。

配电管敷设是变配电部分设计的重要内容。在地震多发区,在进行电气设计的过程中,要考虑地震灾害的威胁,有意识地避免配电管在地震中发生错位引发的安全风险。一般装配式建筑的配电管预制在楼板预制层内,到了外墙部分,再与预制外墙板内的预制配电管通过软管连接。在此过程中,电气设计人员要对预制装配式建筑是采用外墙结构、梁下墙结构还是梁内墙结构进行判断(图6.2),并采取与之相匹配的配电管敷设方式。

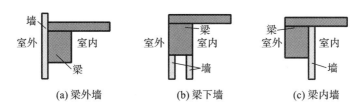

(a) 梁外墙　　　　　　(b) 梁下墙　　　　　　(c) 梁内墙

图 6.2　外墙与梁的位置示意图

以基础的外墙预制为例进行说明,对于采用梁外墙结构的预制装配式建筑(简称"PC 建筑"),其预制配电管有两种敷设方式,如图 6.3 所示;采用梁内墙结构的 PC 建筑,其预制配电管敷设方式如图 6.4 所示;采用梁下墙结构的 PC 建筑,其预制配电管敷设方式如图 6.5 所示。

由于预制装配式建筑的预制件在工厂完工,禁止现场开孔、开凿,这要求在电气设计时对设备和管线进行精确定位,以此保证现浇和预制部分的有效衔接。确定用电设备的数量,以及在楼板和外墙等预制板上开孔或开凿的尺寸和位置,避免后期开凿对预制板造成破坏。在设计过程中,应尽可能利用现浇层楼板或保温层外墙进行配电管、插座和接线盒的敷设,以此降低对预制件的破坏概率,并在预制件中对预埋电气配电管的具体位置进行标注,为工厂生产提供依据。

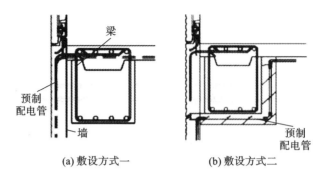

(a) 敷设方式一　　　　　(b) 敷设方式二

图 6.3　采用梁外墙结构的 PC 建筑的预制配电管敷设方式

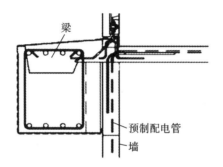

图 6.4　采用梁内墙结构的 PC 建筑的预制配电管敷设方式

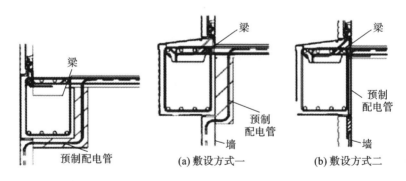

(a) 敷设方式一　　　　　(b) 敷设方式二

图 6.5　采用梁下墙结构的 PC 建筑的预制配电管敷设方式

（2）照明部分。

在对预制装配式建筑照明部分进行设计的过程中,要保证建筑内不同场所的照明亮度、功率密度、视觉要求等能够满足我国相关标准及规范的规定;应尽可能控制照明系统中产生的光能损失,达到绿色、节能、环保的目的,选择的配套设备应以高光效光源为主。预制装配式建筑照明设计应注意以下几点。

①保证预制装配式建筑内各结构功能分区符合相关规范,满足相应的要求。

②在设计过程中,为尽可能实现建筑节能,应最大化利用天然光源,如注重采用侧向采光方式,利用光的折射、反射现象等将天然光导入室内,有意识地将与外墙窗户相靠近的灯具在控制系统中与其他灯具相独立。

③在对预制装配式建筑内部走廊、楼梯间等公共区域的照明系统进行设计的过程中,为尽可能在保证照明的同时实现节能,要结合各区域的功能、自然采光情况等进行分区,建立智能控制系统,而且开关的位置和数量既要合理,又要方便用户使用。采用智能照明控制器对动态系统实行动态跟踪,对公共区域照明进行照明控制,以达到节能的目的,门厅走廊采用夜间降低照度的控制方式,每套房间均设节能控制开关。

④在选择预制装配式建筑内部照明设备时,应尽可能选择具有节能、耐用、亮度高、环保、产热量少、辐射低、可回收、可安全触摸的 LED 灯,以此提升建筑用电的安全性和节能环保性。所选用的 LED 灯既要满足国家相关标准的要求,又要合理地配备补偿电容器,使其在补偿后的功率因数在 0.9 及以上,而且在眩光限制满足要求的情况下,设计配备的开启式灯具效率要在 75% 以上,应用高效电子镇流器使其功率因数超过 0.95,以此缩减照明设备使用过程中线路和铜材的消耗。

⑤在设计的过程中,为尽量缩减照明设备应用过程中产生的电压损失,要有意识地用三相供电方式设计主照明电源,而且要尽可能使其负荷达到平衡,以此保证光源发光效率。在配备线缆时,要在线路合理的情况下尽可能选择电阻率低、横截面大的材料,以此降低照明系统的电能损耗。在上述设计完成后,需要对用户安装分户用电计量装置,调动用户节约用电的积极性,在建筑投入使用后,要定期对照明和变配电设备进行检测、控制,使其保持高效、安全运行。

⑥装配式建筑电气照明部分设计除了满足上述标准及相关规范外,还要特别注意设计的碰撞检查。在电气照明模型构建好之后,设计人员对模型建筑、结构、设备等的碰撞情况进行检查、分析,若在生成模型时发生碰撞,要及时调整设计方案。经碰撞检查、设计模型调整完善后,最终形成电气照明三维模型和平面定位模型图。

(3)公共设施的电气配套部分。

①电梯设计。

在预制装配式建筑的公共电梯设计方面,应尽可能选用噪声小、效率高、可能量回馈、可降低电量消耗的 VVVF(variable voltage and variable frequency,

可变电压和可变频率）永磁同步无齿轮曳引机，而且对电梯进行智能控制系统设计，以此保证电梯的安全、节能运行。电梯的设置应符合国家建筑设计防火规范，确保消防安全。电梯位置和平面布置是在建筑、结构及其他专业碰撞检查的基础上综合考虑的，还应便于乘客使用、发挥输送效率、节省建筑成本和设备成本。

②防雷与接地。

预制装配式建筑公共区域设计时需要重视防雷、接地方面，在设计过程中应先对预制装配式建筑的使用性质、发生雷击事故的概率和后果等进行全面、深入的分析，并按照分析结果将其划到国家规定的相应类别。在选择配备设备时，防雷装置要着重考虑建筑金属结构和钢筋混凝土结构中的钢筋。防雷引下线、接地网系统等也要以钢筋混凝土中的钢筋为主。在预制装配式建筑实际条件不允许的情况下，考虑用角钢、圆钢等金属体对其进行优化，以此保证预制装配式建筑的安全。

③绿色建筑与节能设计。

在电气设计过程中，应结合国家绿色建筑的要求，将低碳理念、绿色环保理念与设计思路相结合，尽可能在保证建筑安全性、舒适性的前提下，缩减预制装配式建筑的能耗。预制装配式建筑的大部分预制件在工厂完成，现场只需要浇筑现浇楼板，可有效避免施工粉尘现象的发生，这也是其绿色环保的体现。对于预制装配式建筑内给排水系统所应用的水泵、暖通空调系统所应用的通风、空调设备等，应尽可能选择变频类型产品，以此缩减建筑的能耗。

在装配式建筑电气变配电部分、照明部分、公共设施的电气配套部分的设计模型初步完成后，要对建筑电气模型与建筑、结构及其他专业模型进行碰撞检查。对于碰撞部分，应结合其他专业进行调整，做到设计准确，减少施工错误。将装配式建筑电气模型与建筑模型进行链接，对建筑电气进行定位。

2. 弱电设计

装配式建筑弱电设计应重点关注弱电专业与建筑、结构等其他专业的碰撞检查，在此基础上做好弱电部分在建筑结构图中的定位。基于BIM技术的弱电设计模型的碰撞检查和定位的基本原理和工作步骤与给排水设计、强电设计相同。在此主要对建筑弱电系统的组成、工作原理等弱电设计基础进行阐述。

装配式建筑弱电系统包括火灾自动报警系统、共用天线电视系统、电话通信系统、闭路电视监控系统、公共广播系统等，是构成装配式智能建筑的基础。

（1）火灾自动报警系统。

为保证在发生火灾时将损失降到最低限度,必须在规定的建筑物内或人员密集的场所安装火灾自动报警系统和消防联动灭火系统。火灾自动报警系统原理图如图 6.6 所示。

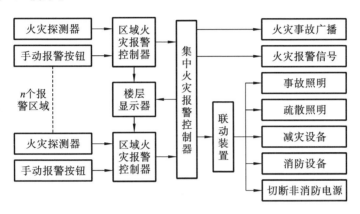

图 6.6　火灾自动报警系统原理图

火灾自动报警系统是现代消防系统的重要组成部分,主要由火灾触发器件、火灾报警控制装置、编码模块(输入模块、输出模块、各种控制模块)、减灾设备、灭火设备及电源等组成。现行国家标准《火灾自动报警系统设计规范》(GB 50116—2013)规定了火灾自动报警系统的 3 种基本结构形式:区域报警系统、集中报警系统和控制中心报警系统。

火灾自动报警控制器是火灾自动报警系统的心脏,是分析、判断、记录和显示火灾发生部位的装置。当确认发生火灾时,报警控制器即发出声、光报警信号,并启动联动装置,向火灾现场发出火警广播,显示疏散通道方向;在高层建筑中还向相邻的楼层区域发出报警信号,显示着火区域,将客运电梯强制停于首层,消防电梯和消防减灾设备投入运行,同时显示火灾区域或楼层房号的地址编码,以及烟雾浓度或温度等参数。报警控制器除了可以接受自动火灾探测器的信号,还可以接受现场人员通过砸碎消防按钮玻璃发出的报警信号,也可以用火灾报警电话直接向控制器发出火灾报警信号。

火灾自动报警控制器分为区域火灾报警控制器和集中火灾报警控制器两种。一般情况下,区域火灾报警控制器的监控范围较小,当报警区域多于 3 套时,可将区域火灾报警控制器与集中火灾报警控制器结合使用,形成集中火灾报警控制系统。集中火灾报警控制器安装在消防控制室,区域火灾报警控制器设置于各层服务台或某一区域。

（2）共用天线电视系统。

共用天线电视系统一般由前端、干线传输和用户分配网络3个部分组成。前端部分主要包括电视接收天线、频道放大器、频率变换器、自播节目设备、卫星电视接收设备、导频信号发生器、调制器、混合器以及连接线缆等部件。前端信号的来源一般包括接收无线电视台信号、卫星地面接收信号和各种自办节目信号3种。干线传输部分是把前端处理、混合后的电视信号，传输给用户分配网络的一系列传输设备，一般在较大型的电视系统中才有干线传输部分。用户分配网络部分是电视系统的最后一部分，主要包括放大器（如宽带放大器）、分配器、分支器、系统输出端以及电缆线路等，它的最终目的是向所有用户提供电平大致相等的优质电视信号。

共用天线电视系统由天线接收下来的电视信号，通过同轴电缆送至前端设备，前端设备将信号进行放大、混合，使其符合质量要求，再由一根同轴电缆将高质量的电视信号送至用户分配网络，于是信号就按分配网络设置路径，传送至系统内所有的终端插座上。

（3）电话通信系统。

电话通信系统由电话交换设备、传输设备、用户终端设备3个部分组成。

电话交换设备就是电话交换机，是接通电话用户之间的通信线路的专用设备，其基本任务是提供从任一个终端到另一个终端传送语音等信息的路由。传输设备是各种类型的远距离传输语音信号的传输设备和线路，如载波设备、微波设备、光缆、光发射机、光接收机、卫星设备等。用户终端设备是指发送和接收语音等信息的电话机（可视电话机）、传真机。

目前，我国最新电话通信系统的技术主要包括综合业务数字网、宽带综合业务数字网、IP电话3种。

①综合业务数字网（integrated services digital network，ISDN）。综合业务数字网是全数字的数据交换网络，只是在普通电话终端采用模拟信号，传真机、计算机、会议电视、路由器等在传输数据时，均采用数字信号进行传输，其业务已经从电话系统转换成多功能的信息传输系统，但该系统在进行数据传输时，其速率只有128Kb/s，与当今最新数据网络有较大差距。

②宽带综合业务数字网（broadband integrated services digital network，B-ISDN）。宽带综合业务数字网是基于ISDN数据传输速率较低的情况，采用新技术实现更高速率的数据传输功能。其用户最高速率可以达622Mb/s。

③IP电话。IP电话是基于国际互联网的一种语音信号传输模式，IP电话

可以建立在"计算机-计算机""计算机-电话""电话-电话"之间。在使用电话通信时,可通过电信局的网关接入互联网,并接入对方电话。

(4)闭路电视监控系统。

闭路电视监控系统是通过有线的传输线路,把图像信号传输给某一局部范围内特定用户的电视系统。闭路电视监控系统由 4 个部分组成,如图 6.7 所示。

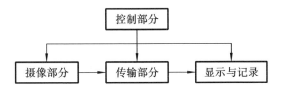

图 6.7 闭路电视监控系统的组成

建筑在进行弱电设计时,闭路电视监控系统的主要技术要求有摄像机的清晰度、系统的传输带宽、电视信号的信噪比、电视信号的制式、闭路电视系统的控制方式等。

(5)公共广播系统。

公共广播系统包含扩声系统和放声系统两类。扩声系统中扬声器与话筒处于同一声场内,存在着声反馈及房间共振引起的啸叫、失真和震荡现象。放声系统中只有磁带机、光盘机等声源,没有话筒,是广播系统的一个特例。公共广播系统由节目源设备、信号放大与处理设备、传输线路和扬声系统 4 个部分组成。

从用途来看,建筑公共广播系统分为两类:一类是面向公共区(如展厅、中厅服务区域等)的广播系统,平时播放背景音乐广播,火灾或紧急情况时立即切换为紧急广播;另一类是面向办公区域及车库区域的广播系统,在一些特殊区域则要单独设置专业广播设备。

6.2.2 建筑电气施工

装配式建筑电气在设计阶段,已经做好在预制墙板上设置强电箱、弱电箱、预留预埋管线和开关点位的设计。因此,装配式建筑电气安装施工阶段与传统建筑完全一样,主要包括机电预埋施工、成品保护、照明安装、内部设备安装等环节。其中,照明安装、内部设备安装与传统建筑电气施工基本一样,在此主要阐述装配式建筑机电预埋施工、成品保护环节。

1. 机电预埋施工

（1）工厂内电线管、电盒等的定位。

在装配式建筑工厂内，依据设计阶段形成的建筑电气最终图纸，确定电线管的具体位置（定位）、走向、管径、材质，区分预埋在板墙内和非预埋的开关盒、强电箱、弱电箱、接线盒等的具体位置（定位）、材质、规格型号等，并在将要预制的板墙内进行标记、定位。

（2）预制板墙内电线、电盒等的固定。

将开关盒、强电箱、弱电箱直接固定在钢筋上，并根据板墙厚度焊好固定钢筋，使盒口（或箱口）与板墙表面齐平。用水平尺对箱体的水平度进行校正，用泡沫板塞满整个箱体，并用胶带包裹箱体，防止混凝土泛浆。采用顶部插入式灯头盒，将端接头、内锁母固定在盒子底部的管孔上，并堵好管口、盒口，混凝土浇筑到预制平台板上，在顶部开口，以便于插线。

（3）预制板墙内管路连接。

装配式建筑土建部分施工一般是先吊装板墙，再吊装平台板，然后浇筑平台现浇层混凝土，最后吊装上一层的板墙。因此，电气管路预埋开关、插座管均从本层板墙内往上引入顶板的平台现浇层内进行连接。内墙管路向上引到墙体与平台结合的梁部位时，管的甩口应设置在梁的中部，以便管路连接。

墙体内的配管应在两层钢筋网中沿最近的路径敷设，并沿钢筋内侧进行绑扎固定，绑扎间距不应大于 1 m，沿墙敷设的上下连通管路在墙体的对接边缘处预留一定空间，以便管路对接。

多根线管进入配电箱时，管线排列应整齐。

在后砌墙部位，需要在预制平台板上精确定位，并根据穿管的数量、规格用泡沫板进行留洞。

（4）平台现浇层内配管。

管路敷设应在平台预制板就位后，根据图纸要求以及电盒、电箱的位置，在顶筋未铺时敷设管路，并加以固定。土建顶筋绑好后，应再检查管线的固定情况。在施工中应注意，敷设于现浇混凝土层中的管，其管径应不大于混凝土厚度的 1/2。由于楼板内的管线较多，我们应根据实际情况，分层、分段施工。先敷设好已预埋于墙体等部位的管，再连接与盒相连接的管线，最后连接中间的管线，并应先敷设带弯的管再连接直管。并行的管间距不应小于 25 mm，使管周围能够充满混凝土,避免出现孔洞。在敷设管线时,应注意避开土建所预留的洞。当管线从盒顶进入时,应注意管不应煨弯过多,不能高出楼板顶筋,保护层厚度不小于 15 mm。

管路的敷设应尽量避开梁,如不可避免,则应注意以下要求:管线穿梁时,应从梁内受剪力、应力较小的部位穿过,竖向穿梁时,应在梁上预留钢套管。

管路应与预制平台板内的楼板支架钢筋绑扎固定,固定间距不大于 1 m。如遇到管路与楼板支架钢筋平行敷设的情况,应将线管与盖筋绑扎固定。

塑料管直接埋于现浇混凝土内,在浇捣混凝土时,应有防止塑料管发生机械损伤和位移的措施。在浇筑现浇层混凝土时,应派专职电工进行看护,防止发生踩坏和振动位移现象。对损坏的管路及时进行修复,同时对管路绑扎不到位的地方进行加固。

预制装配式建筑中的墙和楼板等应及时进行扫管。平台现浇层浇筑后应及时扫管,这样能够及时发现堵管现象,便于及时处理并在下一层进行改进。对于后砌墙体,在抹灰前应进行扫管,有问题应及时处理,以便于土建修复。经过扫管后确认管路畅通,及时穿好带线,并将管口、盒口、箱口堵好,加强成品配管保护,以免二次阻塞管路。

2. 成品保护

装配式建筑给排水完成后,要做好成品保护,应重点注意以下几点。

(1)装配管路时应保持顶棚、墙面及地面清洁完整。

(2)在施工过程中,严禁踩电线管行走,钢制线盒刷防锈漆时不应污染顶板、墙面。

(3)其他专业在施工时,应注意不得碰坏电气配管,严禁私自改动电线管及电气设备。

(4)要注意施工过程对建筑预制件本身的影响,避免预制板受损。

(5)安装好的电线管、电盒、电箱,应采用塑料布、泡沫等材料包裹外壁,易碰撞部位应用木板捆绑保护。

(6)电线管安装完成后、混凝土浇筑前,应对电线管两端做好封堵、保护,防止混凝土、建筑碎渣等进入电线管。

6.3 装配式建筑暖通空调工程

6.3.1 建筑暖通空调设计

装配式建筑暖通空调设计原理、方法等与传统建筑暖通空调的设计一样,其主要不同点是利用 BIM 技术构建暖通空调的三维模型,并在设计阶段进行自身碰撞检查和暖通空调与其他专业间的碰撞检查,然后对设计进行优化,最终将暖通空调设计图定位于建筑结构及其他专业图中形成三维模型,为后续建筑施工及管理服务。

1. 建筑暖通空调设计基础

(1) 建筑供暖工程。

供暖又称采暖,是利用人工的方法向室内供给热量,使室内温度保持某一恒定值,以创造适宜的生活条件或做功条件的技术。建筑供暖系统有热源、供热管网和散热设备 3 个基本组成部分。热源是供暖系统中生产热能的部分,例如锅炉房、换热站等;供热管网指的是热源与散热设备之间的连接管道,起热媒输送的作用;散热设备也就是用热设备,可将热量散发到室内,例如散热器、暖风机等。

根据供暖系统散热给室内的方式不同,供暖方式可分为对流供暖和辐射供暖。对流供暖是以对流换热方式为主的供暖,系统中的散热设备是散热器,因而这种系统也称为散热器供暖系统。系统中常利用的热媒有热水、热空气、蒸汽等。辐射供暖是以辐射传热方式为主的供暖,辐射供暖系统的散热设备主要采用盘管、金属辐射板或建筑物部分顶棚、地板或墙壁作为辐射散热面散热。

①热水供暖系统。

用热水作为热媒的供暖系统,称为热水供暖系统。在室内供暖系统中,散热器与供、回水管道的连接方式称为热水供暖系统的形式。热水供暖系统的形式繁多,按照与散热器连接管道根数的不同分为单管系统和双管系统;按照供水干管敷设位置的不同分为上供下回式和下供下回式;按照热水在管路中流程的长短分为同程式系统和异程式系统等。

热水供暖系统的储热能力较大,系统热得慢,冷得也慢,室内温度相对比较稳定,特别适用于间歇式供暖。热水供暖系统中,散热器表面温度较低,不易烫伤人,同时散热器上的尘埃也不易升华,卫生条件好,但要注意解决好两个问题。一是排气问题。在热水供暖系统中,如果有空气积存在散热器内,将减少散热器有效散热面积;如果积聚在管中就可能形成气塞,堵塞管道,影响水循环,造成系统局部不热。此外,钢管内表面与空气接触会引起腐蚀,缩短管道寿命。为及时排除系统中的空气,保证系统正常运行,供水干管应随水流方向设置上升坡度,使气泡沿水流方向汇集到系统最高点的集气罐,再经自动排气阀将空气排出系统。管道坡度为 0.003。二是水的热膨胀问题。热水供暖系统在工作时,系统中的水在加热过程中会发生体积膨胀,因此在系统的最高点设置膨胀水箱用来收纳这些膨胀的水量。膨胀水箱要与回水管连接,在膨胀水箱下部设置接管引至锅炉房,以便检查水箱内是否有水。

②蒸汽供暖系统。

按照蒸汽压力的大小,蒸汽供暖系统可分为高压蒸汽供暖系统和低压蒸汽供暖系统。其中,高压蒸汽供暖系统,供汽的表压力大于 70 kPa;低压蒸汽供暖系统,供汽的表压力小于等于 70 kPa;真空蒸汽供暖系统,压力低于大气压力。按照立管的布置特点,蒸汽供暖系统可分为单管式和双管式。另外,按照回水方式不同,蒸汽供暖系统可分为重力回水和机械回水。

③辐射供暖系统。

辐射供暖是一种利用建筑物内的屋顶面、地面、墙面或其他表面安装的辐射散热器设备散出的热量,来满足房间或局部工作点供暖要求的供暖方法。它是利用低温热水或高温水加热四周壁面、地面温度的辐射传热和空气的对流传热结合系统。

低温地板辐射供暖是以不高于 60 ℃的热水作为热媒,通过埋置于地下的盘管系统内循环流动而加热整个地板,从地面均匀地向室内辐射散热。根据系统热源的不同,低温地板辐射供暖系统可分为低温热水地板辐射供暖系统和低温电地板辐射供暖系统。因前者应用广泛,大多数情况下将低温热水地板辐射供暖系统简称为低温地板辐射供暖系统或地暖系统。装配式建筑地暖系统的盘管需要预制在墙地板内。

与普通散热器供暖相比,地暖具有以下优点:提高了室内采暖的舒适度;有效地节约了能源;增大了房间的有效使用面积;提高了采暖的卫生条件;减少了楼层噪声;热源选择范围增大;供水温度不大于 60 ℃,供回水温差不大于 10 ℃的地方即可应用,如工业余热锅炉水、各种空调回水、地热水等。

（2）建筑通风工程。

通风是指利用自然或机械的方法向某一房间或空间送入室外空气,并由某一房间排出空气的过程,送入的空气可以是经过处理的,也可以是不经过处理的。换句话说,通风就是利用室外空气(新鲜空气或新风)来置换建筑物内的空气(室内空气)以改善室内空气品质。通风包括从室内排出污浊空气和向室内补充新鲜空气两部分。前者称为排风,后者称为送风。为实现排风和送风所采用的一系列设备装置的总体称为通风系统。

①风道的布置与敷设。

风道的布置应在进风口、送风口、排风口、空气处理设备、风机的位置确定之后进行。风道布置应服从整个通风系统的总体布局,并与土建、生产工艺和给排水等各专业互相协调、配合。风道布置设计原则如下:风道布置应尽量缩短管线、减少分支、避免复杂的局部管件;应便于安装、调节和维修;风道之间或风道与其他设备、管件之间合理连接以减少阻力和噪声;风道布置应尽量避免穿越沉降缝、伸缩缝和防火墙等;应使风道少占建筑空间并不得妨碍生产操作;对于埋地风道应避免与建筑物基础或生产设备底座交叉,并应与其他管线综合考虑,此外,尚应设置必要的检查口;风道在穿越火灾危险性较大房间的隔墙、楼板处,以及垂直和水平风道的交接处时,均应符合防火设计规范的规定。

②风管的敷设。

风管有圆形和矩形两种。圆形风管适用于工业通风和防排烟系统中,宜明装;矩形风管利于与建筑协调,可明装,也可暗装于吊顶内。空调系统中多采用矩形风管。风管多采用钢板制作,其尺寸应尽量符合国家现行《通风与空调工程施工质量验收规范》(GB 50243—2016)的规定,以利机械加工风管和法兰,也便于配置标准阀门和配件。

装配式建筑的风管如果明装,需要在设计时预留风管安装孔洞;如果暗装,需要在设计时明确在建筑、结构中的定位。

③建筑空调工程。

空调系统是指需要采用空调技术来实现的具有一定温度和湿度等参数要求的室内空间及所使用的各种设备、装置的总称。若对建筑物进行空气调节,必须由空气处理设备、空气输送管道、空气分配装置、冷热源等部分来共同实现。

装配式建筑空调工程设计主要包括准备阶段、冷热负荷及送风量估算阶段、空调系统设计阶段。在系统设计阶段,要利用 BIM 技术,做好空调及其管线布置与其他专业碰撞检查,在此基础上做空调工程在建筑、结构图中的定位。

2. 建筑暖通空调设计的碰撞优化

装配式建筑暖通空调工程管线主要包括综合布线、燃气供应、通风空调、防排烟和采暖供热等,这些管线错综复杂、设备种类数量繁多,各预制构件搭接处钢筋密集交错,如果在施工中发现各种管线、设备自身或与其他专业发生碰撞,将给施工现场的各种管线施工、预埋和现场预制构件吊装、预制安装带来极大的困难。因此,在施工前的设计阶段,就应用 BIM 技术对管线、设备密集区域进行综合排布设计,虚拟各种施工条件下的管线布设、预制连接件吊装的模拟,提前发现施工过程中可能存在的碰撞和冲突,有利于减少设计变更,提高施工现场的工作效率。

碰撞检查是指在计算机中提前检查工程项目中各不同专业(结构、暖通、消防、给排水、电气等)在空间上的碰撞冲突。建筑工程管线种类多、各专业管线相互交叉,施工过程很难完成紧密配合,相互协调。利用 BIM 软件平台的碰撞检查功能,各专业管线发生冲突时遵循"有压管让无压管、小管线让大管线、施工容易的避让施工难度大的"的原则,再考虑管材厚度、管道坡度、最小间距以及安装操作与检修空间,最后结合实际综合布置避让原则,完成建筑结构与设备管线图纸之间的碰撞检查,提高各专业人员对图纸问题的解决效率。

总体而言,利用 BIM 软件平台的碰撞检查功能,预先发现图纸管线碰撞冲突问题,进行施工方案优化等,可减少由此产生的工程施工变更,避免后期施工因图纸问题而停工或返工,不仅可以提高施工质量,确保施工工期,还可以节约大量的施工和管理成本,也可为现场施工及总承包管理打好基础,创造可观的经济效益。

6.3.2　建筑暖通空调工程施工

1. 暖通空调工程施工流程

装配式建筑暖通空调工程的施工流程与传统建筑施工流程不同,主要区别在于有相当一部分的暖通空调管线(道)、设备与预制墙板等构件一起在装配式建筑预制工厂内制作、安装,然后与预制构件一起运至施工现场进行吊装。装配式建筑暖通空调工程的施工流程如图 6.8 所示。

装配式建筑暖通空调工程施工流程中,预埋管线与设备的定位、安装、成品保护等环节施工与建筑给排水、建筑电气相似,在此不再赘述。本章主要阐述装配式建筑暖通空调施工中的常见问题及对策。

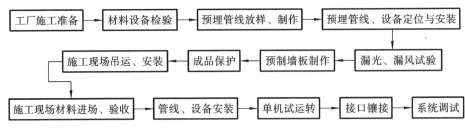

图 6.8　装配式建筑暖通空调工程的施工流程

2. 暖通空调工程施工常见问题及处理

（1）设备噪声问题。

暖通空调系统设备噪声超标与空调末端设备运转噪声超标,是暖通空调工程中经常碰到的设备噪声问题。由于风机盘管技术比较成熟,国内许多厂家的风机盘管产品噪声指标都能达标。而大风量空调机组的情况却不尽如人意,往往噪声实测值比厂家提供的产品样本参数高出不少。若采用大风量空调机组,应考虑隔声措施。当空调设备进场时应及时开箱检查,大风量空调机组未安装前最好进行通电试运行,发现噪声超标应及时更换、退货,或修改、完善消声措施,避免进入调试阶段才发现空调机组噪声超标而造成返工情况。另外,在设备、水管、风系统安装过程中要做好噪声处理。

①设备安装噪声处理。

新风机、空调机安装采用弹簧阻尼减振器,风机与风管连接采用软连接,新风机组与水管采用软接头连接,风机盘管采用弹簧吊钩,风机盘管与水管采用软管连接。对空调机房进行吸声处理,比如在空调机房内采用隔声材料做成围护结构,以防止设备噪声外传,或在机房贴吸声材料。机房应尽量减少设置门窗,且设置门窗应采用吸声门窗或吸声百叶窗,尽量减少设备噪声外传。

②水管安装噪声处理。

水管安装要严格执行国家规范,冷冻水主干管及冷却水管吊架要采用弹簧减振吊架,而且吊架不能固定在楼板上,应尽量固定在梁上,或在梁与梁之间架设槽钢横梁固定。水管穿过楼板或墙必须采用套管,且套管与水管之间要用阻燃材料填封。

③风系统安装。

风管要严格按照国家规范进行制作、安装,在风机进出口安装阻抗消声器,新风进口处采用消声百叶,风管适当部位设置消声器,风管弯头部位设置消声弯头,空调和新风消声器的外部采用优质保温材料,其内贴优质吸声材料。送回风管均采用低风速、大风量的方式以降低噪声,因此,风管截面积比较大。如果风管安装强度及其整体刚度不够,就会产生摩擦及振动噪声。建议风管吊架尽可能采用橡胶减振垫,确保风管不产生振动噪声。

（2）空调水系统水循环问题。

水系统是中央空调施工中的关键环节,施工出现问题会直接影响系统正常运行。中央空调冷冻水系统常见的问题是冷冻水系统管道循环不畅。造成管道循环不良的原因之一是管道因各专业管线交叉,施工中没有协调处理好,造成管网出现许多气囊,影响管网循环。二是空调水系统管道清洗不干净,直接造成空调水系统堵塞。

针对管线交叉问题的处理方法就是加强施工前管理,合理安排管线标高和坡度,尽量避免出现气囊现象,同时在不可避免出现气囊的部位设置排气阀并将排气管出口接至利于系统排气处。针对管道清洗不干净的问题,在施工过程中要做好以下几方面的预防工作。①是在焊接钢管安装前必须用机械或人工清除污垢和锈斑,当管内壁清理干净后,将管口封闭待装。管道施工过程中未封闭的管口要做临时封堵,以免污物进入,管道连接时要及时清理焊渣和麻丝等杂物。②管网最低处安装一个比较大的排污阀。如果排污阀太小,排污效果差,则清洗次数要多,如果排污口不在最低处,则排污不彻底。管网安装时应适当增设临时过滤器和旁通冲洗阀门,在连接设备之前,结合通水试验分段清洗设备。③清洗工作完成后,还要进行水系统循环试运行,目的是将管网中的污物集中冲洗到过滤器,以便拆洗过滤器清除污物。

（3）结露滴水问题。

造成空调系统在调试和运行中结露滴水的原因归纳起来主要是管道安装和保温问题。

管道安装问题如下。①管道与管件、管道与设备连接不严密,管道没有严格遵守操作规程安装。②管道、管件材料质量低劣,进场时没有进行认真检查。③系统没有严格按规范进行水压试验。④冷凝水管路太长,在安装时与吊顶碰撞,或难以保证设计要求的坡度,甚至冷凝水管倒坡,造成滴水现象。⑤空调机组冷凝水管因没有设水封(负压处)导致空调机组冷凝水无法排除。

管道保温问题如下。①保温材料容重不足或保温材料厚度不够,运行时保温材料外表温度达到露点温度而产生结露。②保温材料与管道的外壁结合不紧密,空调水管道末端未做封闭处理,造成潮气侵入保温层导致结露滴水。③保温

不严密或保温材料的防潮层破损,造成穿墙处冷冻管滴水。④风机盘管滴水盘排水口被保温材料等杂物堵住,且安装后没有及时清理并做冷凝水管的灌、排实验。⑤吊式柜机、风机盘管滴水盘的保温材料受损,造成滴水盘结露。

针对上述问题的解决办法如下。①加强保温材料、管件材料、管道材料的进场检查。加强施工前的技术交底和施工中的检查,严禁用大保温套管套小管道,加大对弯头、阀门、法兰及设备接口处等细部的保温质量控制力度。②严格按照操作规程进行管道的安装施工和水压试验。③穿墙部位冷冻管加设保温保护套管,确保穿墙部位保温层的连续性和严密性。④吊顶封板前,对风机盘管滴水盘等处的杂物进行清理、检查。⑤加强对设备滴水盘的保护。

第7章 装配式建筑项目进度管理

7.1 进度管理概述

7.1.1 项目进度管理的概念

项目进度管理(project schedule management)是为了实现项目顺利完成的目标而采取的管理措施和方法,主要是与成本管理和质量管理的共同协调和控制。为了确保项目整体实施的可靠性和合理性,项目进度管理过程中受到了多个约束条件的影响。项目必须从每个不同阶段的活动工序进行合理化的管理,必须从项目管理的各个组成部分进行管理。在项目管理的过程中,为了保证工期的顺利实现,制订进度计划是管理工作的重中之重。项目应从工序搭接,人力、器具资源配置等多方面进行管控。

项目进度管理包括项目工期管理和项目时间管理。在工程项目管理过程中,项目进度管理是工程进度管理的重要环节,与项目的成本管理和质量管理是密切相关的。在进度管理的过程中,必须在满足成本管理与质量管理的前提下,对施工生产进度进行合理的控制。我们应结合三个不同方面的因素对工程项目进行整体管控和管理。

项目进度管理是对整个项目的施工工序进行分类和组合,根据项目活动的不同类型合理安排工期,使各阶段的项目活动资源得到合理安排,在工期发生拖延或达不到工期目标的时候,应对各阶段工序活动的人力、器具资源进行协调,以确保项目工期能够达到项目建设方的要求和目标。

7.1.2 项目进度管理的流程及内容

项目进度管理是项目目标管理三要素之一,是指在项目实施过程中针对不同阶段编制相应的进度计划,通过对项目实际进度进行实时监督,对比分析是否有进度误差,进而找出影响因素,及时调整进度计划,保证项目顺利完工。

一个项目的如期交付不仅关系着企业的名声和口碑,更多的是关系到企业的资金回笼,因此进度管理是建筑企业非常重视的一环,有时为了推进工程进度,不惜大幅增加成本预算。衡量项目团队管理能力最重要的标准就是项目能否如期交付,能否按照项目进度计划组织施工,能否妥善处理好导致工程进度滞后的各类不确定性因素。项目进度管理的最低要求是确保项目进度按照计划如期竣工,进一步的要求是在保证项目质量、成本达到标准的情况下,尽可能缩短工期。项目进度管理流程图见图7.1。

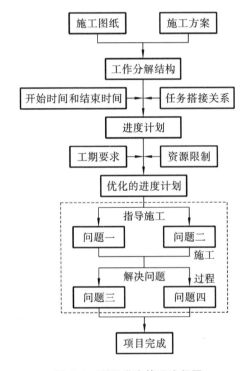

图 7.1 项目进度管理流程图

项目进度管理内容包括三方面:项目实施前的进度管理、项目实施中的进度管理和项目竣工后的进度管理。

(1)项目实施前的进度管理。

在项目实施前,对施工过程所需资源的种类、数量和使用时间进行准确的估算,该项工作的深度能够直接决定项目的进度。估算项目资源后,需要制订各个阶段的进度计划,根据项目实施各阶段的特点以及潜在风险,预留出足够的施工时间,制订潜在风险应对措施,保证进度计划的顺利执行。

（2）项目实施中的进度管理。

在项目实施过程中,要针对进度计划开展各项工作的技术交底和管理培训,加强工作人员的进度管理意识,提高工作效率;应保持对施工所需材料、设备的现有库存量、后续供货时间以及供货渠道的整体把控,实时监控现场施工进度,收集项目实际进度数据,整理每个周、月、季度的实际完成进度资料,对比分析进度计划是否存在进度误差,并分析产生进度误差的影响因素,及时调整进度计划。

（3）项目竣工后的进度管理。

项目实施阶段结束后,组织开展各个专业的竣工验收工作,保证项目的顺利交付,事后分析整个项目的进度计划完成情况,总结进度管理经验。

7.1.3　影响项目进度的因素

影响项目进度的因素比较多,这些因素主要包括人的因素、技术因素、资金因素以及环境气候因素等,其中人的因素造成的影响最多且最严重。一般而言,人的因素来自业主方、设计单位、承包商、材料设备供应商、监理单位、政府相关部门等。

（1）来自业主方的因素:①业主方的组织、管理及协调力度不足,导致承包商、分包商、材料设备供应商在各个专业环节以及工序配合中出现问题,产生的问题也不能及时得到解决,导致项目不能根据计划进行,会让施工秩序出现混乱;②向主管部门提出审批以及审核的手续繁复,导致项目环节搁置;③资金不足导致无法根据合约规定支付合同款。

（2）来自设计单位的因素:①不能完全按照合同条件提供需要的资料;②项目设计配备的人员不足或者不合理,各专业之间没有积极进行协调,导致各专业之间产生设计矛盾;③没有健全的设计质量管理体系,图纸容易出现"缺、漏、错"各方面问题,设计需要作出很大的变更。

（3）来自承包商的因素:①项目经理部门配置的管理人员不能满足需求,管理水平不高,如果再加上管理经验不足,就会出现组织混乱的问题,无法根据具体的计划进行施工;②施工人员的资质、经验和人数不能满足项目各方面的需求;③施工的组织设计不当,进度计划控制不当,施工方案不完善等。

（4）来自材料设备供应商的因素:①原材料以及配套预制构件不能满足需求;②生产设备维护以及使用过程中出现问题;③方法以及能力不能满足需求;④型号以及数量与样品不符,而且与合同不符;⑤生产质量不合格。

（5）来自监理单位的因素：①监理项目配备的监理工程师需要满足学历、经验、资质、年龄、健康状况等要求，这些条件缺一不可；②监理单位的工作人员不具备较强的责任心和一定的管理能力，就无法根据现场的情况进行良好的项目规划，保证项目工程按计划实施；③如果监理单位遇到了机构调整、股权调整、人员变动以及资产重组等问题，就无法按合同履行职责。

（6）来自政府相关部门的因素：①一般政策以及法律法规的调整；②手续办理程序的转变；③政府管理部门机构调整、职责调整以及人员调整。

在以上的很多因素中，业主方、承包商对项目进度影响最大，设计单位、材料设备供应商次之。业主方作为建设项目的组织者，要积极地开展管理和控制工作，要做好各种因素的评估以及分析工作。只有这样，才能够做好项目中有利因素与不利因素的分析和探讨，才能制订比较合理的项目进度计划。同时，要在事前制订相关的对策，事中要采取具体的应对方法，事后要积极补救，这样能够缩小实际进度与计划进度的目标偏差，有利于做好进度的主动控制以及动态控制。

7.1.4 装配式建筑进度管理过程分析

1. 设计阶段

装配式建筑设计是指在项目实施前，依据设计任务书，进行的项目施工图纸、施工方案以及相关文件的准备活动。装配式建筑的设计工作相较于传统建筑而言，技术性更强，设计要求更复杂，对设计人员的专业水平要求也更高，因此设计阶段的进度管理工作在整个进度管理中有着举足轻重的作用，直接影响项目的效益。在传统建筑建造过程中，一般采用整体现浇的施工方式，无论是建筑、结构还是机电图纸，设计方的工作流程以及设计标准都已经非常完备和成熟，并且施工人员具备丰富的经验应对现场施工图纸出现的问题，但在装配式建筑建造过程中，设计阶段的预制构件拆分设计、总体施工方案设计等工作的深度直接决定了后续工作的难度，对进度管理的影响很大。由于我国装配式建筑预制构件拆分标准、模数制度尚未形成统一的规范，各地的设计差异性很大，而建筑行业的招投标地域性又比较广泛，设计单位与后续工作单位无法形成有效的沟通，后续预制构件生产、安装的进度均会受到影响。

2. 生产阶段

目前的装配式建筑预制构件一般在构件厂进行生产，应尽量选取距离项目施工地点较近的构件厂进行合作。经过较长时间的发展,构件厂已经逐渐形成了相对规范和标准的工作流程和生产工艺,相较于自己投资建立临时性的厂房、组建生产班子,无疑构件厂的生产效率更高,进度优势更明显。构件厂获取设计图纸后,按照设计方案进行预制构件生产,同样存在的问题是预制构件拆分标准、模数制度尚未形成统一的规范,针对不同的预制构件拆分方案,构件厂可能不具备相应的生产模具,以往的生产经验并不适用,需要重新生产或购买模具,影响生产进度;同样地,由于无法与设计单位进行充分的技术交底,生产工人未能深入理解设计理念,导致生产出的预制构件不符合设计要求,预埋孔洞位置产生偏差,达不到验收标准,便会被要求返工重新生产,整体进度被大幅度延误。

3. 运输阶段

装配式建筑运输阶段与传统建筑的差别较大,传统建筑运输阶段主要是对钢筋、水泥、石子等原材料的运输,市场上已经形成了成熟的运输链及管理政策,装配式建筑运输阶段主要是对预制构件的运输,由于部分预制构件几何结构复杂、尺寸庞大,并且运输链不成熟,不可预见因素较多,运输难度较大,从而造成进度延误。预制构件的需求量庞大,需要集中使用大量的大型载重汽车进行运输,运输路线的规划、时间的选择均要根据现场安装进度制订详细合理的方案,若预制构件延误到达,现场安装就会缺少预制构件,打乱施工安装顺序,进而出现窝工、停工等现象,影响施工进度的推进;若提前到达,就会造成预制构件堆积,占用施工场地,影响其他工序的工作效率,同样会对施工进度造成影响。

4. 施工阶段

装配式建筑结构体系复杂,安装过程同样需要专业性的人才,目前大部分装配式建筑安装工作人员对于新技术、新事物的学习态度和接受能力均比较消极,难以提升预制构件的安装效率。预制构件的安装过程涉及大量吊车等特种设备的操作,安装人员需要具备较强的专业技能,安装过程还需要根据预制构件的供给节奏调整施工方案,因此相较于传统建筑,装配式建筑安装阶段的进度管理难度更大。预制构件的安装需要特种设备的操控人员、现场施工的技术人员相互配合、协同工作,因此工作人员的技术水平及合作能力非常关键。预制构件二次安装不仅会影响现场施工节奏,还可能会造成预制构件的损坏,进一步影响施工进度。吊车等机械设备使用频率及数量的增加,使得安全隐患大大增加,我们需要制订应急预案用于应对特种设备故障等意外事件,加强现场施工的安全检查

及管控力度,一旦发生严重的意外事故,整个项目必然面临停工或法律纠纷。意外事故对进度管理的影响是致命的,必须将安全隐患扼杀在摇篮里。

管理方法的应用不当也会对进度管理产生较大影响,项目实施过程中必然会产生一定的进度偏差,采取什么样的方法应对、处理并解决偏差是考验项目团队管理能力的关键。目前针对偏差管理一般采用事后控制法,在进度计划执行出现偏差之后采取措施进行补救,但由于项目的实施过程涉及多个参与单位,纠偏措施从制订、传递到执行需要经过多个环节的审批,并且在部分粗放式的管理模式中,纠偏措施不形成书面文件,而使用口头传递信息的方式,整个过程至少消耗 3~5 d,偏差可能已经积累成了更严重的问题,错失了解决问题的最佳时机,造成施工进度的进一步延误。由此可见,及时传递信息、适当简化审批流程、采取科学合理的事前控制管理方法是提升进度管理效率的必要手段。

7.2 施工进度计划的编制

7.2.1 项目进度计划的概念及作用

1. 项目进度计划的概念

项目进度就是工程项目在具体实施过程中每一个阶段的工作在规定时间内完成的情况。项目进度计划的含义是为了实现项目的目标,按照企业规定,对项目实施过程中所必须进行的工作作出切实、有效的安排,是对项目进度所做的实施前的具体规划。其中,项目进度计划的目标在于按照项目实施过程中的工序制订项目进度计划的逻辑关系,调整各项工作的时间(先后顺序以及完成工作的时间要求),对项目施工工序进行优化。项目进度计划是项目进度管理的一个重要组成因素。项目进度管理的目的是确保企业项目能够按时、按质、顺利完成项目进度计划的基本内容。对于某个具体的项目而言,首先其要具备明确的项目目的;其次根据自身的目标确保按需完成基本工作;接着结合项目的实际情况制订项目进度计划;最后依据项目进度计划对项目进行切实、有效的实施,以完成项目目标。图 7.2 表明了项目进度计划与进度管理之间的关系。项目进度计划对于整个企业的项目实施效果具有相当重要的影响,因为其是项目实施的计划时刻表,项目进度计划的合理性直接决定了项目实施的顺利程度以及完成的时间。

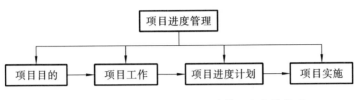

图 7.2　项目进度计划与项目进度管理之间的关系

2. 项目进度计划的作用

　　每个项目都会仔细权衡施工进度、项目费用以及产品质量三者之间的关系,并确立一个最终目标。项目进度计划的主要内容:根据项目最终目标确定实现目标所需完成的各项工作任务,依据各项工作之间的逻辑关系明确各道工序的先后顺序以及施工工期,规划好各项工作所必须具备的人力、物力资源等。

　　项目进度计划是对企业项目的所有工作进行全面分析所得到的结果。项目实施者结合目前项目进度安排来分析项目进度计划执行的可能性,还可以对能否通过优化设计尽可能加快施工进度、降低项目费用等进行研究与探讨。项目质量与进度、费用、安全之间的关系如图 7.3 所示。从某种程度上来说,增加项目费用和投资力度,对于提高项目质量以及加快项目进度有一定的帮助,而对项目质量进行严格把关可以避免因项目质量不符合要求而导致返工所造成的经济损失和企业声誉损失。项目进度计划制订和执行的速度对项目质量起着非常重要的作用,一个企业项目进度完成过快会对其完成质量产生影响,而项目进度过慢也会需要通过提高项目的费用支出来赶上计划进度。一个合理、高效的项目进度计划必须在施工进度、项目费用以及项目质量三者之间寻求一个有机的平衡点。

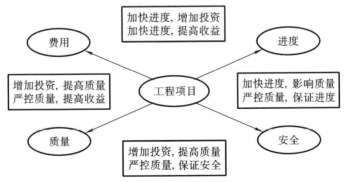

图 7.3　项目质量与进度、费用、安全之间的关系

7.2.2　施工进度计划的分类及分解

1. 施工进度计划的分类

施工进度计划按编制对象的不同可分为建设项目施工总进度计划、单位工程进度计划、分阶段工程(或专项工程)进度计划、分部分项工程进度计划。

(1) 施工总进度计划。

施工总进度计划是以一个建设项目或一个建筑群体为编制对象,用以指导整个建设项目或建筑群体施工全过程进度控制的指导性文件。它按照总体施工部署确定每个单项工程、单位工程在整个项目施工组织中所处的地位,也是安排各类资源计划的主要依据和控制性文件。

建设项目施工总进度计划涉及地下地上工程、室外室内工程、结构装饰工程、水暖电通、弱电、电梯等各种施工专业,施工工期较长,特别是遇到一个建设项目或一个建筑群体中部分单体建筑是装配式建筑,而另一些建筑是传统建筑的情况,主要体现出综合性、全局性。建设项目施工总进度计划一般在总承包企业的总工程师的领导下进行编制。

(2) 单位工程进度计划。

单位工程进度计划是以一个单位工程为编制对象,在项目总进度计划控制目标下,用以指导单位工程施工全过程进度的指导性文件。它所包含的施工内容比较具体明确,施工期较短,故其作业性较强,是进度控制的直接依据。单位工程开工前,由项目经理组织,在项目技术负责人的领导下编制单位工程进度计划。

装配式建筑项目的单位工程进度计划编制需要考虑装配式项目施工过程的诸多因素,例如,拟施工的单位工程中的竖向和水平构件是都采用预制构件或部品,还是仅水平构件采用预制构件,应充分考虑工程开工前现场布置情况、吊装机械布置情况和最大起重量情况;地基与基础施工时,应考虑开挖范围内如何布置预制构件;主体结构施工安装时,应考虑预制构件的安装顺序和每个预制构件的安装时间及必要的辅助时间;预制构件吊装安装时,应考虑同层现浇结构如何穿插作业。

(3) 分阶段工程(或专项工程)进度计划。

分阶段工程(或专项工程)进度计划是以工程阶段目标(或专项工程)为编制

对象,用以指导其施工阶段实施过程的进度控制文件。装配式建筑项目吊装施工适用于编制专项工程进度计划,该专项工程进度计划应明确预制构件进场时间、批次及堆放场地并绘图表示;充分说明钢筋连接工序时间、预制构件安装节点;清晰展示同层现浇结构的模板及支撑系统、钢筋、浇筑混凝土。

(4)分部分项工程进度计划。

分部分项工程进度计划是以分部分项工程为编制对象,用以具体实施其施工过程进度控制的专业性文件。

分阶段工程(或专项工程)进度计划和分部分项工程进度计划的编制对象为阶段性工程目标或分部分项细部目标,目的是把进度控制进一步具体化、可操作化,是专业工程具体安排控制的体现。此类进度计划与单位工程进度计划类似,比较简单、具体,通常由专业工程师与负责分部分项的工长进行编制。

2. 施工进度计划的分解

根据装配式建筑项目的总进度计划编制装配式建筑项目结构施工进度计划,构件厂根据装配式项目结构施工进度计划编制构件生产计划,保证构件能够连续供应。与常规项目不同,装配式建筑主体结构施工还需要编制构件安装进度计划,细化为季度计划、月计划、周计划等,并将计划与构件厂进行对接,以此指导预制构件的进场。图 7.4 为装配式建筑项目进度计划的分解。

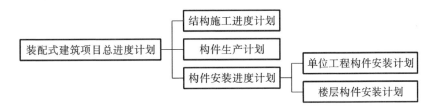

图 7.4　装配式建筑项目进度计划的分解

7.2.3　装配式建筑工程项目施工进度计划的编制

1. 施工进度计划的编制依据

装配式建筑项目施工进度计划编制首先是根据国家现行的有关设计、施工、验收规范,如《装配式混凝土结构技术规程》(JGJ 1—2014)、《装配式混凝土建筑技术标准》(GB/T 51231—2016)、《混凝土结构工程施工质量验收规范》(GB

50204—2015)、《混凝土结构工程施工规范》(GB 50666—2011),其次是根据省市地方规程及单位工程施工组织设计,最后是根据工程项目施工合同、工程项目预制(装配)率、预制构件生产厂家的生产能力、预制构件最大重量和数量、拟用的吊装机械规格数量、施工进度目标、专项构件拆分和深化设计文件,结合施工现场条件、有关技术经济资料进行编制。

2. 施工进度计划的编制方法

(1)横道图法。

横道图法是比较常见且普遍应用的计划编制方法。横道图是按时间坐标绘出的,横向线条表示工程各工序的施工起止时间先后顺序,整个计划由一系列横道线组成。它的优点是易于编制、简单明了、直观易懂,便于检查和计算资源,特别适合于现场施工管理。但是,作为一种计划管理的工具,横道图法存在不足之处。首先,不容易看出工作之间相互依赖、相互制约的关系;其次,反映不出哪些工作决定了总工期,更看不出各工作分别有无伸缩余地(即机动时间),有多大的伸缩余地;再者,由于它不是一个数学模型,不能实现定量分析,无法分析工作之间相互制约的数量关系;最后,横道图不能在执行情况偏离原计划时,迅速而简单地进行调整和控制,更无法实行多方案的优选。

(2)网络计划技术法。

与横道图法相反,网络计划技术法能明确地反映出工程各组成工序之间的相互制约和依赖关系,可以用它进行时间分析,确定哪些工序是影响工期的关键工序,以便施工管理人员集中精力抓施工中的主要矛盾,减少盲目性。而且它是一个定义明确的数学模型,可以建立各种调整优化方法,并可利用计算机进行分析计算。在实际施工过程中,应注意横道图法和网络计划技术法的结合使用,即在应用计算机编制施工进度计划时,先用网络计划技术法进行时间分析,确定关键工序,进行调整优化,然后输出相应的横道图用于指导现场施工。

装配式建筑项目进度计划,一般选择采用双代号网络计划图和横道图,其图表中宜有资源分配。进度计划编制说明的主要内容有进度计划编制依据、计划目标、关键线路说明、资源需求说明。

3. 施工进度计划的编制原则

施工程序和施工顺序随着施工规模、性质、设计要求,以及装配式建筑项目施工条件和使用功能的不同而变化,但仍有可供遵循的共同规律,在装配式建筑项目施工进度计划的编制过程中,应充分考虑其与传统混凝土结构项目施工的不同点,以便于组织施工。装配式项目施工进度计划编制应遵循以下原则。

(1) 需要多专业协调深化设计图纸。

(2) 需要事先编制构件生产、运输、吊装方案,事先确定塔式起重机型号。

(3) 需要考虑现场堆放预制构件的平面布置。

(4) 由于钢筋套筒灌浆作业受温度影响较大,宜避免冬季施工。

(5) 预制构件装配过程中,应单层、分段、分区吊装施工。

(6) 既要考虑施工组织的空间顺序,又要考虑构件装配的先后顺序。在满足施工工艺要求的条件下,尽可能地利用工作面,使相邻两个工种在时间上合理地、最大限度地搭接起来。

(7) 穿插施工,吊装流水作业。在流水段进行有效穿插,通过工序的排列,找出塔吊空闲期,利用塔吊空闲期组织构件进场、卸车,不影响结构正常施工。运用清晰的工序计划管理,使现场施工质量控制、进度控制、安全控制、文明施工控制做到常态化、标准化。

4. 施工进度计划的编制过程

装配式混凝土结构进度安排与传统现浇结构不同,应充分考虑生产厂家的预制构件及其他材料的生产能力,应提前 60 d 以上对所需预制构件及其他部品同生产厂家沟通并订立合同,分批加工采购,应充分预测预制构件及其他部品运抵现场的时间,编制施工进度计划,科学控制施工进度,合理使用材料、机械、劳动力等,动态控制施工成本。

(1) 工程量统计。

装配式结构由现浇部分、现浇节点及预制构件共同组成,故总体工程量计算需要分开进行。单层工程量能够显示出现浇施工与装配式结构施工在钢筋、模板、混凝土三大主材消耗量上的不同。另外,单层的构件数量也为确定堆放场地尺寸,以及模板架、装配式工器具的数量提供依据。装配式结构现浇部分工程量计算与传统建筑一致,此处不再赘述。

①现浇节点工程量。

装配层现浇节点的标准层钢筋、模板、混凝土消耗量由每个节点及电梯井、楼梯间的现浇区域逐一计算而来。

②预制构件分类明细及单层统计。

预制构件的统计是对构件分类明细、单层构件型号及数量进行统计汇总,通过统计表掌握构件的型号、数量、分布,为后续吊装、构件进场计划等工作的开展提供依据。

单层构件统计表是针对每层构件进行统计,包括外墙板、内墙板、外墙装饰板、阳台隔板、阳台装饰板、楼梯梯段板、楼梯隔板、叠合板、阳台板及悬挑板等的数量,为流水段划分提供基础依据。

③总体工程量统计。

现浇部分、预制构件及现浇节点的工程量共同组成装配式工程总体工程量。

(2)流水段划分与单层施工流水组织。

①流水段划分。

流水段划分是工序、工程量计算的依据,二者相互影响,各流水段的工序工程量要大致相当。在工程施工中,应根据实际情况,调整流水段划分位置,以达到最优资源配置。流水段划分应根据现场场地及机械布置、塔吊施工半径、装配式建筑施工特点进行合理划分。

为使施工段划分得合理,应遵循下列原则:a. 为了保证流水施工的连续性和均衡性,对于划分的各个施工段,同一专业工作队的劳动量应大致相等,相差幅度不宜超过15%;b. 为了充分发挥机械设备和专业工人的生产效率,应考虑施工段对机械台班、劳动力的容量大小,满足专业工种对工作面的空间要求,尽量做到劳动资源的优化组合;c. 为便于组织流水施工,施工段数目应与主要施工过程相协调,施工段划分过多,会增加施工时间,延长工期,施工段划分过少,不利于充分利用工作面,可能造成窝工;d. 对于多层建筑物、构筑物或需要分层施工的工程,应既分施工段,又分施工层。

以某装配式建筑为例,单层建筑面积820 m² 左右,单层8户的项目,单层构件预制墙体100多块,水平预制构件100多块,在同一层分为两个流水段(每一个流水段预制构件为100多块)(图7.5)。

②吊装耗时分析。

吊装耗时分析有两种方法:一种是以单个构件的吊装工序耗时分析(表7.1)为基础,考虑钢筋或者混凝土的吊时,然后计算出标准层吊装耗时(表7.2);另外一种是不区分构件种类,考虑高度对构件吊装耗时的影响。以高层装配式建筑项目铝模板施工为例,将影响塔吊使用的工序按竖向排列,将塔吊本身的施工顺序按横向排列,编制吊次计算分析表,如表7.3所示。

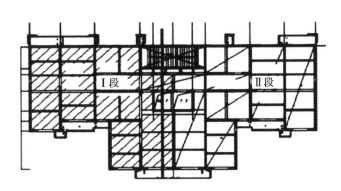

图 7.5 水平流水段划分示意图

表 7.1 单个构件的吊装工序耗时分析 单位:min

吊装工序	预制外墙板	预制阳台	预制叠合板	预制楼梯
起吊	2	2	2	2
回转	1.5	2	2	2
安装就位	10	10	10	10
安装微调	5	10	5	5
松钩	2.5	3	3	2.5
落钩	1.5	1.5	1.5	1.5
平均耗时	22.5	28.5	23.5	23

表 7.2 各栋标准层吊装耗时分析

楼梯号	构件数量				总耗时 /min
	预制外墙板 /块	预制阳台 /块	预制叠合板 /块	预制楼梯 /块	
5A 栋	8	1	48	4	1428.5
5B 栋	8	1	48	4	1428.5
5C 栋	7	2	48	4	1434.5

表 7.3　某项目塔吊吊次计算分析

铝模层数	工序	预备挂钩时间/min	安全检查时间/min	起升时间/min	回转就位时间/min	安装作业时间/min	落钩起升回转时间/min	下降至地面时间/min	每吊总耗时/min	吊次	占用时间 以分计/min	占用时间 以时计/h	总耗时/h
N层	构件	1	1	2	1	10	1	2	18	96	1728	28.8	
	钢筋	1	1	2	1	4	1	2	12	5	60	1.0	48.1
	浇筑混凝土	1	1	2	1	10	1	2	18	61	1098	18.3	
(N+1)层到(N+10)层	构件	1	1	3	1	5	1	3	15	96	1440	24.0	
	钢筋	1	1	3	1	4	1	3	14	5	70	1.2	40.5
	浇筑混凝土	1	1	3	1	5	1	3	15	61	915	15.3	
(N+11)层到(N+20)层	构件	1	1	4	1	5	1	4	17	96	1632	27.2	
	钢筋	1	1	4	1	4	1	4	16	5	80	1.3	45.8
	浇筑混凝土	1	1	4	1	5	1	4	17	61	1037	17.3	

　　一般装配式建筑项目竖向模板支撑体系以大钢模板和铝合金模板为主,大钢模板在安装、拆卸过程中需要占用塔吊吊次,而铝合金模板的安装及拆卸基本不占用吊次。由于首层吊装不熟练,耗时要长一些。

　　③工序流水分析。

　　按照计算完的工序工程量,充分考虑定位甩筋、坐浆、灌浆,水平构件、竖向构件的吊装,顶板水电安装等工序所需的技术间歇。以天为单位,确定流水关键工序。由于施工队伍熟悉图纸需要一个过程,现场不同施工班组的穿插配合需要磨合,前期每层需要 10 d 左右,进入第四个楼层已基本磨合完成,可以实现 7 d 一层。在理想情况下,装配式建筑项目标准层施工可以做到 6 d 一层。

　　第 1 天:混凝土养护好,强度达到要求后放线吊装预制外墙板、楼梯。

第 2 天:吊装预制内墙板、叠合梁(绑扎节点钢筋,压力注浆)。

　　第 3 天:吊装叠合楼板、阳台、空调板等(绑扎节点钢筋,节点支模)。

　　第 4 天:水电布管,绑扎平台钢筋,木工支模,叠合板调平。

　　第 5 天:绑扎平台钢筋,木工支模,加固排架。

　　第 6 天:混凝土浇筑、收光、养护,建筑物四周做好隔离防护。

　　④单层流水组织。

　　单层流水组织是以塔吊占用为主导的流水段穿插流水组织,具体到时。可将白天 12 h 划分为多个时段,并进一步将工序模块化,同时体现段与段之间的技术间歇,以及每天、每个时段的作业内容对应的质量控制、材料进场与安全文明施工管理等内容,尤其对构件进场、劳动力组织、与结构主体吊装之间的塔吊使用时间段协调方面有着极大的指导意义。在整个装配式施工阶段,循环作业计划可悬挂于楼栋出入口,作为每日工作重点的提示。

　　例如,某装配式建筑群由 3 栋单体建筑组成,一台塔吊负责 C 栋建筑构件吊装,一台负责 A、B 栋建筑构件吊装。标准层施工工期安排如表 7.4 和表 7.5 所示。

表 7.4　C 栋标准层施工工期安排

工期	时间	C 栋
第 1 天	6:30—8:30	测量放线,下层预制楼梯吊装
	8:30—15:30	爬架提升
	8:30—18:30	预制外墙板吊装,绑扎部分墙柱钢筋
第 2 天	6:30—12:00	竖向构件钢筋绑扎及验收
	12:30—17:30	墙柱铝模安装
第 3 天	6:30—12:00	墙柱铝模安装
	12:30—19:30	梁板铝模安装、穿插梁钢筋绑扎
第 4 天	6:30—18:30	预制叠合板、预制阳台吊装
第 5 天	6:30—18:30	预制叠合板、预制阳台吊装
第 6 天	6:30—12:00	预制叠合板、预制阳台吊装
	13:00—15:30	板底筋绑扎
	15:30—19:30	水电预埋
第 7 天	6:30—11:30	板面筋绑扎、验收
	12:30—18:30	混凝土浇筑

表 7.5　A、B栋标准层施工工期安排(一台塔吊负责两栋塔楼吊装)

工期	时间	B 栋	A 栋	塔吊利用率
第 1 天	6:30—8:30	测量放线	墙柱铝模安装	中
	8:30—15:30	爬架提升,下层预制楼梯吊装	墙柱铝模安装	
	8:30—18:30	预制外墙板吊装,绑扎部分墙柱钢筋	梁板铝模安装,穿插梁钢筋绑扎	
第 2 天	6:30—12:00	竖向构件钢筋绑扎及验收	预制叠合板、预制阳台吊装	高
	12:30—17:30	墙柱铝模安装		
第 3 天	6:30—12:00	墙柱铝模安装	预制叠合板、预制阳台吊装	高
	12:30—19:30	梁板铝模安装,穿插梁钢筋绑扎		
第 4 天	6:30—12:00	预制叠合板、预制阳台吊装	预制叠合板、预制阳台吊装	高
	13:00—15:30		板底筋绑扎	
	15:30—19:30		水电预埋	
第 5 天	6:30—11:30	预制叠合板、预制阳台吊装	板面筋绑扎、验收	高
	12:30—18:30		混凝土浇筑	
第 6 天	6:30—12:00	预制叠合板、预制阳台吊装	测量放线,爬架提升	中
	13:00—15:30	板底筋绑扎	爬架提升,下层预制楼梯吊装	
	15:30—19:30	水电预埋	预制外墙板吊装,绑扎部分墙柱钢筋	
第 7 天	6:30—11:30	板面筋绑扎、验收	竖向构件钢筋绑扎及验收	低
	12:30—18:30	混凝土浇筑	墙柱铝模安装	

⑤装配式建筑主体结构施工进度计划。

以标准层施工工期安排为基础,考虑到吊装从不熟悉到逐渐提高效率乃至稳定的过程,制订主体结构施工进度计划,如表 7.6 所示。

表 7.6　某装配式建筑主体结构标准层施工进度计划

任务名称	工期/d	开始时间	结束时间	备注
总工期	200	2019 年 05 月 05 日	2019 年 11 月 20 日	
5 层	15	2019 年 05 月 05 日	2019 年 05 月 19 日	
6 层	9	2019 年 05 月 20 日	2019 年 05 月 28 日	
7 层	8	2019 年 05 月 29 日	2019 年 06 月 05 日	
8～10 层	21	2019 年 06 月 06 日	2019 年 06 月 26 日	7 d/层
11～20 层	70	2019 年 06 月 27 日	2019 年 09 月 04 日	7 d/层
21～31 层	77	2019 年 09 月 05 日	2019 年 11 月 20 日	7 d/层

（3）工程项目总控计划。

针对装配式建筑项目构件安装精度高、外墙为预制保温夹芯板、湿作业少等特点,项目总控计划应从优化工序、缩短工期的角度出发,利用附着式升降脚手架、铝合金模板、施工外电梯提前插入、设置止水层或导水层等,使结构施工、初装修施工、精装修施工同步进行,实现从内到外、从上到下的立体穿插施工。

首先,对装配式建筑项目进行工序分析,将从结构施工到入住的所有工序逐一进行分析,绘制工序施工图。其次,根据总工期要求,通过优化结构施工工序,提前插入初装修、精装修、外檐施工,实现总工期缩短的目标。最后,结构工期确定后,大型机械的使用期也相应确定,在总网络计划图中显示出租赁期限,并根据开始使用的时间,倒排资质审批时间、基础完成时间、进场安装时间。在机械运行期间,还能根据所达到的层高,标出锚固点,便于提前做好相关准备工作。

①总控网络计划。

根据总工期要求及结构工程施工工期、初装修施工工期、精装修施工工期形成总控网络计划。总控网络计划需要若干支撑性计划,包括结构工程施工进度计划、粗装修施工进度计划、精装修施工进度计划、材料物资采购计划、分包进场计划、设备安拆计划、资金曲线、单层施工工序、流水段划分等。这种网络总控计划在体现穿插施工上有极大优势。"结构→初装修→精装修"三大主要施工阶段的穿插节点一目了然。总控网络计划在进度管理中更重要的意义在于指导物资采购及分包进场。

②立体循环计划。

根据总控网络计划及各分项计划,利用"通过调整人员来满足结构施工、装修施工同步进行"的原则形成立体循环计划。

楼层立体穿插施工可表现为：N 层结构；$N+1$ 层铝模倒运；$N+2$ 层和 $N+3$ 层外檐施工；$N+4$ 层导水层设置；$N+5$ 层上水管、下水管安装；$N+6$ 层主体框架安装；$N+7$ 层二次结构砌筑；$N+8$ 层隔板安装、阳台地面、水电开槽；$N+9$ 层地暖及地面；$N+10$ 层卫生间防水、墙顶粉刷石膏；$N+11$ 层墙地砖、龙骨吊顶；$N+12$ 层封板、墙顶刮白；$N+13$ 层公共区域墙砖、墙顶打磨；$N+14$ 层墙顶二遍涂料、木地板、木门、橱柜；$N+15$ 层五金安装及保洁。

（4）构配件进场组织。

构件进场计划是产业化施工与常规施工相比的不同之处，但是其本质上与常规施工的大宗材料进场计划相同。在结构总工期确定以后，构件进场计划就能完成，与之同步完成的还有构件存放场地的布置以及预制构配件进场计划。在工程实施阶段，应根据实际进度及与构件厂沟通情况，编制细化到进场时点和整层各类构件规格的实操型进场计划。

（5）资金曲线。

根据项目施工总网络计划，在资金流层面生成由时间轴和施工内容节点组成的资金曲线。横坐标是时间，纵坐标是资金使用百分比，形成一条累积曲线。

曲线坡度陡的区段说明资金投入百分比增长快。具体施工任务的实施反馈到具体时间点，形成"月、季度、年度"的资金需求。这条曲线从业主方角度来看，是工程款支付的比例和程度，在曲线坡度变陡之前，应准备充足的资金，保证工程正常运转；从施工方的角度来看，是每月完成形象部位所对应的产值报量收入。这个收入又分为产值核算和工程款收入两个部分。以确定的时间节点和部署好的施工内容为基础，计算出相应资金使用需求，资金需求与时点一一对应。

（6）劳动力计划。

根据施工进度计划，可生成不同层次（项目、楼栋）的劳动力计划。装配式建筑项目现场施工涉及 7 个工种，见表 7.7。

表 7.7　某装配式建筑项目现场施工工种统计

楼栋	序号	工种	人数
B 栋（双栋劳动力计划）	1	预制构件安装工	8
	2	信号工	2
	3	司索工	2
	4	钢筋工	16
	5	木工	16
	6	混凝土工（三栋合用一个班组）	14
	7	杂工	8

楼栋	序号	工种	人数
C 栋 （单栋劳动力计划）	1	预制构件安装工	8
	2	信号工	2
	3	司索工	2
	4	钢筋工	8
	5	木工	8
	6	混凝土工(三栋合用一个班组)	14
	7	杂工	4

7.3　施工进度计划实施和调整

在装配式建筑项目实施过程中,必须对进展过程实施动态监测。要随时监控项目的进展,收集实际进度数据,并与进度计划进行对比分析。若出现偏差,应找出原因,预估该偏差对工期的影响程度,并采取有效的措施进行必要调整,使项目按预定的进度目标进行。项目进度控制的目标就是确保项目按既定工期目标实现,或在实现项目目标的前提下适当缩短工期。

7.3.1　施工进度计划的实施

1. 细化施工作业计划

施工项目的施工总进度计划、单位工程施工进度计划、分部分项工程施工进度计划,都是为了实现项目总目标而编制的,其中高层次计划是低层次计划编制的依据,低层次计划是高层次计划的深入和具体化。在贯彻执行时,采用多级进度计划管理体系,将施工进度总计划分解至月(旬)、周、日。

专项施工员应编制日、周、月(旬)施工作业计划,细化预制构件安装及辅助工序。后浇混凝土中支模、绑扎钢筋、浇筑混凝土,以及预留预埋管、盒、洞等施工工序也应细化和优化。在制订日、周、月(旬)计划时要明确计划时期内应完成的施工任务、完成计划所需的各种资源量、提高劳动生产率和节约资源的措施、保证质量和安全的措施。

2. 签订承包合同与签发施工任务书

按前面已检查过的各层次计划,以承包合同和施工任务书的形式,分别向分包单位、承包队和施工班组下达施工进度任务。其中,总承包单位与分包单位、施工企业与项目经理部、项目经理部与各承包队和职能部门、承包队与各作业班组间应分别签订承包合同,按计划目标明确规定合同工期及各自承担的经济责任、权限和利益。

专项施工员应签发施工任务书,将每项具体任务向作业班组或劳务队下达。施工任务书一般由工长根据计划要求、工程数量、定额标准、工艺标准、技术要求、质量标准、节约措施、安全措施等进行编制。任务书下达给班组时,由工长进行交底。交底内容:对任务、操作规程、施工方法、质量要求、安全要求、定额、节约措施、材料使用情况、施工计划、奖惩要求等进行交底,做到任务明确,报酬预知,责任到人。施工班组接到任务书后,应做好分工,安排相应人员执行,执行时要保质量、保进度、保安全、保节约、保工效。任务完成后,班组自检,在确认已经完成后,向工长报请验收。工长验收时查数据、查质量、查安全、查用工、查节约,然后回收任务书,交施工队登记结算。

3. 施工过程记录

在施工中,如实记载每项工作的开始日期、工作进程和完成日期,记录每月完成数量、施工现场发生的情况和干扰因素的排除情况,可为施工项目进度计划实施的检查、分析、调整、总结提供真实、准确的原始资料。特别是单位工程第一次安装预制构件时,因为机械和操作人员熟练程度较低,配合不够默契,往往比预定使用的时间增加较多,所以要提前对操作人员进行培训,使之熟练,逐步缩短预制构件安装占用的时间。

4. 施工协调调度

专项施工员应做好施工协调调度工作,随时掌握计划实施情况,协调预制构件安装施工与主体结构现浇或后浇施工、内外装饰施工、门窗安装施工和水电空调采暖施工等各专业施工的关系,排除各种困难,加强薄弱环节管理。施工协调调度工作的主要内容如下。

(1)执行合同对进度、开工及延期开工、暂停施工、工期延误、工程竣工的管理办法及措施,包括相关承诺。

（2）将控制进度具体措施落实到具体执行人，并明确目标、任务、检查方法和考核办法。

（3）监督作业计划的实施，协调各方面的进度关系。

（4）监督检查施工准备工作，如督促资源供应单位按计划供应劳动力、施工机具、运输车辆、材料构配件等，并对临时出现的问题采取调配措施。

（5）跟踪调控工程变更引起的资源需求变化，及时调整资源供应计划。

（6）按施工平面图管理施工现场，结合实际情况进行必要调整，保证文明施工。

（7）第一时间了解气候、水电供应情况，采取相应的防范和保证措施。

（8）及时发现和处理施工中各种事故和意外事件。

（9）定期召开现场调度会议，贯彻施工项目主管人员的决策，发布调度令。

（10）及时与发包人协调，保证发包人的配合工作和资源供应在计划可控范围内进行，当不能满足时，应立即协商解决，如有损失，应及时索赔。

5．预测干扰因素，采取控制措施

在项目实施前和实施过程中，应经常根据所掌握的各种数据资料，对可能使项目实施结果偏离进度计划的各种干扰因素进行预测，并分析这些干扰因素所带来的风险程度的大小，预先采取一些有效的控制措施，将可能出现的偏离尽可能消灭于萌芽状态。

7.3.2　施工进度计划调整

在计划执行过程中，由于组织、管理、经济、技术、资源、环境和自然条件等因素的影响，实际进度与计划进度之间往往会产生偏差，如果偏差不能及时纠正，必将影响进度目标的实现。因此，在计划执行过程中，应采取相应措施进行管理，这对保证计划目标的顺利实现具有重要意义。

进度计划执行中的管理工作主要有以下几个方面：分析进度计划检查结果；分析进度偏差产生的原因并确定调整的对象和目标；选择适当的调整方法，编制调整方案；对调整方案进行评价、决策、调整，确定调整后付诸实施的新施工进度计划。

1．进度计划检查

进度计划检查主要是收集施工项目计划实施的信息和有关数据，为进度计

划控制提供必要的信息资料和依据。进度计划检查主要从如下几个方面着手。

（1）跟踪检查施工实际进度。

跟踪检查施工实际进度是项目施工进度控制的关键措施，其目的是收集实际施工进度的有关数据。跟踪检查的时间和收集数据的质量，直接影响进度控制工作的质量和效果。一般检查的时间间隔与施工项目的类型、规模、施工条件和对进度执行要求程度有关。为了保证检查资料的准确性，控制进度的工作人员要经常到现场查看施工项目的实际进度情况，从而保证经常地、定期地、准确地掌握施工项目的实际进度。

（2）整理、统计检查数据。

将收集到的施工项目实际进度数据进行必要的整理、统计，保证实际数据所形成的形象进度与计划进度具有可比性。一般可以按实物工程量、工作量和劳动消耗量以及累计百分比来整理和统计实际检查的数据，以便与相应的计划完成量相对比。

（3）对比实际进度与计划进度。

将收集的资料整理和统计成具有与计划进度可比性的数据后，用施工项目实际进度与计划进度的比较方法进行分析。通常用的比较方法有横道图比较法、S形曲线比较法、香蕉形曲线比较法、前锋线比较法和列表比较法等。通过比较，可得出实际进度与计划进度相一致，或实际进度比计划进度超前、滞后三种情况。

2. 计划偏差原因分析

分析预制构件安装施工过程中某一分项时间偏差对后续工作的影响，分析网络计划实际进度与计划进度存在的差异，如剪力墙上层钢套筒或金属波纹管套入下层预留的钢筋困难，两块相邻预制剪力墙板水平钢筋密集影响板的就位等。因此，采取改变工程某些工序的逻辑关系或缩短某些工序的持续时间的方法，使实际工程进度与计划进度相吻合。

3. 进度计划调整的内容

装配式建筑项目进度计划调整内容与传统建筑项目进度计划调整内容类似，包括工程量、起止时间、持续时间、工作逻辑关系、资源供应等。

4. 进度计划调整的方法

（1）调整关键线路的方法。

当关键线路的实际进度比计划进度滞后时,应在尚未完成的关键工作中,选择资源强度小或费用低的工作缩短其持续时间,并重新计算未完成部分的时间参数,将其作为一个新计划实施。

当关键线路的实际进度比计划进度超前时,若不打算提前工期,应选用资源占用量大或者直接费用高的后续关键工作,适当延长其持续时间,以降低其资源强度或费用;当确定要提前完成计划时,应将计划尚未完成的部分作为一个新计划,重新确定关键工作的持续时间,按新计划实施。

（2）非关键工作时差的调整方法。

非关键工作时差的调整应在其时差的范围内进行,以便更充分地利用资源、降低成本、满足施工的需要。每一次调整后都必须重新计算时间参数,观察该调整对计划全局的影响。

可采用以下几种调整方法:①将工作在其最早开始时间与最迟完成时间范围内移动;②延长工作的持续时间;③缩短工作的持续时间。

（3）增、减工作项目时的调整方法。

增、减工作项目时应符合下列规定:①不打乱原网络计划总的逻辑关系,只对局部逻辑关系进行调整;②在增减工作后应重新计算时间参数,分析对原网络计划的影响,当对工期有影响时,应采取调整措施,以保证计划工期不变。

（4）调整逻辑关系。

逻辑关系的调整只有当实际情况要求改变施工方法或组织方法时才可进行。调整时应避免影响原定计划工期和其他工作的顺利进行。

（5）调整工作的持续时间。

当发现某些工作的原持续时间估计有误或实现条件不充分时,应重新估算其持续时间,并重新计算时间参数,尽量使原计划工期不受影响。

（6）调整资源的投入。

当资源供应发生异常时,应采用资源优化方法对计划进行调整,或采取应急措施,使其对工期的影响最小。网络计划的调整可以定期进行,也可以根据计划检查的结果在必要时进行。

5．进度计划调整的具体措施

（1）增加预制构件安装施工工作面，增加工程施工时间，增加劳动力，增加工程施工机械和专用工具等。

（2）改进工程施工工艺和施工方法，缩短工程施工工艺技术间歇时间，在熟练掌握预制构件吊装安装工序后改进预制构件安装工艺，改进钢套筒或金属波纹管套筒灌浆工艺等。

（3）对工程施工人员采用"小包干"和奖惩手段。

（4）积极开展作业班组或劳务队的思想工作，改善施工人员生活条件、劳动条件等，提高操作工人工作的积极性。

第8章 装配式建筑项目成本管理

8.1 成本管理概述

8.1.1 项目成本管理的基本理论

项目成本管理是指在项目实施过程中尽量使项目实际发生的成本控制在项目预算范围之内的成本管理工作。它包括项目预算编制（事前控制）、项目实施过程成本控制（事中控制）和项目实际成本变动管理（事后控制）等。项目成本管理是为了保障项目在批准的预算内按时、按质、经济、高效地达到既定目标的一个项目管理过程。成本管理是项目管理的重要组成部分，项目成本直接关系到企业的经济效益。

从管理的角度来说，成本管理的对象主要是经济行为，判断其经济行为发生的必要性、可行性和经济性，对比其现实成本与计划成本之间的差异，并分析产生这种差异的原因、消除这种差异的方法，以及解决现存问题的措施，确保项目按时、保质和经济地完成，因此成本管理是一个反复的经济决策过程。成本管理涉及项目筹划、预算、实施、决算的整个过程。

项目成本管理经过多年的发展，从项目成本管理理论到项目成本管理内容、管理方法和管理工具的开发都取得了丰硕的成果。项目成本管理经历了从传统项目成本管理到现代项目成本管理的发展历程，形成了三大项目成本管理体系，并在国内取得了一定的发展和应用。对于传统的工程建筑项目成本控制而言，其主要是实时监督施工作业成本和计划成本的差距，如果差距过大，则要通过行之有效的措施来予以纠正，确保能够始终按照计划来控制成本。从实践前来看，传统建筑企业在项目成本管理方面的成效是巨大的。装配式建筑行业与传统建筑行业还存在着较大的差异，因此应在借鉴传统建筑企业项目成本管理的基础上，从实操层面探索更适合装配式建筑企业使用的项目成本管理方案。

建筑工程成本控制管理是指在一定时间范围内事先规划好的、在未来某建

筑项目固定时段达成的成本控制目标。成本管理应做到以下三点。

①全程性，即贯穿项目全过程。在企业、事业单位、组织或个体的生产经营活动的全过程中，工程项目成本形成的每个环节均应实施全程性的成本管理控制。

②全员参与性。建筑工程成本控制管理应该依靠所有员工的共同努力，即每个员工都必须在自己的工作岗位上形成节约成本和控制费用的理念，做到全体员工参与成本控制管理，以取得最好的成本控制管理效果。

③前馈性。建筑工程成本控制管理的首要任务是要做好事前的成本控制管理，避免事前发生浪费，保证事前设定的成本管理目标能够完成。

8.1.2　项目成本管理的内容及原则

广义的项目成本管理包括项目生命周期的全部成本及费用。美国项目管理协会编制的《项目管理知识体系指南》将"cost management"翻译成了"费用管理"，即项目费用管理。该书将项目费用管理分为项目费用估算、项目费用预算、项目费用控制三部分。对于"cost"一词的翻译，国内也存在许多争议，国内财经专家和学者普遍认为"cost"既包括"成本"的含义，也包括"费用"的含义，为了论述的统一，本书将其翻译为"成本"。

彼得·霍布斯在《项目管理》中指出：项目成本管理就是在规定的时间内，为保证实现项目的既定目标，对项目实际发生的费用支出所采取的各种措施。成本管理可以实现对整个项目的管理和监督，及时发现和解决项目实施过程中出现的各种问题。具体来说，项目成本管理包括在批准的预算内完成项目所需要的每一个过程，即资源计划编制、成本估算、费用预算和成本控制。

项目成本管理不仅要对即将做出的投资进行控制，又要对即将发生的偏差做出预测，及时调整，避免偏差，另外还要对已经出现的偏差采取适当的措施来加以纠正。根据这一目标，项目成本控制的原则如下。

（1）全生命周期成本最低原则。

全生命周期成本主要是以最小化原则为出发点，在其生命周期的各阶段，选择最优的设计、生产、施工以及运营方案。在这几个阶段，对与该产品相关的所有成本（包括设计成本、制造成本、物流成本、施工成本和使用成本），选择最节约的方案，从而使全生命周期成本实现其所要达到的效果。

（2）全面成本管理原则。

全面成本管理体系也是以最低成本为基础，从各个角度和层面实施成本管理,以科学性、技术性的成本管理方法为依据,以"发动公司所有员工,利用员工的主动性、合作性来改善成本"为目标,进行生产管理与运作的一种全面的、综合性的成本管理方法。

（3）成本责任制原则。

采取成本责任制原则时,为了达到目标成本,会将工作任务、目标成本进行分解,这种分解并不是单纯地划分为分目标与总目标,而是纵向地分解到项目部、职责部门以及具体班组等,同时还可以横向地分解到各分管领导、部门经理以及个人。通过这种任务和目标成本分解,每个项目成员在每个阶段都有自己的工作任务和目标,同时建立起自己在每个阶段的责任,从而实现不同时期本部门的目标,最终实现总体的项目目标。这种全员参与、全阶段的管理方法,使责任落实到人的原则,就是成本责任制原则。

（4）成本有效化原则。

成本有效化原则就是付出最低的成本来获得最大的成果,也就是利用最少的资源来实现项目管理的目标,这也正是"有效化"要达到的目标,这也是核心问题所在,但是这并不意味着降低质量,还要以保证质量为前提。

（5）成本管理科学化原则。

成本管理科学化原则也是本着成本最低、成果最大的原则,运用科学的管理方法,采用各种科学的措施,进行分析、判断,做出最佳的管理决策,最终达到成本目标。

8.1.3　项目成本管理的理论方法

项目成本管理通常包括项目成本预算、项目成本管理计划、项目成本控制、项目成本核算、项目成本分析和项目成本考核六个环节。

1. 项目成本预算

成本预算是施工项目成本决策与计划的依据,工程项目施工之前应当对成本进行估算。成本预算就是根据成本信息和施工项目的具体情况,运用一定的方法,对未来的成本水平及其可能的发展趋势做出科学的估计。成本预算的方法分为定性预测和定量预测两大类,项目成本管理通常采用定量预测的方法。

2. 项目成本管理计划

项目成本管理计划是建立项目成本管理责任制、项目成本控制和项目成本

核算的基础,是降低项目成本的指导性文件,也是设立目标成本的依据。项目成本管理计划是以货币形式编制项目在计划期内的生产成本、成本水平、成本降低率以及为降低成本所采取的主要措施和规划的书面方案。项目成本管理计划的内容包括直接成本计划和间接成本计划。项目成本管理计划编制常用的方法有目标利润法、技术进步法、按实计算法、历史资料法。

3. 项目成本控制

项目成本控制是指在项目实施过程中,对影响施工成本的各种因素加强管理,并采取各种有效措施,将施工中实际发生的各种消耗和支出严格控制在成本计划范围内,保证项目成本管理目标的实现。

工程项目成本控制贯穿项目从投标阶段开始直至竣工验收的全过程,是成本管理的核心。项目成本控制主要包括计划预控、运行过程控制和纠偏控制。项目成本控制方法包括两类:一类是分析和预测项目影响要素的变动与项目成本发展变化趋势的项目成本控制方法;另一类是控制各种要素变动而实现项目成本管理目标的方法。其具体方法主要有项目成本分析表法、工期-成本同步分析法、挣值(赢得值)分析法、项目成本绩效度量法、项目成本的附加计划法,以及项目成本变更控制体系控制法。

项目成本存在确定性成本、风险性成本和完全不确定性成本。项目成本控制的重点是对项目不确定性成本的控制。项目不确定性成本控制的根本任务是识别和消除不确定性事件,从而避免不确定性成本的发生。

4. 项目成本核算

项目成本核算是指依据会计核算法规和管理制度要求,对项目建设过程中所发生的各项成本及费用进行归集,统计其实际发生额,并计算项目总成本和单位工程成本的一项管理工作。

成本核算包括两个基本环节:一是按照规定的成本开支范围对施工成本及费用进行归集和分配,计算出项目成本及费用的实际发生额;二是根据成本核算对象,采用适当的方法,计算出该施工项目的总成本和单位成本。

项目成本核算的方法:表格核算法和会计核算法。表格核算法是按照分解的任务、部门或具体岗位对成本进行核算和控制。会计核算法是对项目进行系统性的成本核算。项目成本核算所提供的各种成本数据,是成本控制、成本分析和成本考核等各个环节的依据,也是新项目成本预算、成本计划编制的参考依据。

5. 项目成本分析

成本分析是在项目成本核算的基础上,对成本的形成过程和影响成本升降的因素进行分析,以寻求进一步降低成本的途径。项目成本分析包括对有利偏差的挖掘和对不利偏差的纠正。

项目成本分析的基本方法如下:①比较法,即将核算出来的实际成本和计划成本进行对比分析;②因素分析法,也叫连环替代法,将各个影响因素逐个进行迭代,找出主要原因、次要原因、其他原因等;③差额计算法,是因素分析法的一种简化形式,它利用各个因素的计划成本与实际成本的差额来计算其对成本的影响程度;④比率法,是指用两个以上的指标的比例进行分析的方法,它的基本特点是先把对比分析的数值变成相对数,再观察相互之间的关系;⑤综合分析法,用于分析涉及多种生产要素,并受多种因素影响的成本费用,如分部分项工程成本、月度成本、季度成本、年度成本等。由于这些成本都是随着项目施工的进展而逐步形成的,与生产经营有着密切的关系。因此,做好上述成本分析工作,无疑将促进项目的生产经营管理,提高项目的经济效益。

6. 项目成本考核

成本考核是指在项目完成后,按项目成本目标责任制的有关规定,将成本的实际指标与计划、定额、预算进行对比和考核,评定项目成本计划的完成情况和各责任者的业绩,并以此给予相应的奖励和处罚。成本考核的作用是,评价各责任中心特别是成本中心业绩,促使各责任中心对所控制的成本承担责任,并借以控制和降低各项成本。

目前常用的成本考核方法是岗位作业成本考核法,具体做法是项目部将工作任务、成本目标分解给各个岗位或责任群体,在此基础上按管理岗位分解指标、责任到人,实施按期或按阶段考核。

8.2　装配式建筑项目成本影响因素

目前,装配式建筑的平均成本与传统现浇建筑的平均成本相比,前者略高于后者,这种差异主要是构件在工厂的生产使用费、增加的部分材料费,以及构件的运输费和安装费等引起的。装配式建筑也有费用减少的部分,该部分费用主要是因工期缩短而减少的资金投入、外墙装修节省的人工费用、在附属设施（如脚手架）搭建上节省的费用等。但在实际工程项目成本当中，装配式建筑减少的费用远低于增加的费用，导致了装配式建筑在国内发展缓慢。对此，必须分析影响装配式建筑项目成本的因素，以此制订控制措施，从而更好地控制成本，促进装配式建筑的发展。

8.2.1　现浇式建筑和装配式建筑成本构成

1. 现浇式建筑成本构成

现浇式建筑成本有定额计价模式和工程量清单计价模式。从中华人民共和国成立到改革开放这段时间，我们主要运用前苏联的定额计价方式，但是这种计价方式下的消耗量并不能真实反映投标企业真实的生产水平，也不能反映市场上真实的价格变动幅度。由人工费、材料费、机械设备使用费组成的直接使用费用，由企业管理费和规费构成的间接使用费用，以及企业按照规划获取的利润、按照规定需支付的税金等共同构成了定额计价模式下的建造安装工程费用。

20世纪70年代以来，我国建筑市场不断扩大并逐渐与国际接轨，照搬苏联的定额计价方式已经不能满足当下建筑市场的需要，因此在市场经济模式下催生了工程量清单计价模式。清单计价主要采用量价分离的模式，其工程的消耗量更能满足当下施工企业的实际需求，工程量清单计价模式如图8.1所示。

2. 装配式建筑成本构成

设计期间的成本、构件生产期间的材料人工成本、运输期间的耗费成本和安装施工期间的人工及材料机械成本共同组成了装配式建筑整个过程的成本。

相对于现浇式建筑的成本而言，装配式建筑的成本有着更为复杂的构成，除了人工费、机械设备使用费、所耗材料费，还有装配式预制构件中的制作费、安装所需人工及材料费、材料及货物的运输费和成品保护费等，这些多出来的部分在装配式建筑工程造价中有着重要的占比。

（1）设计生产阶段的成本。

将工程成本事先就控制在合理的范围内，这一原则在工程项目的成本管理中十分重要。为了做到事前控制成本这项工作，科学合理的工程设计至关重要。科学合理的工程设计能较大限度地避免因事后设计变更造成的成本增加。与传统现浇混凝土结构相似，在装配式混凝土结构中，只占整个建设工程总成本

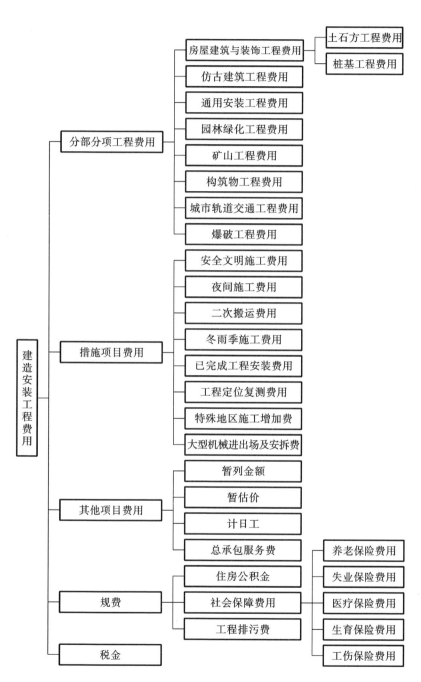

图 8.1　工程量清单计价模式

1%～2%的设计费用能够对工程造价产生超过75%的影响。因此,做好设计可以避免预制构件成本过高,进而减少装配式建筑全过程的成本。

在设计阶段,设计人员的费用是成本的主要构成部分,而装配式建筑的设计成本较高则是因其需要设计的内容繁多、需要较为繁琐且精细的设计造成的。预制构件的标准化程度、预制完成率、装配完成率等对成本都具有重大的影响。具有工业化建筑设计理念的建筑工程师可以在设计阶段对构件的拆分问题进行充分预估,使构件种类减少、规格降低,使生产标准达标,提高建筑构件的组合和重复利用率,减少由多种规格的预制构件模具所造成的高成本投入,从而达到降低成本的效果。

在装配式建筑增量成本中,起到关键作用的标准化、模数化等因素可以体现在多套房屋使用同一种设计房型上,若房型不同,则应该尽量使用相同模数的外围构件。此外,还应避免转角窗在剪力墙结构中的应用,在不得不用的情况下,尽可能选择相同模数的尤为重要。

预制构件生产阶段的成本主要包括人工费、材料费、模具费、模具摊销费、预设管线与预埋件设置费、水电费、构件存放与管理费等。与现浇模式相比,装配式预制构件生产条件较好,可以利用机械流水线及模板模型的高水平生产条件达到对混凝土较高质量的养护,规避了传统现浇建筑施工因场地、施工条件以及气候等造成的材料耗费、质量不佳、工期延误以及成本增加等问题,进而节约了人力成本、时间成本及耗材成本等,留下了较高的利润空间。

①人工费:预制方式在工人工资方面较现浇方式有一定优势,相比现浇方式,预制方式不需要木工、钢筋工、水泥工及监管人员,只需要具有生产经验和技术的工人投入机械设备的操作生产中,这在无形之中节省了大量的人力,进而节约了人工成本。

②材料费:现浇式建筑的构件在现场制作,现场工人做不到精准控制,在原材料的使用方面是粗放的,而装配式建筑的构件在工厂制作,工厂精确的生产尺寸让预制构件很大程度上避免了原材料的浪费,因此其构件生产材料费用有所减少。

③模具费:模具是预制构件中成本增加的重要因素。装配式结构构件的生产工艺流程为模台安装、钢筋绑扎、混凝土浇筑与养护、预制构件成品。这个流程中需要使用不少模具。此外,模具成本也会随着构件种类、复杂度的增多而增多,模具的高成本生产费用造成预制构件成本居高不下。

④模具摊销费:模具的种类与周转次数对生产阶段成本的增长具有显著的

促进作用,而预制构件种类的增加,也会使模具的种类随之增加,进而导致成本增加。

⑤预设管线与预埋件设置费:预制构件并不是简单的外部制作,更需要对其内部管线进行布置,而这也在一定程度上增加了生产阶段的成本。

⑥水电费:预制构件大多数是集中制作完成的,这使得其耗电量低于传统方式;此外,在混凝土构件养护方面,其所耗费的水量与传统方式相比也有所降低,并且还可以做到循环利用养护水。

⑦构件存放与管理费:现浇式建筑中混凝土构件在养护后可以直接构成建筑实体,不需要存放管理。但是,预制装配式建筑构件需要存放管理,从而出现额外费用,这也是预制装配式建筑生产成本增加的原因之一。

(2)运输阶段的成本。

运输阶段在整个建造过程中非常重要,运输费用在预制构件生产成本方面也占很大比例。运输过程分为四步:①配送车辆装载预制构件;②负责配送的车辆沿预定路线将预制构件送到指定的施工现场;③施工现场作业人员对预制构件进行卸载、搬运;④运输车辆返回预制工厂。整个运输过程中的材料费、装车成本、人工费、配送运输成本和机械费共同组成了运输阶段的成本。其中,辅助材料费用(主要是钢丝和木材垫块)和装车辅助机械费用(主要有维修成本摊销费和吊装机械的折旧费)构成了装车成本。而配送运输成本则是由运输工具的燃料费与维修费、运输司机的人工费构成的。

运输过程中最关键的就是运输距离和路线。运输阶段的核心是预制构件的装载和运送,而车辆的路线将严重影响物流运输的速度、成本和质量。如果距离太远,运输车辆的油费、时间成本和人工成本就会很高,运输成本也会随之增加。另外,如果选定的运输路线不合理,比如选择了流量大、易堵车的路段,迂回的路线等,这些都会导致运输成本增加。因此,在安排路线时,要提前进行路线规划,并选择合适的运输车辆,避免迂回运输和过远运输,对预制构件进行编号并且有秩序地摆放,这样可以有效降低运输阶段的成本。

(3)安装阶段的成本。

安装阶段的成本费由安装人工费、安装机械费、吊装费、工具摊销费、现浇部分的费用、打胶及修补的费用等组成。

①安装人工费。安装预制构件的人工费要比现浇结构的人工费高,因为这个作业对精准度的要求非常高,所以安装人员要经过训练以达到与之相符的技术能力。

②安装机械费。安装机械费主要取决于塔吊的选型和定位。目前来说,普通的项目大多会选用QTZ63或者QTZ80塔吊,但是因为PC项目要满足最大起重要求,所以塔吊配置要求通常会远高于普通项目,这也使得其费用相对来说更高。而该费用通常包括租赁费、塔吊基础费、连接及预埋件的费用,以及使用费用。其中,租赁费主要是计算PC项目每栋楼用的塔吊比QTZ63贵多少,因为这项费用无法通过计算直接得到,所以通常都进行假设处理。一般情况下,从地下室开始施工到结构封顶,这些设备的租赁费分别为:QTZ63是1.8万元/月,TC6015是4万元/月,TC7027是7万元/月,这些费用里已经包含了人工费用。例如,建造一栋18层的小高层大概需要施工8个月,以TC6015与QTZ63为例进行计算,PC项目的塔吊租赁费比普通项目要高17.6万元。

③吊装费。在预制构件吊装方面,包括测量、卸车、灌浆、调整及人工费用。人员组成一般是灌浆2人、卸车4人、吊装6~7人、钢筋2人。PC项目吊装速度通常是0.5 d/单元,测量及定位需要1 d,卸车需要2 h。

④工具摊销费。通常,埋件方式有三类:构件用斜撑、周转型预埋件及消耗型预埋件。其中,构件用斜撑需要使用定制斜撑。周转型预埋件中包含PC阴阳角外连接件、吊装用螺栓或钢梁等。消耗型预埋件包含转换层埋件、PC内连接、调节标高埋件、斜撑预埋件、空调板连接。通常,一块墙板需要用两个预制构件安装用的支撑构件,因为这个构件可以多次利用,所以价格会进行摊销计算。

⑤现浇部分的费用。预制装配式混凝土结构有时能够有效降低施工难度,使装配过程更加简单、方便,从而减少材料浪费,现浇部分的费用就会相应降低。

⑥打胶及修补的费用。预制构件四周需要打一圈硅胶来进行密封和防水。打胶的宽度和深度会直接影响打胶的费用。

8.2.2 影响装配式建筑项目成本的因素

1. 设计因素

(1)设计员工素质。

工业化建筑是一种新兴建筑概念,其采用设计施工一体化的模式,而这种模式凸显了设计环节的重要性。工业化建筑在进行设计时需要借助传统的常规基础,然后在此基础上进行深入的工业化建筑设计。装配式建筑对设计人员的素质提出了更高的要求,设计人员在从事项目设计时,需要在传统设计的基础上综合施工、安装的过程,确定构件的类型、拆分的程度、构件使用的重复率、模板的使用率,与此同时,还要考虑设计的个性化,这些都对装配式建筑的成本控制有重要的影响。

(2)集成化设计水平。

在采用现浇方式施工的结构中,构配件使用量比较少、非关键工艺的施工过程比较简单,专业性要求不高,但随着装配化程度的不断加深,各个部件当中的构配件使用量增加,构配件以及构配件的生产方式逐渐成为质量、成本控制的关键环节,其生产组织流程也会发生本质上的转变,不再是简单地按图施工,而是一个不断沟通和深化的过程,此时,集成化设计就显得十分重要。只有在设计环节实现设计外墙一体化、设计装修一体化,才可充分发挥装配式建筑的成本优势。

(3)设计的标准化程度。

在装配式建筑的建设过程中,设计的标准化程度具有至关重要的地位,在设计阶段,其对整体造价的影响将达到 70%。装配式施工不仅缩短了施工工期,同时也减少了设计变更,因此,设计阶段就变得十分重要。住宅业若想实现产业化,就要先构建通用标准的设计方式。采用通用标准的设计方式设计的产品,可以实现产业化住宅的广泛应用,从而在提升建筑质量的同时,降低工程造价。目前我国并没有形成统一的规划建筑设计标准,设计标准化需要考虑到构件厂、施工现场等,难度比较大。此外,由于无法实行标准化的生产模式,构件模具摊销量比较大,这在无形当中也增加了产品的制造成本。

(4)构件拆分设计程度。

装配式建筑的设计成本比传统住宅的设计成本略高,其原因主要是工业化住宅的设计阶段增加了拆分过程。传统结构图中的一块板为了满足生产、运输、吊装等的要求,可能需要拆分成 3 块板进行预制,增加的工作耗费了一定的人力和物力。

2. 构件生产因素

(1)规模及生产能力。

综合预制构件厂实际情况,可将 PC 构件生产成本分为两类:可变成本和固定成本。可变成本主要包括 PC 构件生产过程中相关原材料、动力以及燃料支出的成本,固定成本主要有土地、厂房以及设备等固定资产投入和日常生产管理过程中支出的固定费用。结合目前装配式建筑成本构成的具体情况,在生产规模较小时,固定成本在装配式建筑成本中占比较大,当生产规模扩大后,单位 PC

产品的固定成本会有一定程度的下降,装配式建筑的总体成本会有一定程度的降低。

在有效的市场需求前提下,产品的边际成本在一定范围内会随着整体生产规模的增加而降低。现代制造业的基本特征就是通过扩大生产规模来降低产品的生产成本。当某件产品没有生产标准,也没有专门生产它的企业时,将无法形成大规模及大范围的社会分工协作,市场对某一特定产品的有效需求也就不会存在。在这种情况下,某企业在生产该类产品时扩大生产规模,将会提高企业的库存风险及资金占用风险,这也是目前国内的装配式建筑的市场状况,即低市场需求及非标准化的构件生产制造。批量化生产虽然可以在一定程度上降低企业生产制造成本,但在这个过程中资金占用风险及库存风险将会很高。

在进行构件生产时,需采用系列化和完整化的构件生产措施来保证装配式建筑的技术可行性。目前构配件的生产没有相关标准,因此从事构配件生产制造的企业需要实现不同规格、不同种类的构配件生产以及供应。大多数构配件生产制造企业在构件生产时采用的是同一生产线转换工艺进行不同产品生产的模式,在生产制造过程中技术类别比较多,不同构件的操作工艺差别较大,设备的调整频率比较高,同时,更为严峻的问题是工人的熟练程度不高,这一系列问题导致构件的专业化程度和生产效率低下,生产成本较高。

(2) 装配式建筑的预制率。

预制装配式住宅由大量预制构件组合安装而成。预制率表示装配整体式混凝土建筑在±0.000之上的主体结构及围护结构中,所使用的预制构件材料在对应构件总量当中的比率,它是体现建筑工业化程度的一个重要指标。部分学者研究表明,预制率越高,主体结构部分造价越高;当预制率较低时,造价增加较快;在预制率超过20%时,预制率和造价基本呈线性关系。预制构件体量大,吊装所需要的机械配置高,这大大增加了机械费,如果机械操作安排不合理,预制构件安装费也会很高。预制构件的吊装和安装时间反映了劳动生产率,劳动生产率的提高会大大减少人工和机械成本。

(3) 部品的标准化、通用化、系列化。

制造业工业化的特征是标准化生产。标准化意味着产品的供应商须按照相关标准提供零部件,且其所提供的零部件之间没有差异,能够实现完全替换和对接。因此,部件实现标准化生产是推动零部件供应市场实现完全与充分竞争的重要前提和保证,部件标准化生产有助于生产制造企业控制零部件的制造成本和供应价格。有别于制造业的标准化,我国建筑业在装配式建筑的部件生产上标准化程度不高。从微观层面而言,同一家企业生产产品的标准是统一的,但是从宏观层面而言,不同企业之间的标准因企业自身特点的不同而不同,而且各企业之间难以形成统一的标准。这也导致了不同企业在进行构配件生产时存在着不可代替性,构配件市场竞争程度不高,也就导致了构配件的价格居高不下。虽然我国已经意识到这样的问题,有关部门也颁布了装配式建筑的建设标准和相应规范,但这仍然和制造业的标准化有很大差别。

住宅部品是整体住宅的基本单元,住宅部品具有独立的使用功能和特性,不仅能够实现单独设计、生产,还能够对其进行单独的试验、修正及储存。在住宅产业化推进的过程中,住宅部品化是较为重要的过程,上文提到的产业化住宅的工厂化生产也就是在企业的预制工厂中生产出房屋住宅的基本单元——部品。部品生产实现标准化、通用化及系列化对扩大整体住宅生产规模和降低成本具有十分重要的意义。目前工业化生产的产品的标准化、通用化及模数化程度不高,难以实现机械操作完全代替手工操作,同时部品部件不满足标准化流水线生产作业的条件,导致生产线自动化生产的优势难以发挥。

（4）PC 构件供应情况。

针对装配式建筑的发展而言,国家层面缺乏强制性的推行措施,同时也存在经济技术配套不完善、地区资源匮乏等问题。全国约 120 家装配式生产厂家中,有 34% 落户在上海或上海周边,但上海市 2016 年的 PC 构件仍因供不应求导致供应价格高涨。PC 构件的价格对装配式建筑的总体成本造成了严重的影响。

3. 运输因素

相比于现浇式建筑,预制构件从生产到使用需要增加运输的过程,而该运输费是一项新增成本,包含预制构件从预制现场到施工现场的运输费,以及在施工现场进行二次搬运的费用。运输费主要受到运输距离、车辆类型及装载数量的影响。由于我国目前预制构件厂较少,预制构件预制完成后需要进行长距离的运输才能到达施工现场,这无疑增加了大量的运输费用。此外,构件因体积大、重量大等而需要在运输过程中增加一系列的措施费用。同时,运输活动受季节影响较大,这也会影响装配式建筑的成本。

4. 施工、安装因素

（1）项目管理者与施工人员水平。

装配式建筑施工需要更为专业的施工队伍和项目管理人员，同时采用不同的施工技术，也会对成本造成不同的影响。若项目管理者管理不当，会在一定程度上造成装配式建筑在设计、生产及施工环节衔接不畅，从而使成本增加，工期延长。

如果在构件设计时没有设置合理的拆分方式，会在一定程度上提升构件的生产成本。如果生产进度未与施工进度相衔接，也会使构件积压，增加额外的仓储费用。针对施工工人来说，在装配式住宅建设过程中，不同构配件的连接方式不同，在施工现场，需要对构配件进行装配连接以满足住宅所需要的力学性能要求。我国大多数施工单位采用的装配式施工工艺也因各企业所采用的装配结构、预制率等不同而不同。同时产业化住宅在建设过程中，施工工人对构配件的安装连接速度、熟练程度对工程的总工期和成本都有很大的影响。由于建筑市场人员流动性很大，各企业经常出现熟练工人流失的现象。

（2）安装阶段技术体系的成熟度。

现阶段我国工业化建造技术体系还不完善，新型工业化设计方法、施工及管理方式增加了成本。关键技术及集成技术尚不成熟，主要表现为行业的全产业链缺乏关键性技术的突破，同时系统的集成化程度不高。装配式建筑智能生产制造加工技术的开发及相应智能配套产品的开发程度有待提升，高性能钢筋连接产品对接技术程度不高；施工装配现场没有标准化的作业程序及工具化的吊装支撑体系，同时还存在机电装修部品与建筑结构部品一体化程度不高的状况。

（3）装配体系的成熟度。

目前我国还没有构成完善的装配体系，在施工现场混杂的现浇和构配件预制两种建造模式并存的情况，直接导致额外的施工组织成本增加。

5. 其他外部因素

我国的建筑工业化市场基本上没有形成市场竞争机制，构件、部品的生产制造企业数量很少，很容易在市场上形成垄断态势，导致最终的建筑工业化产品价格高昂。若构建相应的竞争机制，则会打破原有的公平竞争壁垒，推动住宅构配件行业以市场需求作为经营活动的主导力量，有助于推动企业提升自身竞争意识、改良生产制造技术、降低产品和相关服务的价格。此外，导致构配件价格难以下降的另一个原因是 PC 工厂以定制方式生产产品,产品的定价权由厂家掌握。

8.3　装配式建筑项目成本控制

8.3.1　装配式建筑成本控制思路

根据项目成本管理理论,项目成本控制应有明确的成本控制目标,依据目标制订成本控制计划。按照计划的要求投入资源,在项目进行中,会不断输出各项成本资料,对成本进行核算,记录各项数据,形成成本月报、季报和年报等。由于环境变化及其他不确定性因素的影响,实际输出的成本资料很可能会偏离计划目标。将项目的实际成本数据和计划目标进行对比,如果计划的执行情况良好,那么就按照原计划进行,如果实际成本与计划有所偏离,应分析偏离原因并采取纠偏措施,或者改变项目计划。成本控制工作是反复循环动态管理的过程,项目成本控制过程是基于项目预算、实际成本和项目分析数据进行的,在实施项目成本控制的过程中,还伴随着纠偏管理,这些都是为了保障项目成本目标的顺利实现。装配式建筑成本控制思路如图 8.2 所示。

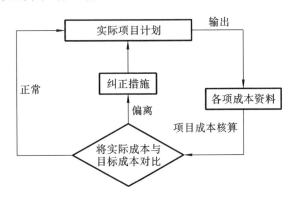

图 8.2　装配式建筑成本控制思路

8.3.2　装配式建筑成本控制流程

基于上述分析,装配式建筑成本控制按阶段进行,基本控制流程如图 8.3 所示。

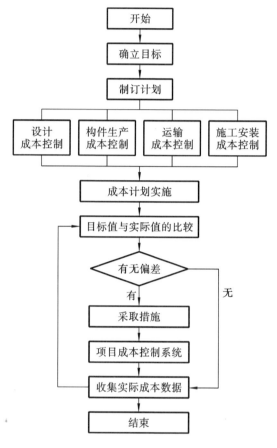

图 8.3 装配式建筑成本控制流程图

8.3.3 装配式建筑成本控制具体对策

依据前面确定的成本控制关键影响因素,结合成本控制原理及前面提出的成本控制思路,按照装配式建筑的各个阶段,针对关键影响因素,提出相应的对策。

1. 设计阶段的成本控制对策

(1)优选设计单位,加强设计管理。

对设计阶段造价影响较大的因素是设计费用及设计计划在工程建造过程中投入的费用。目前装配式建筑并没有构成成熟的建造体系,拥有装配式建筑设计经验的单位也不是很多,因此应当选取综合实力较强的设计单位或者具有装配式建筑设计经验的设计单位。装配式建筑在设计阶段主要进行的工作是工程设计、技术标准的选择、项目资源环境分析以及项目施工图设计。为了更好地控制设计阶段的成本,在工程设计阶段,应结合项目特点和定位,合理进行建筑平面图、立面图设计,以及装饰装修设计;在选择技术标准时,应深入、细致地论证构部件的制作方案、拆卸及安装方案、维护及装修方案;在分析项目资源环境时,应当进行市场调研,获取足够的资源环境信息;在设计施工图时,应当结合设计方案综合考虑预制构件的生产过程、运输过程、安装过程,并做好施工图设计的详细规划。

（2）做好资源准备和技术准备。

由于装配式建筑的发展在我国还处于起步阶段,装配式项目在建设时,应做好资源准备和技术准备,对工程建设的合理性及必要性进行充分论证。在资源准备过程中,应充分考察相应的设计单位、施工单位、构配件生产制造厂家等。在技术准备方面,主要是引入相应的专家学者对企业员工进行培训,或者组织人员学习装配式建筑的技术知识,在条件成熟的情况下,还可以选派人员到比较成熟的项目进行考察学习。

（3）通过设计达到规模效应。

规模化的生产能够在一定程度上降低产品的生产成本,当装配式建筑的建筑体量达到一定程度后,就会对部分设计费用进行分摊,随着标准化通用部品或者产品构件的大量生产和推广,设计费会随之降低。此外,建筑企业可通过促进开发、设计、部品产品制造及施工一体化来实现成本的控制。

（4）优化设计,提高构件使用重复率。

在设计环节进行相应改进,提升构件的重复使用率,减少模具的种类及周转次数,进而大幅度降低成本。此外,充分考虑预制构件在生产和安装过程中遇到的问题,不断优化预制构件,降低现场施工的难度,在构件连接点处实施标准化作业,提升建筑的整体性及美观性,降低预制构件的最小计件量。

（5）做好预制构件的拆分。

设计阶段是装配式建筑成本控制的关键环节,在设计阶段既要提升项目的精细化管理水平及集约化经营能力,同时在设计时还需要考虑如何提升资源的利用效率、降低产品生产制造成本、提升工程设计的质量及施工的质量水平。为了达到通过批量生产来降低企业生产成本的目标,应科学、合理地拆分预制构件,让构件能够进行标准化生产,而这一目标的实现依赖于于先进性、通用性模具的构建。我们可通过优化模具各个功能模块的尺寸和类别,让不同模具之间

实现互通、互换，在实现产品部件的基础功能的同时，控制造价，提升建筑的整体性和美观性；通过在设计阶段深化产品的经济适用性和多样选择性，来保证产品设计的完整度、可控度。基本做法就是以设计图纸为出发点，充分考虑设计阶段中对成本影响较大的问题，同时在部件设计时，对其进行科学、合理拆分，并进行成本预算。

2. 构件生产阶段的成本控制对策

装配式建筑的部件若能够在大型工厂中实现流水交叉作业，那么装配式建筑部件的质量将达到最优，生产制造时间将最短，生产材料利用率将最高，生产制造受外界天气的影响也将最小，那么，装配式建筑的整体建设成本也将大大降低。现浇式建筑虽然可实现流水交叉作业，但其现场施工环境差、生产质量不稳定，易导致工期拖延，进而大大增加了现浇式建筑的建设成本。

（1）合理确定预制构件预制率。

进度和预制率在一定程度上呈线性关系，预制率越高，则进度越快。当预制率较高时，可以从工期的角度来控制人工费和机械费。但需要指出的是，并不是预制率越高越好，当预制构件厂的成本尚未稳定时，预制率越高，成本也会越高。因此只有在设计阶段，通过调研和论证确定合理的预制率，找到进度与成本的平衡点，才能在一定程度上控制成本。目前，我国装配式建筑的预制率是比较低的，这主要是因为现场及构件厂内的施工成本较高，因此，控制预制装配式建筑造价的关键之处在于提升预制率，提升吊车的使用效率，减少脚手架、模板的使用，进而在一定程度上控制直接费和措施费。

（2）改进生产工艺。

采用先进的生产模式（如流水线生产模式）；采用设备模具平台降低模具在总成本中的摊销成本；攻关关键技术，储备实践经验；根据试点工程的研究结果来制定完善的标准化规程，让部件的生产和安装施工过程具有统一的规范可以参照。

（3）做好 PC 生产企业布局。

进行装配式建筑施工时，工作人员应做好预制构件材料控制管理工作，降低预制构件的生产成本，同时还需要工作人员对预制构件的摆放、储存、运输和质量检验进行充分考虑。严格把控各类因素，实现对总体成本的合理控制，提升对工程实际成本的控制水平。例如，上海市万科住宅楼在 2008 年采用了流水线生产方式，住宅楼的楼梯外墙结构完全采用 PC 材料制成，整楼的建筑施工通过墙体拼装即可完成,两栋楼的主要楼梯建造速度为 5 层/d。

(4) 做好生产环节材料成本控制。

对生产任务单及限额领料单进行严格控制。对比各分项目实际消耗材料的成本与预期成本之间的差别,做好各类成本的记录,对材料消耗存在超出计划的现象及时进行查处,为后期项目进行成本管理提供可靠的参考资料,同时也为项目的后期考核提供依据。

(5) 做好生产环节人工成本控制。

产品成品的产出来源于工人的操作,而产品成本与生产作业人员的业务水平有直接关系。可通过培训提升生产作业人员的理论基础知识和实际操作能力,严格执行各类生产作业规章制度及标准,树立产品质量是产品生命力的核心观念,转被动接受检查为主动接受检查,尽可能让产品的生产制造全过程都处于材料定额控制体系及质量监督管理体系下,采取上述措施可以让产品的质量得到保障,让产品成本得到降低,让企业的经济效益得到提升。此外,还需要重视生产环节的生产效率及项目进度,当生产效率提升后,单位人工成本将会降低。

3. 运输阶段的成本控制对策

(1) 运输方式的选择。

在完成模块化单元的生产制造后,需要通过物流将其运输到施工现场。在物流发运环节,需要对产品的运输方案进行详细的设计。根据产品运输的紧急程度不同,运输方式可选择水路运输、陆路运输及航空运输三种。不同运输方式在运输成本上差异巨大,如果时间允许,可尽量选择水路运输,在水路运输不能实现时,可选择陆路运输,对于某些特别紧急或者需要通过国外进口的紧急零部件,宜选择航空运输,但是总体的原则应当是选择距离施工现场最近的预制构件厂进行构件的加工生产,以便减少运输费用。

(2) 运输体量的确定。

在进行运输设计时,应充分考虑产品的运输体量。在运输过程中,应当设置合理的产品保护措施,以免在运输过程中发生损坏产生二次运输费用。总体而言,应充分考虑部件的重量、形状、规格,运输道路的现状,装卸车状况,现场状况等,来制订运输方案,综合考虑各方面因素后,选择最佳运输方案,以尽可能降低运输成本。

(3) 合理确定运输顺序。

在进行单元模块的运输时,应当结合施工现场的需求进度,做到随发随用,

减少需要的货物没有及时发货、不需要的货物堆放在现场的状况,通过确定合理的运输顺序减少部件仓储费用和二次搬运费用等,有助于控制成本。

(4)运输实际路线的核实及确定。

在部件运输前,相关负责人应当详细调查运输路线的实际情况,也可通过试车运行的方式探测出在路线运输过程中容易发生事故的区域。对于一些大型构件而言,运输道路必须平坦坚实,没有道路的区域需要先修路,再运输。事先核实及确定实际路线,以确保构件在运输过程中不发生人为损坏,同时还能提升运输效率,降低运输成本。

4. 施工安装阶段的成本控制对策

项目施工及项目安装环节的成本管理主要有以下几个方面,分别是材料成本控制、人员调度、施工计划控制、现场费用控制及设备管理,这几个方面的内容不是独立存在的,而是相互联系、相互促进的。在成本目标及施工计划的指导下实现对成本的控制,并结合具体的状况进行纠偏。

(1)强化组织机构和人员管理。

建筑企业应当设立装配式建筑施工组织机构,明确并落实相应的管理责任和奖罚措施,将施工过程各环节成本控制落实到相应的责任人。在工程准备时,可以通过细分工程并编制相应的造价计划来指导后续的施工成本控制;在施工过程中,参照造价计划进行施工成本控制;在完成各阶段施工后,应组织专业人员对该阶段的施工造价进行深入、细致的核算,当出现偏差时,应当及时找出产生偏差的原因,并采取有效的纠偏措施。

(2)提高安装速度,节约安装成本。

PC构件安装是装配式建筑的核心技术。PC构件的安装费用由重型吊车使用费、人工费构成,由安装的速度决定。因此,为进一步控制安装成本,我国在进行PC构件安装关键技术国产化的同时,应当结合企业实际对关键技术进行优化和改进,并在施工时采用分段流水施工的方式来实现多工序同时工作,以提升构件的安装效率,降低构件的安装成本。

(3)合理安排施工安装队伍。

装配式建筑企业应当培养专门为装配式建筑服务的专业化施工队伍来提升企业的生产制造效率,通过强化质量管理意识和优化施工组织设计,合理规划施工现场部件的供应、运输及安装过程,通过设置合理的技术路线、使用先进的施工安装方法,以流水施工的方式来提升安装队伍的工作效率。

（4）提高施工安装水平。

安装施工是装配式建筑施工过程中的重要一环，预制构件在运至现场后，需要按照事先制订的科学、合理的安装步骤进行安装，与传统的建造方式相比，这种部件拼装的方式极大地提升了产品的建造速度。提升安装队伍的安装水平，能够较大限度地缩短工程安装时间，有利于工程成本控制。

企业应当在施工实践过程中，不断总结经验和教训，不断解决安装过程中出现的问题，从而提升安装效率，降低工程成本。某住宅楼建设项目采用叠合板顶板支模的方式节约了大量的时间，让工程建设的成本得到了很好的控制。

（5）注重整个过程的预算控制。

在项目完工后，相应的项目部应及时清理现场，安排技术人员做好资料整理、归档等工作，及时组织相关人员按照规定对工程进行验收，并向有关部门提交竣工验收报告，为后续的工程结算做好准备。在进行工程结算时，项目负责人应当仔细、认真对待工程项目，保证工程的实际建设情况与合同一致，认真核查在施工过程中发生的签证工程量与实际工程量是否相符，严格控制、审查工程施工过程中发生的人工费、机械使用费、材料费以及管理费等，以便准确办理项目结算，确保结算的完整性和正确性。

5. 其他成本控制对策

（1）制定更为完善的相关法规、标准。

在现行的行政管理体系下，企业层面之上的法律体系与企业本身的管理和部门之间的管理存在一定的空档，导致建筑工业化的优势难以体现出来，让装配式建筑项目的开发商成本剧增，对建筑的经济性造成了严重的影响。单从设计的角度而言，目前装配式建筑并没有统一的设计标准，容易出现设计构件规格不一致的现象，这大大降低了模具的重复使用次数，增加了新模具的制造成本。如果推行统一的装配式建筑设计规范、固定的模具型号和类型，就能够提升模具的重复使用率，从而实现对预制构件的生产成本的控制。

（2）形成全产业链的建筑工业化经营模式。

在我国，建筑设计单位、PC 构件生产单位及建筑施工企业各自具有独立的系统，就算是大型建筑集团，也会受到企业自身的成本费用和管理因素的影响，导致各个板块之间的配合不协调。产业链的不成熟及社会化的分工导致了建筑企业的税金被重复计算和收取，这也是导致装配式建筑在我国建筑造价很高的原因之一。

（3）积极推进实施相关利好政策。

政策导向在一定程度上对装配式建筑的发展有很大的影响，例如推行不计面积的鼓励政策（预制外墙及叠合墙的预制部分不计面积）；对采取节能方式进行建造的建筑企业，以及采取装配式建筑的项目，给予专项补贴，补贴金额与预制装配率相关，这会极大地推动装配式建筑在我国的发展与推广。

（4）促进同类建筑构配件标准化。

制造业工业化的发展历程表明，将生产组织模式进行社会化是提升生产效率、保障生产质量、降低生产成本的必由之路。建筑行业因其自身特点而难以实现全面标准化，但是在设计标准相同的区域，可以将同类建筑的微观配件标准化，各部件之间的衔接方式实现标准化生产。企业实施标准化有利于构配件生产及并行制造。构配件生产厂商所面对的是整个建筑市场，而非某个单一项目，因此，构配件生产厂商可依据市场的实际需求来确定具体的生产规模和生产类别，通过规模化的生产来降低和控制生产成本。而系列化则是由全社会的生产者在标准模式下共同实现的，各个生产者只需要对某一种产品或者几种产品进行高度的专业化操作，就能保证产品的质量，控制产品的成本。若构配件参数明确，生产标准统一，建筑设计人员可以在设计阶段直接对构配件进行深化设计；同时，施工方也可对选用的标准化构件进行施工方案的设计，从而提升施工效率，减少信息误差，缩短工期，以及减少资金的占用和成本的投入。因此，建筑构配件标准化能够让生产社会化、模式分工化，不仅扩大了生产的数量，同时还提升了构配件供应的市场竞争，有利于建设方做出最优选择，同时也有利于建设方控制建设成本、提升建设质量。

（5）逐步实现设计施工一体化。

大型装备制造产业组织集成化的核心特征就是设计制造一体化。在装配式建筑领域中，设计施工一体化不仅能提升工作效率，还能有效控制成本。在设计施工一体化的过程中，设计者在选择项目的关键性构件时，可直接参照具体的施工工艺、构配件的技术参数资料来确定构件的类型和整体建筑方案，减少了后续的施工工艺冲突；同时在施工过程中，相应的施工队伍可直接按照设计方案实施，减少了因深化设计方面的问题造成的低效和重复施工，能够有效控制施工成本。

（6）企业组织集成化。

对各建筑企业组织实施集成化有助于提升各企业之间的协作效率，同时避免因信息传递不均衡而增加的费用，有利于企业的成本控制。企业组织集成化的本质是核心的生产者与各个协作者之间构成长期、稳定的合作体系,企业之间基于共同利益共建合作共生体系。企业组织的集成化不仅让各企业的专业特长得到发挥,同时还有助于提升产品的生产效率,有助于应对随时变化的市场,降低运营成本和交易成本。

第9章 装配式建筑项目质量管理

9.1 质量管理概述

9.1.1 质量管理的概念和内涵

1. 质量管理的概念

质量管理是指通过事前明确和制订质量方针和目标、组织和策划方案,事中进行质量风险控制、质量目标保障及提出解决问题的方式、方法,事后分析问题产生的原因、改进方案、总结经验等,来进行质量管理的活动。质量管理理论一直处于不断发展的过程中,从朴素的质量检验阶段到以抽样检验为核心的统计质量管理阶段,再到如今工业化生产背景下的全面质量管理,这些都体现着我国工业化进程的不断加快。

2. 质量管理的内涵

对于建筑工程质量管理,除了理解其表面的基本含义,还应深入挖掘更多内涵,只有这样,才能更有效地进行质量管理。一般而言,工程项目维度的质量管理涵盖工程实体质量、建造工序质量和管理工作质量等三方面。工程实体质量是指该工程项目本身所具有的使用价值,表示直接性结果质量;建造工序质量是指在生产产品的过程中同道工序内部、不同工序之间各生产要素综合可实现的施工质量,为直接性过程质量;管理工作质量是指组织为实现工程质量目标和标准需要进行的必要的组织、管理和技术性工作,为间接性质量。工程实体质量的高低决定了建造工序质量和管理工作质量标准的高低,工程实体质量因建造工序质量和管理工作质量的不同而不同。因此,在进行建筑工程质量管理时,不应只关注某一方面,而应对工程实体质量有明确、清晰的认识,制订合理的目标;对建造工序质量的管理需要重视各生产要素的施工质量;管理工作质量要通过建立管理组织、制订管理制度等进行有效控制。

9.1.2　装配式建筑项目质量管理的内容

1. 前期工程设计阶段质量管理的内容

前期施工图设计是整个建筑工程中的起始环节,工程最终的成本和质量取决于设计的质量。设计的原则是优先考虑建筑的使用功能,其次是保证建筑的防水体系和保温体系达到规范要求的标准。在结构设计上,重点在于整体结构的安全性能,另外在关键结构节点连接时,需要考虑安全性能和耐久性能。而如何在整个建筑框架中科学地把各部位拆分成各个部件,如何在施工现场把各预制构件组装成整体,这是需要在设计阶段全面考虑的问题。设计是先整体建模再拆分成多个小单元,是从整体到个体的过程。与传统现浇混凝土建筑相比,传统建筑设计基础成熟,设计人员可以依据多年的设计经验,在设计上很全面地考虑后期的质量问题及成本造价问题,并且可以根据实际情况对工程质量进行改善;而装配式建筑设计人员现阶段没有太多设计经验可以参考,如每个预制构件的详细图纸、预制构件的多角度视图、后期的安装、预埋件设计、预留孔洞及管线设计等,这些都要进行深入的思考。

2. 预制构件生产加工阶段质量管理的内容

预制构件的质量关系到整体建筑的稳定性能,牵一发而动全身。为保证生产出来的构件满足设计要求,加工之前需要对预制构件的原材料进行逐一检查并记录,如钢筋、水泥、沙等是否符合设计要求。加工预制构件的模具要保证良好的力学性能,保证模具的刚度和精度。钢骨架尺寸应准确,应该用现场成型模具,为保证 PC 构件的保护层尺寸正确,应该采用特殊的托架。预制墙板往往都有嵌入部件,连接器和线保留孔部件需要在预制部件上精确到位。还有某些特殊的构件需要特别注意。有的构件尺寸截面较小,预制时应该选用小型的振动设备,有的构件造型复杂,需要适当延长振动时间,保证混凝土分布均匀,这样混凝土部件成型后会更加密实,结构上也就更加牢靠。混凝土凝固成型后需要进行一定的养护,养护期间模板不能过早拆除。模板拆除后还要检查构件外观质量是否有缺陷,是否出现漏筋、裂缝等问题,测量尺寸是否有偏差等。

3. 预制构件运输阶段质量管理的内容

预制构件的运输包括从工厂到施工现场的运输和施工现场内的运输。两种

运输采用的运输方案不同。施工现场内的运输一般是由吊装机将构件直接运输到需要的位置进行吊装,从工厂到施工现场的运输则不用。由于线路较远,一般运输前都会制订运输方案及运输中的固定措施方案,保证预制部件在运输过程中不会发生破坏。支架的性能是否满足运输需要,运输道路的限高、限宽情况,部件与支架的接触点处是否要放置软性材料(如枕木等),都是运输中需要考虑的问题。

预制构件到达施工现场后,需要按照施工先后顺序有序摆放,避免不必要的二次运输,影响施工进度,而且二次运输可能会对构件造成破坏。预制构件的存放需要根据构件的类别进行分类,不同预制构件的存放方式和顺序也有所不同。

4. 预制构件吊装和连接阶段质量管理的内容

预制构件吊装和连接阶段是整个工程的核心。装配式建筑现场的施工流程主要包括构件的吊装、拼接、灌浆及部分混凝土的浇筑。首先,吊装机械要与预制构件大小、外形、重量及安装高度相匹配,这样才能顺利地吊装构件。吊装过程中,应平稳抬高,防止左右摆动,避免磕碰边角、钢丝绳滑落、叠合板龟裂甚至断裂,以及预埋件脱落等情况的出现。面对混凝土构件这种大型物品,吊装的难度非常大,只有专业的特种作业人员才能熟练操作。吊装的方案、位置、顺序都会在一定程度上影响整个项目的施工周期和施工质量,甚至施工成本。其次,在预制构件安装连接过程中,容易出现构件就位困难、偏差超过允许值、墙板拼装误差大等问题,因此,在施工管理过程中,要严格把控预制构件拼装的准确性,减少安装过程中产生的误差。再次,在预制构件安装到位后,要先调节构件的水平和垂直精确度,以保证组装后部件外观的平滑度。最后,预制构件之间的空隙需要灌浆密实,这是一个非常复杂并且需要不断重复的步骤,灌浆是否填充到位关系到后期整个建筑的使用是否方便。

构件的钢筋接头要采用防腐措施。灌浆是不受力构件的连接,灌浆的材质和灌浆用的套管应由同一制造商认证方可施工。而受力构件连接最好采用现浇混凝土的方式,混凝土的强度等级应高于构件的强度等级。连接处的水平接头应该一次性浇筑,垂直部分可以逐层浇筑,在浇筑过程中要压实,同时还要采取一定的围护措施。

5. 建设项目工程质量验收阶段质量管理的内容

施工过程中的质量验收分为四个环节。首先是检验批质量验收,由监理工程师对装配式建筑的各个构件进行抽样检验,并且要有完整的施工检验依据。其次是分项工程质量验收,分项工程由若干个检验批组成,由监理工程师组织施工单位项目专业负责人进行检验,分别对装配式建筑的施工工艺、材料性能及设备类别进行验收。再次是分部工程质量验收,这一环节的验收人员为施工单位项目负责人和质量负责人等,针对装配式建筑的地基和基础与主体结构之间的连接,以及设备部件的连接等进行相关安全及功能检验。最后是观感质量验收,这需要对装配式建筑整体观感质量进行检验,并给出综合评价。

工程竣工的质量验收,是整个工程使用前的最后一次验收。参加验收的各方人员对装配式建筑分别从各个专业进行验收,比如对各部件之间连接部分的防水问题及稳定性问题,设备专业各部分连接是否正确等问题进行验收,最后经现场负责人签字确认方可通过。

9.1.3　装配式建筑项目质量管理的方法

1. 全面质量管理

全面质量管理(total quality management,TQM)是一种通过调动全体工作人员参与,为保证产品质量而采取的一系列质量管理流程。全面质量管理通过分析产品在生产、使用等过程中出现的问题,结合现有的质量管理体系及操作规范进行产品优化,并将优化后的产品送入下一次循环,即通过产品使用、问题分析和质量改善等流程获得顾客满意的成品。全面质量管理是一种现代化、科学化、智能化的质量管理方法。

全面质量管理提出于 20 世纪 50 年代末,其目的是在提高质量管理效果的同时,经济效益做到最好,即通过调动全体工作人员进行产品质量问题发现、分析和改善的多次循环,使成品能充分满足客户要求。20 世纪 60 年代,美国正式提出了 TQM 质量管理方法,随后传入欧洲、日本等国家并得到迅速发展。TQM 质量管理方法在日本经过探索得到了深远的发展,日本成立了相关组织开展产品生产过程质量管理活动,对全面质量管理方法的迅速发展起到了良好的推动作用。

TQM 质量管理方法是将产品质量利用数理统计方法进行整理、归类后进行质量改善的一种管理方法。数理统计方法的运用使得产品质量管理过程从定性评价变为定量管理,因而管理目的更为明确,管理结果评价指标更为清晰,同时实现了施工过程各阶段的质量管理。全面质量管理具有如下特点。

（1）管理内容的全面性。全面质量管理是一种涉及生产流程各阶段,调动全体工作人员进行产品质量管理的方法,因而涉及生产流程各阶段的产品质量以及各项相关工作质量。除了对成品进行管理,TQM管理内容还包括了与产品质量相关的各部门人员的工作质量,即产品设计质量管理、生产进程管理、构件合格率管理、生产成本管理及售后服务管理等,对全面的质量进行管理。

（2）参与管理人员的全面性。TQM是一种调动全体工作人员进行产品质量管理的方法,全体职工均参与了质量管理的各阶段并分别负责相关内容,因而TQM对全体职工的素质要求较高,对整个生产流程中所有参与人员的管理效率、生产效率、职员素质、领导能力等做出直观反映,对促进企业规范化发展起着极大的促进作用。

（3）管理范围的全面性。由于TQM管理内容的全面性,管理范围由原来只管理生产制造过程发展到对产品的前期调研、质量研发、产品设计、生产、销售及售后服务等全过程管理,实现了产品质量管理范围的全面性。

（4）质量管理方法的全面性。TQM管理方法的全面性体现于质量问题的多样性及影响因素的多样性。TQM对质量问题的分析采用了数理统计方法,并通过有效的质量管理和施工组织,将多种管理方法结合在一起,进行问题发现、质量管理、质量改善等一系列循环。因为不同阶段质量问题影响不同,所以在对工程项目进行改善的过程中需要引入各个方面的技术措施,综合运用不同的管理方法和技术措施,保证装配式建筑质量能长期稳定地满足使用者要求。

2. SDCA 质量管理

SDCA是指由标准（standard,S）、执行（do,D）、检查（check,C）、总结（action,A）四个阶段组成的一个工作循环,能够维持产品构件标准化生产。

SDCA质量管理能够将产品质量达到一定标准并持续运行下去。SDCA质量管理可以根据施工流程的需要不断完善施工要求与标准,保证工程项目的正常运行,在施工过程中,通过对工程项目进行检查,发现存在的问题并修改施工流程,采取合理的改善措施使产品质量达到一定的标准化水平,从而保证产品质量的标准性,提高生产水平。

SDCA质量管理的主要作用在于保证产品的规范化、标准化生产,通过不断改进生产工艺使产品性能达到预期目的。其中,SDCA是为满足产品质量而提出的四项管理流程,即S代表生产企业或整个行业对产品质量提出的一般要求,同时也要满足顾客对产品的预期值;D代表质量管理体系的运行;C代表质量管理体系的监督和检查;A 代表对改善后的产品质量进行复核,并为后续施工流程提出指导性意见。

3. PDCA 质量管理

PDCA 是在 SDCA 的基础上深化改善的质量管理体系,由计划(plan,P)、执行(do,D)、检查(check,C)、调整(action,A)四个阶段组成,能够在保证产品性能满足要求的前提下提高工作标准和工作质量。

PDCA 质量管理体现在产品生产的整个流程中,包括方案制订、成本分析、生产过程把控、项目管理等阶段。与 SDCA 质量管理循环相同,为有效改善产品质量,PDCA 质量管理循环也可分为四个阶段。P:计划阶段,参考有关规范规定、市场需求及相关政策方针等明确产品要求,汇总产品生产过程中存在的质量问题,针对上述问题对产品设计、制造、成本分析、进度控制及售后质量把控等阶段提出质量改善措施。D:执行阶段,根据上一阶段所提出的产品质量要求,进行产品质量管理和改善。C:检查阶段,对产品进行质量检测,观察产品质量改善成效。A:调整阶段,对改进后的产品质量进行新一轮评估,确定是否需要进行进一步改善,并对产品改善效果进行总结。

SDCA 质量管理体系和 PDCA 质量管理体系联合使用能在保证产品正常使用性能的前提下进一步优化产品的各项性能,最大限度地满足使用者的需求。

4. 三阶段控制原理

工程项目质量控制是一个持续管理的过程。根据工程质量形成的先后顺序,工程项目质量控制可分为质量的事前控制、事中控制和事后控制三个阶段。

事前控制是指在各工程项目正式施工活动开始前,对各项准备工作及影响质量的各因素进行的质量控制,是一切阶段的基础。事中控制是施工全过程的施工生产质量控制,如对工序、流程、工艺,以及分部、分项工程产品的质量控制,是关键环节;工程完工后对施工过程中完成的具有独立功能和使用价值的最终产品(单项工程或整个工程项目)及其相关产品(如质量文件、文档等)的质量进行控制,是保障环节。

要实现高品质的建筑工程,项目部门必须严格控制整个项目过程,从而实现微观和宏观、过程和结果的统一。在工程实施项目质量控制过程中,由于项目是阶段性连续的管理过程,控制过程中任何一个方面出现问题都将影响后面工序的质量控制,从而影响整个工程的质量目标,如图 9.1 所示。

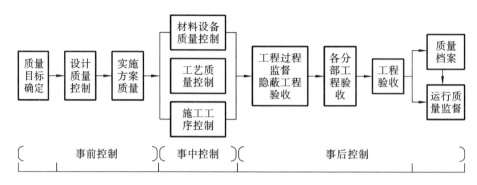

图 9.1　工程项目质量控制过程

9.2　施工质量控制

9.2.1　装配式建筑施工质量的概念和特点

1. 装配式建筑施工质量的概念

建筑工程质量的概念较为抽象,它应能满足用户居住需要、符合国家标准,也应能满足出资方所要求的设计文件及合同的规定。

装配式建筑施工质量除了满足建筑工程质量的要求,还格外强调装配式构件的生产质量,毕竟装配式建筑的功能实体是在项目的施工阶段形成的,且整体项目的质量高度依赖构件质量。总体而言,装配式建筑的施工质量是以项目决策,以及策划阶段、设计阶段、施工策划和准备阶段中已完成的相关工作质量为基础,在施工阶段以业主为核心,勘察单位、设计单位、施工单位、建设单位、劳务公司、材料(设备)供应单位等共同参与,各方有效协同,将土地、资金、技术、劳动力、材料、设备、能源及信息等生产要素进行合理配置而形成的。

2. 装配式建筑工程施工质量的特点

装配式建筑只有将 PC 构件、机电设备、现浇钢筋混凝土等拼装成整体后,才能发挥建筑功能,因此装配式建筑的施工质量有如下特点。

(1) 建筑主体以预制 PC 构件拼装为主,质量可靠性高。PC 构件的生产都是在预制生产车间完成,以平面化作业代替了立体化作业,将传统的先后作业顺序改变为平行作业,互不影响,且施工质量更能够可靠控制,尺寸偏差可以控制在毫米级。

(2) 预制 PC 构件能一次集成多项功能(如防水、保温、结构等一体化生产完成),节约安装时间,减少施工现场的质量控制点,同时,PC 构件在室内生产,受环境因素影响降低,如可以忽略混凝土结冻的质量影响、混凝土高温开裂的影响等。

(3) 多工序可以并行作业。装配式建筑所有 PC 构件能够在厂房一次性生产完成,且不受先后限制,墙、板、楼梯等可以平行作业,在质量管控上互不制约和影响,能够独立完成作业。与传统的必须遵从操作面的施工工序相比,装配式建筑施工难度降低,质量影响因素减少,生产效率提高,能在一定程度上缩短工程建设周期。

(4) 测量放线及预埋件要求更高。PC 构件一旦制作完成,尺寸就不能变更。若楼层标高控制不好,叠合楼板就会安装不平整,甚至不能安装,造成质量问题。预埋件超过既定限度,也会造成 PC 构件无法安装,需重新植入或者开孔,影响结构主体的整体性,同时增加成本、影响工期。

基于以上特点,在对装配式建筑施工项目进行质量管理时,应当重视对构件的质量检验和对隐蔽工程的质量检验,同时应当合理安排生产周期,确保能够在保证施工质量的前提下,充分发挥装配式建筑施工的优点,缩短工期,节省开支。

9.2.2　施工质量控制的原则和基本方法

1. 施工质量控制的原则

(1) 坚持质量第一。建筑工程质量是建筑工程完工价值的完美呈现,老百姓最关心的就是工程项目的质量。在建筑工程项目施工时,必须树立"百年大计,质量第一"的理念。

(2) 坚持预防为主。预防为主是指在建筑工程施工前进行前期的预判,找出影响建筑工程施工质量的各种因素,在质量问题发生之前来防止未来施工中出现问题。过去通过对已完成项目的质量检查可以确定项目是否合格,现在倡导严格控制和积极预防相结合,以及以预防为导向的方法来确保整个工程项目的质量能够达到预期目标。

(3) 坚持质量标准。对于工程项目而言,必须坚持一定的质量标准,有衡量才有目标。质量标准是评估一个工程结束后的总体质量的标准,工程各个阶段

的数据是施工质量控制的基石,一定要严格检查每个阶段的测量数据,达到质量标准才准予通过,定时、定期核查数据,确保每个阶段的工程施工质量都达到预期的质量标准。

(4)坚持全面控制。①坚持全过程的质量控制,全过程是指工程质量的生产过程、形成过程和实现过程,为保证和提高工程项目质量,质量控制不应局限于施工实施过程,而必须贯穿整个过程,无论是勘察、设计,还是使用、维护,有必要控制影响工程施工质量的各方面因素。②坚持全员的质量控制,工程项目质量集中体现了项目各部门和各环节所涉及的质量,工程质量的提高受项目经理和施工普通员工的影响较大。建筑工程施工质量控制必须充分调动所有项目人员的积极性和创造性,让每个人都关心施工质量,每个人都做好施工质量控制。

2. 施工质量控制的基本方法

施工质量控制的基本方法主要包括统计调查表法、分层法、排列图法、因果分析图法、散布图法、直方图法、控制图法等,接下来介绍几种常用的施工质量控制方法。

(1)统计调查表法。统计调查表法又叫统计分析法。统计调查表法是先收集施工中涉及的各种质量数据,再对质量数据进行整理和分析的一种方法。该方法具有便于整理、实用有效、简便灵活的特点。统计调查表法一般可以结合分层法来使用,两种方法的结合可以更加有效地找到问题的根源,以提供更好的改进措施。

(2)分层法。分层法又称作分类法,该方法是对调查数据的不同特征进行整理、归类的一种方法。分层法可以使调查数据更加清晰明了、通俗易懂。一般用到的分层标准有施工时间、施工人员、施工设备、材料来源等。该方法可以使数据之间的差距变得更加一目了然,减少层内数据的差异性。此外,层间分析和层内分析可以为更快找到质量问题的根源提供有效方法。

(3)排列图法。排列图法主要是通过对施工质量问题进行采集、整理,对其原因进行分类和罗列的方法。该方法可以推断出工程质量问题的原因,对影响工程质量的各种因素以图表的方法进行归类和汇总,以便更好地预防施工中的质量问题。

(4)因果分析图法。因果分析图法主要是对施工中涉及的潜在问题的成因进行整理并进行汇总,预防施工中的质量问题,并有数据作为依据。在进行工程施工质量控制的过程中,该方法被广泛应用于安全工程领域。

（5）散布图法。散布图法是把成本数据及业务量数据在坐标图上进行标注，将最为接近的坐标数据连成线，为工程项目的单位变动成本和固定成本的推算提供基本的数据支撑。散布图法的应用可以更加方便地获得两个变量之间的联系，更加容易了解各因素对施工整体的影响程度。

9.2.3　装配式建筑施工质量控制要点

1. 预制构件进场检验

预制构件进场时应全数检查外观质量，不得有严重缺陷，且不应有一般缺陷。预制构件应全数检查，预制构件有粗糙面时，与粗糙面相关的尺寸允许偏差可适当放松。预制构件进场检查合格后应在构件上进行合格标识。

2. 吊装精度控制与校核

吊装质量的控制重点在于施工测量的精度控制。为达到构件整体拼装的严密性，避免因误差累积而使后续构件无法正常吊装就位等，吊装前须对所有吊装控制线进行认真复检，构件安装就位后须由项目部质检员会同监理工程师验收构件的安装精度。安装精度经验收签字通过后方可进行下道工序的施工。

轴线、柱、墙定位边线及 200 mm 或 300 mm 控制线、结构 1 m 线、建筑 1 m 线、支撑定位点在放线完成后应及时进行标识。现场吊装完成后，应及时根据工程具体要求进行检查，标识完整，实测上墙。

3. 墙板吊装施工

吊装前对外墙分割线进行统筹分割，尽量将现浇结构的施工误差进行平差，防止预制构件因误差累积而无法进行吊装。吊装应依次铺开，不宜间隔吊装。吊装前，在楼面板上根据定位轴线放出预制墙体定位边线及 200 mm 控制线，检查竖向连接钢筋，偏位钢筋用钢套管进行矫正。

吊装就位后，应用靠尺核准墙体垂直度，调整并固定斜向支撑，最后才可摘钩。

4. 套筒灌浆施工

拌制专用灌浆料时应进行浆料流动性检测，留置试块，然后才可以灌浆。一个阶段的灌浆作业结束后，应立即清洗灌浆泵。灌浆泵内残留的灌浆料如已超

过 30 min(从自制浆加水开始计算),不得继续使用,应废弃。

在预制墙板灌浆施工之前对操作人员进行培训,通过培训增强操作人员对灌浆质量重要性的意识,让其明确该操作行为一次性、不可逆的特点,从思想上重视其所从事的灌浆操作;另外,通过工作人员灌浆作业的模拟操作培训,规范灌浆作业操作流程,熟练掌握灌浆操作要领及控制要点。

现场存放灌浆料时,需要搭设专门的灌浆料储存仓库,要求该仓库防雨、通风。仓库内搭设放置灌浆料的存放架(离地一定高度),使灌浆料处于干燥、阴凉处。预制墙板与现浇结构结合部分表面应清理干净,不得有油污、浮灰、粘贴物、木屑等杂物,构件周边应封堵严密,不漏浆。

5. 叠合板吊装施工

预制叠合板根据吊装计划按编号依次叠放。吊装顺序尽量依次铺开,不宜间隔吊装。

板底支撑间距不得大于 2 m,每根支撑之间高差不得大于 2 mm、标高差不得大于 3 mm,悬挑板外端比内端支撑尽量调高 2 mm。

在预制板吊装结束后,就可以分段进行管线预埋的施工,在满足设计管道流程的基础上,结合叠合板规格合理地规划线盒位置、管线走向,使其合理化,线盒需根据管网综合布置图预埋在预制板中,叠合层仅有 8 cm,叠合层中杜绝多层管线交错,最多允许两根线管交叉在一起。

叠合层混凝土浇捣结束后,应适时对上表面进行抹面、收光作业,作业分粗刮平、细抹面、精收光三个阶段。混凝土应及时洒水养护,使混凝土处于湿润状态,洒水频率不得低于 4 次/d,养护时间不得少于 7 d。

6. 楼梯施工质量控制要点

预制楼梯段安装时要校对标高,安装预制段时除了校对标高,还应校对预制段斜向长度,以免预制楼梯段支座处因接触不实或搭接长度不够而导致支承不良。

安装时应严格按设计要求安装楼梯与墙体连接件,安装后及时对楼梯孔洞处进行灌浆封堵。

安装休息板时应注意标高及水平位置线的准确性,避免因抄平放线不准而导致休息板面与踏步板面接槎不齐。

9.2.4　装配式建筑施工质量控制措施

1. 施工前质量管理与控制

（1）项目质量控制内容。

建立规范化的质量管理体系是保证质量水平的一个有效工具,按照 ISO 质量管理体系文件规范操作,可以有效地保证工程质量稳定、持续并不断提高,其主要内容有评审合同管理、材料采购管理、设计图纸管理、产品标识与质量追溯性管理、不合格品的控制管理、试验检验管理、工序质量控制管理、纠正和预防措施管理、质量追溯的控制管理等多种管理制度,在施工过程中,由项目经理部统筹公司质量管理部、合同部、材料部、劳务合同部、技术研发部、各施工班组同时管理,共同监管。

（2）施工人员的管理与控制。

在项目质量控制中,过程控制是关键。项目质量控制的核心是人的质量管理。项目质量管理是强调全员、各阶段的质量管理,通过各种专项培训和技能教育,提高作业人员素质,提高项目单项工作质量,从而保证整体项目的质量,因此,科学、有序地组织人员提高技能是保证工程质量的重点之一。

①结合工程实际,组建一个以项目经理为首的项目管理部。项目部下设的各个部门应加强沟通,认真履行义务,责任到人,明确每个人的责权利关系;设置质量管理小组,密切监控各自责任范围内的质量因素,与此同时,推进质量管理体系在建筑行业的建立、发展、稳定,推动法治建设在建设工程中的实施,培养工程建设人员的质量意识、安全意识、环保意识和专业水平能力,不断学习,通过对搭接工艺、现浇工艺及相关知识的及时更新和经验总结,结合现场施工组织措施、技术管理措施、工程款调控措施,对工程质量管理方法不断摸索,逐步完善建筑工程质量管理体系,提高项目部、建筑企业乃至整个行业的质量管理意识。

②紧抓专业技术培训工作。针对目前装配式建筑施工经验不足的问题,为了最大限度地利用人才,坚持"走出去,请进来"的培训模式,根据市场已有的先进成功案例,组织专业技术人员进行实践考察和交流学习,学习新技术、新方法、新技能、新工艺。邀请第三方质量监督机构和政府有关部门质量监督人员对装配式工程中关键施工工艺、施工难度、质量控制节点、质量问题处理方法进行实际的技术操作。企业增加对相关技术管理人员的培训力度,对 PC 构件吊装专项方案及整个吊装过程进行严密监控和管理;积极与其他装配式建筑公司合作,

针对技术难度大的施工工艺,在引进技术的同时,为提高现场管理人员技术水平,增加培训实操考试,对相关引进技术做到引进、吸收再创新,在施工过程中建立自有的、完善的预制装配式建筑施工技术体系。

③做好项目前期预控工作。项目开工前,由技术人员编写符合规范的技术书,召集项目技术管理人员共同开展施工技术交底会;在项目施工班组人员进场之前,由项目经理或项目技术负责人组织,由技术管理人员、质检员、班组工长等参加,针对施工工艺、操作规程、质量规范标准、施工问题预防措施、现场安全文明施工等全方面、分步骤、分流程进行技术交底;在工程重要工序施工前,实施样板引路制度,提前制作施工样板,由项目技术负责人及时组织施工班组观摩学习,现场讲评,起到示范和引领的作用。在施工过程中,质量员等技术人员对重要施工工序进行跟踪检查,若发现异常情况,应及时分析问题成因,并制订相应处理措施。同时,为保证整个施工期间起重吊装作业的安全性和稳定性,加强对起重吊装公司的筛选,施工期间所有的特种作业技术人员必须持有效证件上岗,上岗前必须进行专项技术安全交底。

(3)预制构件的管理与控制。

预制构件加工尺寸精度和预制构件制作过程的质量监控是重点控制对象。

①深化预制构件设计。装配式建筑需要高质量、高精度的构配件,因此,预制构配件的生产加工精度要高于施工现场装配的精度,便于现场进行高质量、高效率的精准施工。提高构配件的设计精度的同时,应严格把控高精度的生产模具及生产材料的质量。以精细的深化设计为基础,在构配件的加工制作工艺、节点细部精度、自动化程度等方面,形成构件拆解设计图纸后,交给构件生产单位设计构件模具,进行加工、试配,确定构件的各个分部分项工程的施工顺序是否符合规范,最终生产出符合合同文件和性能要求的预制构件。

②优化运输管控过程。在预制构件运输过程中,应严格进行质量管控,在堆放支架的基础上,填塞柔性垫块,垫块上下对齐,防止构件变形开裂。同时,对于项目现场的构件堆放,应制订构件进场的质量监控措施和构件编号追溯机制,加强构件管理力度,对每个构件进行跟踪管理,对于进场的构件及时编号并造册管理,堆放区域根据施工进度计划进行划分,使各构件的堆放区域与吊装计划相匹配。

③优化构件检测验收过程。构件在构件厂生产完毕后,运到施工现场,应先进行外观质量检查和尺寸检查,同时检验相关数据文件和检验合格报告文件,对于模具、外墙面砖、制作材料等成品,进行逐块检查。在质检工作中,质检员根据

现行构件检测标准及经验进行质量评定,对存在质量问题的构件进行编号记录登记,并将质量问题及时反馈给企业质量管控部门。构件外观质量控制要点见表 9.1,预制构件质量检查标准见表 9.2。

表 9.1　构件外观质量控制要点

名称	现象	严重缺陷	一般缺陷
露筋	构件内筋未被混凝土包裹而外露	主筋有外露	其他钢筋有少量露筋
蜂窝	混凝土表面缺少水泥砂浆面形成石子外露	主筋部位和搁置点位置有蜂窝	其他部位有少量蜂窝
孔洞	混凝土中孔穴深度和长度均超过了保护层厚度	构件主要受力部位有孔洞	外观无孔洞
疏松	混凝土中局部不密实	构件主要受力部位有疏松	其他部位有少量疏松
裂缝	缝隙从混凝土表面延伸至混凝土内部	构件主要受力部位有影响结构性能或使用功能的裂缝	其他部位有少量不影响结构性能或使用功能的裂缝
连接部位缺陷	构件连接处混凝土缺陷及连接钢筋、连接件松动、灌浆套筒未保护	连接部位有影响结构传力性能的缺陷	连接部位有基本不影响结构传力性能的缺陷
外形缺陷	内表面缺棱掉角、棱角不直、翘曲不平等;外表面面砖黏结不牢、位置偏差、面砖嵌缝没有做到横平竖直,面砖表面翘曲不平等	清水混凝土构件有影响使用功能或装饰效果的外形缺陷	其他混凝土构件有不影响使用功能的外形缺陷
外表缺陷	构件内表面麻面、掉皮、起砂、沾污等,外表面面砖污染、预埋门窗损坏	具有重要装饰效果的清水混凝土构件、门窗框有外表缺陷	其他混凝土构件有不影响使用功能的外表缺陷,门窗框不宜有外表缺陷

表 9.2 预制构件质量检查标准

项次	检测项目			允许偏差 /mm	检验方法
1	规格尺寸	长度	＜12 m	±5	用尺量两端及中间部位,取其中偏差绝对值较大者
			≥12 m 且＜18 m	±10	
			≥18 m	±20	
2		宽度		±5	用尺量两端及中间部位,取其中偏差绝对值较大者
3		厚度		±3	用尺量板四角和四边中部共 8 处,取其中偏差绝对值最大者
4		对角线差		6	在构件表面,用尺量测两对角线的长度,取其绝对值的差值
5	外形	表面平整度	上表面	4	用 2 m 靠尺安放在构件表面,用楔形塞尺量测靠尺与表面之间的最大缝隙
			下表面	3	
6		楼板侧向弯曲		L/750 且≤20	拉线,钢尺量最大弯曲处
7		扭翘		L/750	四对角拉两条线,量测两线交点之间的距离,其值的 2 倍为扭翘值
8	预埋部件	预埋钢板	中心线位置偏差	5	用尺量测纵横两个方向的中心线位置,取其中较大值
			平面高差	−5,0	用尺紧靠在预埋件上,用楔形塞尺量测预埋件平面与混凝土面的最大缝隙
9		预埋螺栓	中心线位置偏移	2	用尺量测纵横两个方向的中心线位置,取其中较大者
			外露长度	−5,10	用尺量
10		预埋线盒、电盒	在构件平面的水平向中心位置偏差	10	用尺量
			与构件表面混凝土高差	−5,0	用尺量

186

续表

项次	检测项目		允许偏差/mm	检验方法
11	预留孔	中心线位置偏移	5	用尺量测纵横两个方向的中心线位置,取其中较大值
		孔尺寸	±5	用尺量测纵横两个方向的中心线位置,取其中较大值
12	预留洞	中心线位置偏移	5	用尺量测纵横两个方向的中心线位置,取其中较大值
		洞口尺寸、深度	±5	用尺量测纵横两个方向的中心线位置,取其中较大值
13	预留插筋	中心线位置偏移	3	用尺量测纵横两个方向的中心线位置,取其中较大值
		外露长度	±5	用尺量
14	吊环	中心线位置偏移	10	用尺量测纵横两个方向的中心线位置,取其中较大值
		留出高度	−10,0	用尺量
15	桁架钢筋高度		0,5	用尺量

注:L 为模具与混凝土接触面中最长边的尺寸。

④预制构件在吊装、安装过程中的质量管控。构件在吊装过程中,应做好成品保护,管理人员应严格控制起吊速度,避免构件发生碰撞造成棱角残缺现象。构件在吊运和安装过程中,必须配备司索信号工,对混凝土构件移动、吊升、停止、安装的全过程进行指挥,信号不明时,不得吊运和安装。吊装尺寸允许偏差和检验方法见表 9.3,构件安装允许偏差见表 9.4。

表 9.3　吊装尺寸允许偏差和检验方法

项目	允许偏差/mm	检验方法
轴线位置(楼板)	5	钢尺检查
楼板标高	5	水准仪或拉线、钢尺检查
相邻两板表面高低差	2	2 m 靠尺和塞尺检查

表 9.4　构件安装允许偏差

检查项目	允许偏差/mm
各层现浇结构顶面标高	±5
各层顶面标高	±5
同一轴线相邻楼板高度	±3
楼板水平缝宽度	±5
楼层处外露钢筋位置偏移	±2
楼层处外露钢筋长度偏移	−2

2. 施工过程质量管理与控制

（1）施工工艺管理措施。

先进、合理的施工工艺是工程质量的重要保证。工程实体质量是在施工过程中逐渐形成的，而不是最后检验出来的。此外，施工过程中质量形成受各种因素的影响越多，变化越复杂，质量控制的任务与难度也越大。因此，施工过程的质量控制是工程质量控制的重点，施工单位作为生产主体必须加强对施工过程中的质量控制。特别是施工方案是否合理，施工工艺是否科学，是直接影响工程项目的进度控制、质量控制、成本控制三大目标能否顺利实现的关键。施工过程各工序交叉进行，相互影响，相互联系，是人员、材料、机械设备、施工方法和环境等因素综合作用的过程，为保证每个工序有条不紊地进行，上一道工序经验收合格后，方可进入下一道工序。

（2）成品保护管理措施。

在施工过程中，对于预制成品和已完分部、分项工程的施工顺序，应统筹安排施工，工序的紧前工作和紧后工作能否顺利搭接，直接影响工序成品质量的好坏，从而对整个工程质量产生重要影响。任何一个工作环节的搭接失误或者遗漏，都将对工程质量造成安全隐患，因此制订以下成品保护措施。

①预制成品保护。生产车间生产出的预制成品，应划分区域分类存放，按规格堆放整齐，对成品做好编号管理，上下水平位置平行一致，防止挤压损坏。预制构件仓库之间应有足够的空间，防止吊运、装卸等作业时相互碰撞造成损坏。预制构件存放支撑的位置和方法，应根据其受力情况确定，支撑强度不得超过预制构件承载力，造成预制构件损伤。成品堆放地应做好防霉、防污染、防锈蚀措施。

②预制构件钢筋质量保护。钢筋绑扎完成后,应及时处理残留物和垃圾;预制构件外露钢筋应有防弯折、防锈蚀措施,外露保温板应有防开裂措施;预制构件外露金属预埋件应涂刷防止锈蚀和污染的保护剂和防锈漆,预制构件存放处2 m 内不应进行电焊、气焊、油漆喷涂作业,以免造成污染。

③模板成品保护。模板支模成型后,应及时清场,及时预留洞口、预埋件,不允许成型后开孔凿洞。

④混凝土成品保护。混凝土浇筑完成后应按照规范及时进行养护。混凝土终凝前,不得上人作业,不得集中堆放预制构件,以防污染;终凝后,在混凝土面上设置临时施工设备垫板,做好覆盖保护措施。

⑤PC 构件成品保护。预制构件厂的生产速度,必须与现场施工的流水作业时间搭接,一旦工程因为其他因素停工,预制构件厂生产的大批量预制构件会在现场大量堆积,构件堆放时间长,易氧化锈蚀,影响整体质量。

⑥装饰工程成品保护。装饰阶段应合理安排施工工序的搭接。楼层地面和墙身暗装的管道、线盒应在湿装饰前预埋,避免因意外而导致饰面破坏。同时,应做好保护覆盖工作,不得损坏墙面和地面等。

⑦交工前成品保护措施。为确保工程质量,项目施工班组在装饰安装完成后,未办理移交手续前,施工单位应当做好所有的建筑成品检查和保护,并派专人日常巡检,在工程未竣工、未办理相关移交手续前,禁止任何单位和个人使用工程设备及其他设施。

（3）施工安全管理措施。

项目质量管理的成功实现离不开现场安全管理措施的保障。在施工控制阶段,项目部技术负责人和技术人员应召开技术交底会议,凡不参加安全技术交底的施工班组和人员,严禁进场施工作业。在吊装准备阶段前,项目部人员应仔细检查吊具、吊点、吊耳是否正常使用,吊点下是否有异物阻挡,定期检查钢丝绳,不得少于每周一次;施工构件在吊装作业时,应设置警戒区,派专人把守指挥,禁止非作业人员进入该区域;起重臂和重物下方应净空,严禁有人进入、停留或通过;避免交叉作业;构件在吊运和安装过程中,应根据规范要求配备相应数量的司索信号工,在对预制构件进行移动、吊升、停止、安装的全过程中,应使用信号良好的远程通信设备,进行指挥及排查安全隐患;在天气状况不明朗、信号不良的情况下,严禁进行吊运和安装;塔吊司机、信号指挥员、电焊工、电工、起重工及其他特殊工种必须持证上岗;搭设合格的斜道和阶梯,保证工人安全上下、安全行走。2 m 及 2 m 以上高处施工作业人员必须戴安全帽,系五点式安全带,绑裹

腿,穿登高专用鞋;异型构件的吊具、配重必须采用专用的设计参数,上报设计单位审核通过后使用。吊装作业时停顿15s,测试吊具、塔吊及吊臂是否存在异常,确保所有构件处于稳定平衡的状态后,方可继续作业;构件应垂直吊运,钢索及构件的夹角应在60°以上,达到平衡状态后方可提升;严禁斜拉、斜吊,禁止人员站在构件边缘推拉构件;构件必须加挂牵引绳,以利于作业人员拉引,吊起的构件应及时安装就位,不得悬挂在空中。

(4)环境保护管理措施。

做好环境保护管理工作有利于提升工程整体质量水平。建立健全环境保护管理体系,设立兼职管理员,指定施工作业区内的卫生第一责任人,监管作业区内清洁和保洁的组织管理工作、洒水降尘工作,对现场进行环境保护管理工作,现场落实各项"除四害"措施;每天定时集中清理、清运在施工过程中产生的各种建筑垃圾。严禁随意凌空抛撒。不使用的料具和机械应及时清退出场,保持场内整洁;楼层内应定时洒水养护,防止粉尘飞扬;禁止在施工现场燃烧有毒、有害和有气味的物质;对现场存放油品和化学品的区域进行防渗漏处理。必须配备符合防火安全规定的灭火器材和安全防护用品,严禁烟火。严禁高空抛掷建筑垃圾;装运建筑材料、土石方、建筑垃圾和工程渣土的车辆,应用篷布覆盖,防止遗洒,并派专人清扫道路,保证行驶途中不污染道路和环境;严格执行环境管理体系标准,严格控制现场的施工噪声,昼间施工不超过70 dB,夜间施工不超过55 dB,最大限度地减少噪声给居民生活带来的干扰。

施工现场设置专门的废弃物临时贮存场地,同时设置醒目的安全防范措施标识,对于有可能造成二次污染的废弃物必须单独贮存,分类存放。每天应及时清理废弃物,以保证现场的清洁和畅通。确保废弃物的运输不散撒、不混放,确保对可回收的废弃物做到再回收利用。

(5)文明施工管理措施。

开展文明施工管理,可以规范现场管理流程,保证施工质量。为提高施工班组成员的责任感,对项目现场所有参与施工的各专业分包单位的作业人员进行安全文明施工培训,培训结束后分别签署文明施工协议书,健全文明施工的岗位责任制,落实文明施工的建筑执行制,让全体施工作业人员既是文明施工的自身执行者,又是文明施工的监督者,提高工程建设者文明施工的责任感和自豪感;实现施工现场、生活区、办公区等临时卫生设施达标,共同创建美好环境;加强对施工人员的全面管理,落实防范措施,做好防盗工作,及时制止各类违法行为和暴力行为;妥善处理施工方、建设方、政府单位与群众的关系,减少施工过程对群众日常生活的影响,同时与当地公安机关积极开展综合治安管理,大力打击黑恶势力,防止其干扰施工;在施工现场设置醒目的"六牌一图",合理安排施工顺序,在进行下一道施工工序前,对上一道工序采取覆盖、保护等措施;生活垃圾和建筑垃圾派专人打扫、集中堆放,及时外运,妥善处理,保持现场卫生整洁。

3. 竣工验收维护和运营

装配式建筑与现浇式建筑施工模式相比,工程后期及运营阶段的质量维护工作相差甚远,装配式建筑施工模式及施工工艺方法,在构配件匹配组合和适用性的管理方面有待提高。项目技术经理及相关管理人员应该在项目施工过程中,根据工程建设的特点和实际情况,结合建设工程装配式结构施工规范和实际情况,因地制宜,安排专业人员进行项目调控和追踪。另外,在项目施工过程中,积极收集相关问题,总结、积累技术和经验,为后续竣工运营工作的高效、稳定、合理进行提供技术支持。后期对施工过程中采集的施工技术资料进行整理分析、总结。总结相关施工信息时,技术人员需要对可能出现或已经出现的质量问题进行讨论,并进行实践论证,及时调整技术措施,运用经科学论证的施工方案和施工方法进行装配式建筑的质量维护。

9.3　施工质量验收

9.3.1　建筑工程施工质量的形成过程与验收

建筑工程严格按照相关文件和设计图纸的要求来施工,进而完成生产。建筑施工是把设计图纸上的内容付诸实践,在建设场地上进行生产,形成实体工程,完成建筑产品的一项活动。从某种程度上来说,施工过程决定了建筑工程的质量,是十分重要的环节。然而,建筑工程的施工质量是由施工过程中各层次、各环节、各工种、各工序的操作质量决定的,因此要想保证建筑实体的质量就要保证施工过程的质量。

验收过程是指在施工过程中进行自身检测评定的条件下,有关建设施工单位一起对单位、分部、分项、检验批工程质量实施抽样验收,并且按照国家统一标准对实体工程质量是否达标做出书面形式的确认。作为建筑施工过程中的重要环节,质量验收包含各个阶段的中间验收及工程完工验收两个方面。对施工中不同阶段产生的产品及完工时最终产品的质量进行验收,可从阶段控制及最终质量把关两个方面对建筑工程质量进行控制,以此实现建筑实体所要达到的功能和价值,同时实现了建设投资的社会效益及经济效益。

建筑工程的施工质量关系到社会公众利益、人民生命财产安全和结构安全。国家相关部门对建筑工程施工质量非常关心,放弃了"管不好""不该管"的管理政策,不再"大包大揽",全面重视质量管理及验收工作,严格控制验收过程,严禁不合格的建筑实体进入社会,确保建筑施工的质量,保证人民的财产和生命安全。

9.3.2 国内装配式结构质量验收相关标准及规范

我国之前用过的相关文件是《混凝土结构工程施工质量验收规范》(GB 50204—2002)。《混凝土结构工程施工质量验收规范》(GB 50204—2002)由此前3部文件合并完成,分别是《混凝土结构工程施工及验收规范》(GB 50204—1992)、《预制混凝土构件质量检验评定标准》(GBJ 321—1990)和《建筑工程质量检验评定标准》(GBJ 301—1988),但其也有很多不足之处。《混凝土结构工程施工质量验收规范》(GB 50204—2002)的第9.1.1条提出:"预制构件应进行结构性能检验。结构性能检验不合格的预制构件不得用于混凝土结构。"该条规定没有明确是适用于出厂构件还是进厂构件,这样就导致一些商家投机取巧,在出厂时不再进行质检。

《混凝土结构工程施工质量验收规范》(GB 50204—2002)还在构件的生产控制和验收的条例上有缺陷。在这个规范中,没有考虑到新型工艺技术的使用,没有对该部分的结构进行明文规定。另外,在执行结构性能检验的规定上,各执行单位职能不清晰。而且,工程的验收地位在该规范中也并未提及。按照传统的验收方法,有几个必要步骤,首先就是要对照施工记录本,检查隐蔽工程;然后对标样试块进行结构强度检测并生成报告;最后对其他质量问题进行检查验收。

由于《混凝土结构工程施工质量验收规范》(GB 50204—2002)有很多不足之处,我国重新编辑并推出《装配式混凝土结构技术规程》(JGJ 1—2014)和《混凝土结构工程施工质量验收规范》(GB 50204—2015)。新的方案在结构性能检验、构件合理使用和质量技术控制这三个方面弥补了漏洞,更加具体地对性能检验要求、构件可以减少使用的具体情况和加强质量的明确要求做了相关阐述。《混凝土结构工程施工质量验收规范》(GB 50204—2015)重视了预制构件验收方面的漏洞,将预制构件的验收分为两部分,一是专业企业生产需要进行进场验收,二是总包单位制作完成后也要进行再次验收。

《混凝土结构工程施工质量验收规范》(GB 50204—2015)改进了《混凝土结构工程施工质量验收规范》(GB 50204—2002)中把分项工程分为 6 个,使得验收过程繁杂的规定,统一把装配方式作为分项工程。从工程的实际情况出发,《混凝土结构工程施工质量验收规范》(GB 50204—2015)把工程所有分项工程合并为混凝土结构子分部工程,重点对混凝土成分进行检验。而全干式连接的工厂里,装配式结构分项工程就等同于以上的合并工程。装配式工程的现场施工分为混凝土浇筑和钢筋绑扎等,因此,验收过程不应仅限于构件进场检验和安装检验,而应该加上混凝土、钢筋和预应力的测试检验。

2017 年 6 月 1 日,我国又提出了三项有关标准,分别是《装配式混凝土建筑技术标准》(GB/T 51231—2016)、《装配式钢结构建筑技术标准》(GB/T 51232—2016)和《装配式木结构建筑技术标准》(GB/T 51233—2016)。2018 年 2 月 1 日,《装配式建筑评价标准》(GB/T 51129-2017)正式投入使用。各省也针对装配式建筑制定和实施了新的政策,对原有的文案进行了补充和改进。有些地方派出检查小组,现场督促按规定行事。

当然,在装配式结构的质量验收规范中,还是存在一定的缺陷。①装配式结构工程验收层级界限不清。②关于预制构件做结构性能检验的时间和程序的规定不完善,何时需要检验理解不一,容易产生分歧和漏洞。③传统的验收方式有很多不足,无法检测构件内部的断裂或精度状况,对灌浆材料的实体强度检验也不完全。④缺乏针对新技术和新工艺的验收方式。⑤在验收过程中,对验收对象的确定和质量、构配件的检查验收过程都与传统方式有出入,很多问题需要解决。

9.3.3　装配式建筑施工的质量验收

1. 验收层次的划分

装配式建筑的施工质量应划分为单位工程、分部工程、分项工程和检验批 4 个层次进行验收。

为了便于工程的质量管理,装配式建筑在进行施工质量验收时,首先验收检验批、分项工程,再验收分部工程,最后验收单位工程,如图 9.2 所示。

对检验批、分项工程、分部工程、单位工程的质量验收,又应遵循先由施工企业自行检查评定,再交由监理或建设单位进行验收的原则。单位工程质量验收

（竣工验收）合格后，建设单位应在规定时间内将工程竣工验收报告和有关文件报建设行政管理部门备案。

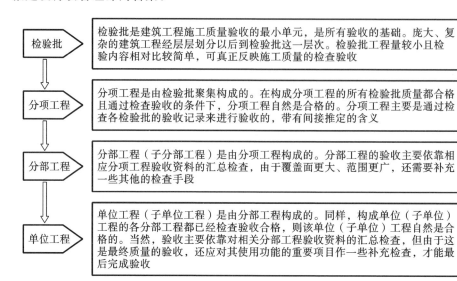

图 9.2 装配式建筑的施工质量验收程序

2. 施工质量验收的组织

装配式建筑施工质量验收应在施工单位自检合格的基础上进行。施工单位质量自检的层次如图 9.3 所示；装配式建筑施工质量验收的组织程序如图 9.4 所示。

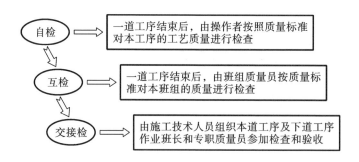

图 9.3 施工单位质量自检的层次

（1）检验批的验收。检验批应由专业监理工程师组织施工单位项目专业质量检查员、专业工长等进行验收。

（2）分项工程的验收。分项工程应由专业监理工程师组织施工单位项目专

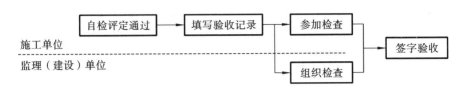

图 9.4　装配式建筑施工质量验收的组织程序

业技术负责人等进行验收。

（3）分部工程的验收。分部工程应由总监理工程师组织施工单位项目负责人和项目技术负责人等进行验收。勘察、设计单位项目负责人和施工单位项目技术、质量部门负责人应参加地基与基础分部工程的验收。设计单位项目负责人、施工单位项目技术部门负责人、施工单位项目质量部门负责人应参加主体结构和节能分部工程的验收。

（4）单位工程的验收。单位工程完工后，施工单位应自行组织有关人员进行自检。总监理工程师应组织各专业监理工程师对工程质量进行预验收。工程存在施工质量问题时，应由施工单位整改。整改完毕后，由施工单位向建设单位提交工程竣工报告，申请工程竣工验收。建设单位收到工程验收申请后，应由建设单位项目负责人组织监理、施工（含分包单位）、设计、勘察等单位项目负责人进行单位工程验收。

（5）分包工程的验收。单位工程中的分包工程完工后，分包单位应对所承包的工程项目进行自检，并应按《建筑工程施工质量验收统一标准》（GB 50300—2013）规定的程序进行验收。验收时，总包单位应派人参加，分包单位应将所分包工程的质量控制资料整理完整，并移交给总包单位。

3. 质量验收

装配式建筑检验批的施工质量应按主控项目和一般项目进行验收，隐蔽工程在隐蔽前应由施工单位通知监理单位进行验收，并应形成验收文件，验收合格后方可继续施工；对涉及结构安全、节能、环境保护和主要使用功能的试块、试件及材料，应在进场时或施工中按规定进行见证检验；对涉及结构安全、节能、环境保护和使用功能的重要分部工程，应在验收前按规定进行抽样检验。

（1）隐蔽工程质量验收。

装配式混凝土结构连接节点及叠合构件浇筑混凝土前应进行隐蔽工程验收。隐蔽工程验收应包括下列内容：①混凝土粗糙面的质量，键槽的尺寸、数量、位置；②钢筋的牌号、规格、数量、位置、间距，箍筋弯钩的弯折角度及平直段长

表 9.5　预制构件模具尺寸允许偏差及检验方法

项次	检测项目、内容		允许偏差/mm	检验方法
1	长度	≤6 m	−2,1	用尺量平行构件高度方向,取其中偏差绝对值较大处
		>12 m 且≤18 m	−4,2	
		>18 m	−5,3	
2	宽度、高(厚)度	墙板	−2,1	用尺量两端及中间部,取其中偏差绝对值较大处
3		其他构件	−4,2	用尺测量两端或中部,取其中偏差绝对值较大处
4	底模表面平整度		2	用 2 m 靠尺和塞尺量
5	对角线差		3	用尺量对角线
6	侧向弯曲		$L/1500$ 且≤5	拉线,用钢尺量测侧向弯曲最大处
7	翘曲		$L/1500$	对角拉线测量交点间距离值的 2 倍

196

续表

项次	检测项目、内容	允许偏差/mm	检验方法
8	组装缝隙	1	用塞片或塞尺量测,取最大值
9	端模与侧模高低差	1	用钢尺量

注:L 为模具与混凝土接触面中最长边的尺寸。

②预制构件的原材料质量、钢筋加工和连接的力学性能、混凝土强度、构件结构性能,装饰材料、保温材料及拉结件的质量等均应根据现行有关标准进行检查和检验,并应具有生产操作规程和质量检验记录。

③预制构件的预埋件、预埋钢筋、预埋管线等的规格、数量、位置,以及预留孔、预留洞应符合设计要求。

④预制构件和部品经检查合格后,宜设置表面标识,出厂时应出具质量证明文件。

⑤预制构件的结构性能应符合《混凝土结构工程施工质量验收规范》(GB 50204—2015)的有关规定。

⑥预制构件的外观质量不应有一般缺陷和严重缺陷,且不应有影响结构性能和安装、使用功能的尺寸偏差。对于预制构件的尺寸偏差检查,同一类型的构件,不超过 100 个为一批,每批应抽查构件数量的 5%,且不应少于 3 个。预制构件的尺寸允许偏差及检验方法见表9.6。

表 9.6　预制构件的尺寸允许偏差及检验方法

项目			允许偏差/mm	检验方法
长度	板、梁、柱、桁架	<12 m	±5	尺量检查
		≥12 m 且<18 m	±10	
		≥18 m	±20	
	墙板		±4	
宽度、高(厚)度	板、梁、柱、桁架截面尺寸		±5	钢尺量一端及中部,取其中偏差绝对值较大处
	墙板的高度、厚度		±3	
表面平整	板、梁、柱、墙板内表面		5	2 m 靠尺和塞尺检查
	墙板外表面		3	
侧向弯曲	板、梁、柱		$L/750$ 且≤20	拉线、钢尺量最大侧向弯曲处
	墙板、桁架		$L/1000$ 且≤20	

续表

项目		允许偏差/mm	检验方法
翘曲	板	$L/750$	调平尺在两端量测
	墙板	$L/1000$	
对角线差	板	10	钢尺量两个对角线
	墙板、门窗口	5	
挠度变形	梁、板、桁架设计起拱	± 10	拉线、钢尺量最大弯曲处
	梁、板、桁架下垂	0	
预留孔	中心线位置	5	尺量检查
	孔尺寸	± 5	
预留洞	中心线位置	10	尺量检查
	洞口尺寸、深度	± 10	
门窗口	中心线位置	5	尺量检查
	宽度、高度	± 3	
预埋件	预埋件锚板中心线位置	5	尺量检查
	预埋件锚板与混凝土面平面高差	$-5,0$	
	预埋螺栓中心线位置	2	
	预埋螺栓外露长度	$-5,10$	
	预埋套筒、螺母中心线位置	2	
	预埋套筒、螺母与混凝土面平面高差	$-5,0$	
	线管、电盒、木砖、吊环在构件平面的中心线位置偏差	20	
	线管、电盒、木砖、吊环与构件表面混凝土高差	$-10,0$	
预留插筋	中心线位置	3	尺量检查
	外露长度	$-5,5$	

注:L 为构件最长边的长度(mm);检查中心线、螺栓和孔道位置时,应沿纵横两个方向量测,并取其中偏差较大值。

⑦预制构件的粗糙面的质量及键槽的数量应符合设计要求。

⑧预制构件生产质量检验应按模具、钢筋、混凝土、预应力、预制构件等检验

进行。预制构件的质量评定应根据钢筋、混凝土、预应力、预制构件试验和检验资料等项目进行,当上述各检验项目的质量均合格时,方可评定为合格产品。

(4)预制构件的安装与连接质量验收。

①预制构件临时固定措施应符合设计、专项施工方案要求及国家现行有关标准的规定。

②装配式结构采用后浇混凝土连接时,构件连接处后浇混凝土强度应符合设计要求。

③钢筋采用套筒灌浆连接、浆锚搭接连接时,灌浆应饱满、密实,所有出口均应出浆,灌浆料强度应符合国家现行有关标准的规定及设计要求。检查数量:按批检验,以每层为一检验批;每工作班应制作 1 组且每层不应少于 3 组 40 mm×40 mm×160 mm 的长方体试件,标准养护 28 d 后进行抗压强度试验。

④预制构件底部接缝坐浆强度应满足设计要求。检查数量:按批检验,以每层为一检验批;每工作班同一配合比的混凝土应制作 1 组且每层不应少于 3 组 70.7 mm 的立方体试件,标准养护 28 d 后进行抗压强度试验。

⑤钢筋采用机械连接时,其接头质量应符合现行行业标准《钢筋机械连接技术规程》(JGJ 107—2016)的有关规定;钢筋采用焊接连接时,其接头质量应符合现行行业标准《钢筋焊接及验收规程》(JGJ 18—2012)的有关规定;预制构件采用型钢焊接连接时,型钢焊缝的接头质量应满足设计要求,并应符合现行国家标准《钢结构焊接规范》(GB 50661—2011)和《钢结构工程施工质量验收标准》(GB 50205—2020)的有关规定;预制构件采用螺栓连接时,螺栓的材质、规格、拧紧力矩应符合设计要求及现行国家标准《钢结构设计标准》(GB 50017—2017)和《钢结构工程施工质量验收标准》(GB 50205—2020)的有关规定。

⑥装配式结构分项工程的外观质量不应有严重缺陷,且不得有影响结构性能和使用功能的尺寸偏差。

⑦外墙板接缝的防水性能应符合设计要求。检验数量:按批检验;每 1000 m² 外墙(含窗)面积应划分为一个检验批,不足 1000 m² 时也应划分为一个检验批;每个检验批应至少抽查一处,抽查部位应为相邻两层 4 块墙板形成的水平和竖向十字缝区域,面积不得少于 10 m²。检验方法:检查现场淋水试验报告。

⑧装配式结构分项工程的施工尺寸偏差及检验方法应符合设计要求;当无设计要求时,应符合表 9.7 的规定。检查数量:按楼层、结构缝或施工段划分检验批。同一检验批内,对梁、柱应抽查构件数量的 10%,且不少于 3 件;对墙和板应按有代表性的自然间抽查 10%,且不少于 3 间;对于大空间结构,墙可按相

邻轴线间高度 5 m 左右划分检查面,板可按纵、横轴线划分检查面,抽查 10%,且均不少于 3 面。

⑨装配式混凝土建筑的饰面外观质量应符合设计要求,并应符合现行国家标准《建筑装饰装修工程质量验收标准》(GB 50210—2018)的有关规定。

表 9.7　预制构件安装尺寸的允许偏差及检验方法

项目			允许偏差/mm	检验方法
构件垂直度	柱、墙	≤6 m	5	经纬仪或吊线、尺量
		>6 m	10	
构件倾斜度	梁、桁架		5	经纬仪或吊线、尺量
相邻构件平整度	板端面		5	2 m 靠尺和塞尺量测
	梁、板底面	外露	3	
		不外露	5	
	柱、墙侧面	外露	5	
		不外露	8	
构件搁置长度	梁、板		±10	尺量
支座、支垫中心位置	板、梁、柱、墙、桁架		10	尺量
墙板接缝	宽度		±5	尺量

9.4　质量通病及防治措施

在装配式建筑施工过程中,可能会在安装质量、安装精度、灌浆施工等方面存在问题,对此,施工人员必须严加注意,采取防治措施,以保证施工整体质量。

(1)预制构件龄期达不到要求就安装,造成个别构件安装后出现质量问题。

防治措施:预制构件在安装前,预制构件的混凝土强度应符合设计要求。当设计无具体要求时,混凝土同条件立方体抗压强度不宜小于混凝土强度等级值的 75%。

(2)安装精度差,墙板、挂板轴线偏位,墙板与墙板缝隙及相邻高差大、墙板与现浇结构错缝等。

防治措施:①编制针对性安装方案,做好技术交底和人员教育;②装配式结构施工前,宜选择有代表性的单元或构件进行试安装,根据试安装结果及时调整、完善施工方案,确定施工工艺及工序;③安装施工前应按工序要求检查、核对已施工完成部分的质量,测量放线后,做好安装定位标志;④强化预制构件吊装校核与调整,即在预制墙板、预制柱等竖向构件安装后对其安装位置、安装标高、垂直度、累计垂直度进行校核与调整;在预制叠合类构件、预制梁等横向构件安装后,对其安装位置、安装标高进行校核与调整;对于相邻预制板类构件,对相邻预制构件的平整度、高差、拼缝尺寸进行校核与调整;对于预制装饰类构件,对装饰面的完整性进行校核与调整;⑤强化安装过程质量控制与验收,提高安装精度。

(3) 叠合楼板及钢筋深入梁、墙尺寸不符合要求;叠合楼板之间的缝处理不好,造成后期开裂;叠合楼板安装后楼板产生小裂缝。

防治措施:①叠合楼板的预制板的板端与支座(梁或剪力墙)搁置长度不应少于 15 mm;②板端支座处,预制板内的纵向受力钢筋宜从板端伸出并锚入支座梁或墙的现浇混凝土层中,在支座内锚固长度不应小于 $5d(d$ 为钢筋直径)且宜伸过支座中心线;单向预制板的板侧支座处,钢筋可不伸出,支座处宜贴预制板顶面在现浇混凝土中设置附加钢筋;③单向预制叠合板板侧的分离式接缝应配置附加钢筋,并用专用的嵌缝砂浆嵌缝;④严格控制模板支撑、起拱及拆模,以防叠合楼板安装后楼板产生裂缝。

(4) 安装顺序不对,叠合楼梯安放困难等,而工人操作时乱撬硬安,导致钢筋偏位,构件安装精度差。

防治措施:加强技术交底,严格按程序安装,对于复杂接点可用 BIM 技术在计算机上先模拟,再安装。

(5) 钢筋套筒灌浆连接或钢筋浆锚搭接连接的钢筋偏位,安装困难,影响连接质量。

防治措施:①竖向预制墙预留钢筋和孔洞的位置、尺寸应准确;②采取定位架或格栅网等辅助措施,提高精度,保证预留钢筋位置准确,对于个别偏位的钢筋,应及时采取有效措施处理。

(6) 墙板找平垫块不规范,灌浆不规范。

防治措施:①墙板找平垫块宜采用螺栓垫块,抄平时直接转动调节螺栓,对其找平;②灌浆前应制订灌浆操作的专项质量保证措施,灌浆操作全过程应有专职检验人员负责现场监督并保留影像资料;③灌浆料应按配合比要求计算灌浆材料和水的用量,经搅拌均匀后测定其流动度满足规范要求后方可灌注;④灌浆作业应采取压浆法从下口灌注,当浆料从上口流出时应及时封堵,持压 30 s 后再封堵下口;⑤灌浆作业应及时做好施工质量检查记录,每工作班应制作一组且每

层不应少于 3 组 40 mm×40 mm×160 mm 的长方体试件;⑥灌浆作业时,应保证浆料在 48 h 凝结硬化过程中,连接部位温度不低于 10 ℃。

(7)现浇混凝土浇筑前,模板或连接处缝隙封堵不好,影响观感和连接质量。

防治措施:①浇筑混凝土前,模板或连接处缝隙不能用发泡剂封堵,因为发泡材料易进入现浇结构,建议打胶封堵;②模板或连接处缝隙封堵应加强质量控制与验收,保证现浇结构质量。

(8)与预制墙板连接的现浇短肢墙模板安装不规范,影响现浇结构质量。

防治措施:①与预制墙板连接的现浇短肢墙模板位置、尺寸应准确,固定牢固,防止胀缩及偏位,并注意成型后的现浇结构与预制构件之间平整、不错位;②宜采用定型钢模版、铝模板,并用专用夹具固定,提高混凝土观感。

(9)模板支撑、斜撑安装与拆除不规范。

防治措施:①叠合板作为水平模板使用时,其下部龙骨应垂直于叠合板桁架钢筋,竖向支撑可采用定型独立钢支柱、碗扣式、插接式和盘销式钢管架等,其上部可调支座与钢管竖向中心线一致,伸出长度符合要求,不得过长,支撑间距应符合要求并进行必要的验算;当叠合层混凝土强度达到设计和标准要求时,方可拆除支撑;②预制墙板临时支撑安放在背后,通过预留孔(预埋件)与墙板连接,不宜少于 2 道,当墙板底部没有水平约束时,墙板每道支撑应包括上部斜撑和下部支撑,上部斜撑距板底的距离不宜小于板高的 2/3,且不应小于板高的 1/2。支撑应在预制构件与结构可靠连接,且上部构件吊装完成后拆除。

(10)叠合墙板开裂,外挂板裂缝、外挂板与外挂板缝,内隔墙与周边裂缝。

防治措施:①叠合墙板开裂防治主要从提高叠合墙板质量、加强进场验收、不合格的不准使用等方面进行考虑;固定叠合墙板和浇筑混凝土时应有防叠合墙板开裂的措施,可使用自密实混凝土;叠合墙板与现浇结构、其他墙体连接部位应有相应的构造加强措施;②外挂板裂缝、外挂板与外挂板缝防治主要从提高安装精度、控制缝隙宽度、选择合适的嵌缝材料和密封胶等方面考虑,外挂板安装后不要受到额外应力;③对于内隔墙与周边裂缝的防治,内隔墙与周边应有钢筋、键槽、粗糙面等连接构造措施,缝隙应选择合适的嵌缝材料处理,并用钢筋网片或耐碱网布补强;④加强成品保护,严禁在预制构件时开槽打洞。

(11)外墙渗漏。

防治措施:①预制外墙板的接缝和门窗洞口等防水薄弱部位,宜采用构造防水和材料防水相结合的防水做法,并应满足热工、防水、防火、环保、隔声及建筑装饰等要求,做到材料耐久性好,便于制作和安装;②预制外墙板接缝采用构造防水时,水平缝宜采用外低内高的高低缝或企口缝,竖缝宜采用双直槽缝,并在预制外墙板一字缝部位每隔三层设置排水管引水外流;③预制外墙板接缝采用材料防水时,应采用防水性能、相容性、耐候性能和耐老化性能优良的硅酮防水密封胶作嵌缝材料;板缝宽不宜大于 20 mm,嵌缝深度不应小于 20 mm;④对外墙接缝应进行防水性能抽查,并做淋水试验,对渗漏部位应进行修补。

第 10 章　装配式建筑项目安全管理

10.1　安全管理概述

10.1.1　安全与安全管理

2001 年国家发布的《职业健康安全管理体系规范》(GB/T 28001—2001)中对"安全"(safe)进行定义:安全是指人类与环境和谐共存,没有危险,没有伤害,也没有隐患的状态。

2018 年国际标准化组织发布了 ISO45001《职业健康安全管理体系要求及使用指南》,其中没有对"安全"的定义,但对"伤害和健康损害"(injury and ill health)作了定义:伤害和健康损害是对人的身体、精神或认知状况的不利影响,包括职业病、健康不良和死亡。安全应该是伤害和健康损害的对立面。

从狭义上讲,安全是指某一情况下或者是系统中的安全,例如,施工生产安全、环境安全、食品安全、化工安全等。从广义上讲,安全是指从技术延伸到生存、生活、生产等各个领域的大安全,即整个社会和全体人民的安全。

一般来说,安全是整个系统的状态对环境、性能、健康等在人类生产过程中的负面影响,并且可以控制在可接受的水平内。我们可以将安全看作劳动力、劳动工具、劳动关系构成的协调平衡状态,一旦失衡,安全就不存在了。根据亚伯拉罕・马斯洛在 1943 年发表的《人类动机理论》(*A Theory of Human Motivation Psychological Review*)一书中提出的需求层次理论,可以将需求分为五类,由较低层次到较高层次分别为生理需求、安全需求、社会需求、尊重需求和自我实现需求五类。其中,人类首先要满足最根本的生理需求,其次就是安全需求,可见,安全在人类需求中占有基础性的重要位置。对每一个人来说,安全是基本的需求属性。

安全管理是管理科学的一个重要分支,指为实现安全目标而进行的有关决策、计划、组织和控制等方面的活动,主要运用现代安全管理原理、方法和手段,分析和研究各种不安全因素,从技术上、组织上和管理上采取有力的措施,解决和消除各种不安全因素,防止事故的发生。安全管理的对象是生产中一切人、物、环境的状态管理与控制,安全管理是一种动态管理。根据管理层面的不同,安全管理可分为宏观安全管理和微观安全管理。宏观安全管理是指保障和推进安全生产的一切管理措施及活动,泛指国家从政治、经济、法律、体制、组织等各个宏观层面上对安全问题进行的一系列管理措施和活动;微观安全管理是指经济和生产管理部门及企事业单位所进行的具体的安全管理活动。

10.1.2　安全管理的原理和方法

1. 安全管理的原理

(1) 人本原理:①安全管理工作的发起者是人;②人作为安全管理的客体,同样是不可或缺的要素。安全管理要将人当作主要内容,并在一定程度上调动人的积极性。

(2) 预防原理:安全管理必须事先通过独立、有效的管理和技术措施,规避风险,防范风险。

(3) 动态控制原理:在施工环节内,应根据外部条件的变化持续调整安全管理策略,来确保在有限的时间内保质、保量地达到安全目标。

(4) 强制原理:安全管理要具备一定的强制性,要根据相关规定规范操作者的行为,对于存在安全风险的行为要及时予以阻止。

(5) 安全风险原理:要对识别出来的安全风险划分等级,同时对其风险展开管理,来降低或避免工程的安全风险。

(6) 安全经济学原理:要重视对工程安全管理的资本注入,通过最低的成本获得最大的安全回报。

2. 安全管理的方法

(1) 法律管理:我国和有关机构要持续优化与设立建筑法律制度等,做好宏观调控工作。

(2) 经济管理:安全管理要将经济管理当作前提,要按照安全经济学原理与价值工程原理注重对安全管理的经济投入,利用经济管理促使安全管理目标的达成。

(3) 文化管理:针对安全生产环节而言,只是借助科学技术是难以从实质上

去除风险的,因此要将其他管理方式与文化管理进行有效融合。

(4)科技管理:当以安全技术的优化与创新为核心时,技术要做到与时俱进,不断满足安全管理工作在各个环节的需要。

10.1.3　安全管理的五种关系、六项原则

1. 安全管理的五种关系

(1)安全与危险是对立存在的。安全与危险是客观而动态的,没有绝对的安全,也没有绝对的危险。大多数情况下可以采取多种措施,避免危险的发生。

(2)安全与生产是统一的。在生产过程中,如果人员、材料或工具及生产环境是不安全的,则生产将会受到影响。如果停止生产,安全将毫无意义。当某项生产活动中缺乏安全保障时,生产肯定不能顺利进行,严重时将危及工人人身安全和国家财产安全,只有确保生产安全,才能稳定、健康地发展。

(3)安全与质量互相包含。通常来讲,质量第一和安全第一,这两个第一在一起并不矛盾,因为从实际工作情况看,质量第一是更为注重产品的成果,其中包含了安全工作质量;安全第一更为注重生产过程的安全,其中也包含了质量,两者互为因果,生产活动中忽略了哪一方面,都不会有利于项目的正常进展。

(4)安全与速度相互作用。安全与速度的关系在一定的情况下呈负相关。合理加快速度不会直接影响安全程度,但是如果仅注重速度,蛮干、乱干、心存侥幸,置安全于不顾,这样的做法是极其危险的,一旦发生事故,不仅不能加快速度,反而会严重延误时间。

(5)安全与效益相辅相成。安全工作的投入虽然在短时间内看不到收益,在一定程度上还会减少利润,但是会直接改善生产环境,间接调动工人的积极性,激发工人的劳动热情,不仅能够提高项目的安全水平,更能提高项目的质量和加快项目的速度。由此可以看出,安全与效益是相辅相成的,安全促进了效益的提升。

2. 安全管理的六项原则

(1)生产和安全要兼顾。虽然安全有时候会与生产出现矛盾,但是从安全和生产管理的目标来看,安全和生产具备高度的一致性。因此,生产管理首先要注重安全管理,只有这样才可确保项目的正常进行和完工。

在生产管理中,安全管理不仅定义了各级领导的安全管理职责,而且定义了

与生产有关的所有组织和人员的安全管理职责。因此,与生产有关的所有组织和人员都应当承担相应的职责,要做到安全生产责任制层层下移和落实,充分体现安全和生产的统一性。

(2)注重安全管理的目的。安全管理主要是在生产过程中对人、物、环境进行管控,有针对性地抑制人的不安全行为,避免物的不安全状态,减少甚至杜绝事故的发生,从而保障工人的生命安全和健康。安全管理要有明确的目标,否则在实际工作中不会起到任何作用。

(3)坚持以预防为主的思路。安全管理不是单纯的事后管理,而是根据生产的特点,认识并针对生产过程中的危险因素,制订预防方案或采取一系列有效的管理措施,把所有可能发生的事故萌芽消灭,经常检查,及时查到危险因素,避免隐患的持续发酵,以确保生产活动中的安全稳定。

(4)强化安全动态管理。安全管理不单是安全管理员或者项目少数管理人员的工作,它与生产过程中每一个人都有着密切的关系,需要全员的参与配合。环顾生产活动的方方面面,从生产过程的开始到完成,所有与生产相关的因素都涉及安全管理,其事物的发生是动态的,那么安全管理也应该是动态的。

(5)安全管理强调控制。因为事故通常是由人的不安全行为和事物的不安全状态引起的,所以应通过科学控制生产要素,有效减少、减轻事故造成的伤害,最快地实现安全管理,从而保护工人的生命安全和健康。

(6)在管理中发展、提高。安全管理是对不断变化的生产活动所进行的动态管理,要不断优化、调整、消除新的风险因素,不断探索新规则,总结提高管理、控制的方法和经验,使安全管理不断适应新问题,匹配当前的管理特点。

10.2　施工安全管理

10.2.1　建筑施工安全管理的概念和特点

建筑施工安全管理可以理解为面对某一具体行业的安全管理,其核心仍然是风险管理,应紧紧围绕建筑行业施工过程中存在的安全风险来开展安全管理工作。通常意义上的建筑施工安全管理就是通过对建筑施工各个环节和工序识别危害因素、整改安全隐患、降低安全风险,最终达到减少安全事故发生和减弱事故影响的目的。

施工安全管理的内容主要包括获知建设工程项目概况、设计文件和施工环境等全面信息,辨识工程施工过程中可能存在的危险源,据此制订安全专项方案;全方位地制订每个岗位的安全履职制度,包括各层级、各参建单位的管理人员和每一个工种的作业人员;完善针对具体项目的各工种安全操作规程,并督促工人在作业时严格遵守;工程项目各参建单位组建各自的安全管理专职机构和人员,对各自单位安全体系的运行做好监督,并及时对接上下级安全管理要求,监督施工过程具体安全管理措施的落实情况;将安全绩效纳入个人绩效考核,奖优罚劣,通过考核的指挥棒引导全员落实安全生产工作。

装配式建筑施工安全管理具有两个特点。一是复杂性。由于建筑施工行业的特性,每一个工程项目的地理位置、外部环境和施工内容都或多或少存在差异,在一定程度上来说是不可复制的。尤其对于装配式建筑项目而言,作为一种新型建造方式,其复杂性远远超过传统施工的工程项目。二是独特性。装配式建筑施工是一种新型建造方式,其工序工艺与传统现浇式施工有较大差异,这也导致其安全管理很多时候无法借鉴传统施工。正是装配式建筑施工这种独特性,其安全管理需要满足不同于传统建筑施工的新的要求。

10.2.2 装配式建筑施工安全影响因素分析

装配式建筑施工安全因素主要包括人员因素,物料、设备因素,技术因素,环境因素,管理因素。

1. 人员因素

装配式建筑施工安全人员因素大致可归纳为人的技术、人的行为、人的意识。人的意识是主要原因。施工人员对最新出台的装配式有关技术规程标准不熟悉、不清楚或自身能力不佳;施工人员本身安全防护意识不足,施工过程中没有采取相应的防护措施;施工人员身体状况欠佳;施工管理人员经验不足,不能很好地把控施工管理要点等,都有可能导致施工安全事故的发生。这些事故发生的原因归根到底是没有建立起牢固的安全意识。安全事故是直接作用于人的,财产损失甚至生命损失都是由人来买单,因此,人员因素是装配式建筑施工安全管理的重中之重。装配式建筑施工安全人员因素相关条文汇总如表10.1所示。

表 10.1　装配式建筑施工安全人员因素相关条文汇总

标准规范/研究学者	环境因素
《湖南省住房和城乡建设厅关于加强装配式建筑工程设计、生产、施工全过程管控的通知》	①全省装配式建筑项目各参建单位要加大培训力度,积极参加或组织各类培训;②健全岗前培训、岗位技术培训制度,大力提升设计人员、构件生产和装配施工管理人员的能力和水平;③创新教育培训方式,校企联合培养
《广西壮族自治区装配式混凝土建筑工程质量安全管理工作要点(试行)》	施工单位应指定专人对现场吊运作业人员、特种作业人员和预制构件安装人员进行统一管理并建立名册
湖北省《装配式建筑施工现场安全技术规程》(DB42/T 1233—2016)	①装配式混凝土结构施工起重司机、塔吊信号工等特种作业人员应持证上岗作业;②起重作业人员应穿防滑鞋、戴安全帽,高处作业应配挂安全带,并应系挂可靠,高挂低用,作业人员酒后不得上岗作业
付杰(2017)	①现场安全人员配置;②构件厂安全监理人员配置;③作业人员健康状况;④工人专业操作水平;⑤吊车司机操作水平;⑥人员安全防护佩戴
董云锦(2018)	①施工现场工作人员配置情况;②企业资质情况;③施工现场工作人员身心情况;④施工现场工作人员专业操作水平;⑤施工现场工作人员安全意识水平
常春光(2019)	①作业人员的工艺技术水平;②作业人员的安全意识;③管理人员的安全管理能力;④作业人员对安全制度的遵守情况

通过对相关标准规范和文献中与装配式建筑施工安全人员有关的条文进行整理归纳,本书从施工人员健康状况、施工人员专业技术水平、人员安全意识、现场安全管理人员的配置、人员安全防护用具的佩戴这 5 个角度选取了影响装配式建筑施工安全的人员因素,并提出管理措施。

（1）施工人员健康状况。施工人员健康状况包括心理健康状况和身体健康状况，装配式建筑施工人员需要进行大量高空临边作业，因此不仅要求其有强健的体魄，还需要有良好的心理素质。需要定期组织相关人员进行健康检查，关注其身心健康状况，严禁疲劳上岗、酒后上岗，发现施工人员健康状况不满足上岗要求时，应及时将其调离岗位。

（2）施工人员专业技术水平。装配式建筑施工对各个工种提出了更高的专业技术要求，从经验来看，施工人员对于施工技术的熟练程度与安全事故的发生概率呈负相关。要求对施工人员进行定期培训，施工前需进行相应的安全技术交底；建立持证上岗制度，要求作业人员具备岗前需要的基础知识技能，通过施工企业考试并获得操作合格证后才可上岗作业。

（3）人员安全意识。思想高度决定行动程度，应采用安全的方法进行安全施工、安全管理。不管是一线工人还是管理者，都必须将安全牢记于心。上岗时紧绷安全这根弦，施工人员才能更加小心谨慎地应对施工作业；管理中贯穿安全这条线，管理人员才能更好地发现安全隐患，做好安全论证。

（4）现场安全管理人员的配置。经验丰富的安全管理人员可以有效识别施工现场的安全隐患并进行有效控制，从而减少事故，在施工现场发挥重要作用。现场安全管理人员应根据建筑面积进行有效配置，具备相应的资格证书并且应该十分熟悉装配式建筑施工相关标准和技术规程；具备一定应急管理和心理承受能力，在事故真正发生时也能保持冷静，指挥现场。

（5）人员安全防护用具的佩戴。安全防护用具的佩戴可以有效降低安全事故所带来的人员伤亡，相关人员应明确安全防护用具的正确使用方法，同时要树立起相应的安全意识，进入现场就要穿戴好相应的安全防护用品，必要时应建立起严格的监督和管理制度，督促现场人员严格遵守。

2. 物料、设备因素

本书所指的物料主要是装配式建筑施工中必不可少的预制构件，所指的设备主要是装配式建筑施工中所需要的各种机械设备，比如起重机、升降机、吊具、吊索等。物料、设备均可以归为物的影响因素。物的不安全状态是另一重大安全隐患，不管是预制构件生产、运输、储存、吊装的整个过程，还是机械设备的选择、使用、维护的各个阶段，一旦出现问题，轻则造成财产损失，重则造成人员伤亡，因此需要对施工过程中的物进行严格管理。装配式建筑施工安全物料、设备因素相关条文汇总如表 10.2 所示。

表 10.2　装配式建筑施工安全物料、设备因素相关条文汇总

标准规范/研究学者	环境因素
《装配式混凝土建筑技术标准》(GB/T 51231—2016)	①预制构件拼接位置宜设置在受力较小部位;②节点及接缝处的纵向钢筋连接宜根据接头受力、施工工艺等要求采用不同的连接方式;③应采用慢起、稳升、缓放的操作方式,吊运过程应保证垂直于地面,避免长时间悬停
江苏省《装配式混凝土建筑施工安全技术规程》(DB32/T 3689—2019)	每班作业宜先试吊一次,检查吊具与起重设备,每次起吊脱离堆放点时应予以适当停顿,确认起吊作业安全可靠后方可继续提升
陈伟(2016)	①构件安全防护深化设计;②预留预埋件深化设计;③外墙连接件技术;④构件连接节点技术;⑤构件准确定位技术
黄桂林(2017)	①基础施工方案不合理;②关键施工技术的复杂程度及作业强度不够;③时变结构的安全监测技术不到位
董云锦(2018)	①预制构件施工设计;②预制外墙连接技术;③预制构件连接点技术;④预制构件准确定位技术
郭海滨(2018)	①施工吊装技术;②构件定位的精确性;③孔道灌浆技术;④节点连接处理技术;⑤隐蔽工程的检验技术
冯亚娟(2019)	①构件连接点安装技术;②构件准确定位技术;③时变结构的安全监测技术;④基础施工方案的合理程度

　　通过对相关标准规范和文献中与装配式建筑施工安全物料、设备有关的条文进行整理归纳,本书从预制构件的质量、预制构件的堆放、预制构件的临时支撑体系、预制构件吊点的位置和连接强度、吊装机械设备的选择、吊装机械设备的检查和保养这 6 个角度选取了影响装配式建筑施工安全的物料、设备有关因素,并提出管理措施。

　　(1)预制构件的质量。预制构件作为装配式建筑施工过程中的主要角色,其质量的重要程度显而易见,预制构件的生产和进场都应建立起严格的质量检测制度,从源头杜绝安全隐患,保证最终进场的构件符合结构性能、安装和使用功能要求。

（2）预制构件的堆放。预制构件的运输阶段和现场存放阶段均涉及构件的堆放问题，构件堆放不合理容易产生开裂变形，影响最终的安全性能。构件整体堆放是否稳定主要考虑构件的堆放方式和护栏等固定装置的牢固性。构件需要多层堆积时，每层的垫块位置要保证一致，这样才不会因重心不在一条线上而产生歪斜，支点宜与起吊点位置一致；构件的护栏等固定措施应经过安全验算并有足够的支撑强度。

（3）预制构件的临时支撑体系。很多构件倒塌事故的发生就是因为预制构件在吊装完毕之后临时支撑体系不到位，要求根据预制剪力墙、预制梁等不同部位的构件选择合适的临时支撑体系；要求临时支撑体系具有足够的承载力，能够完全支撑起大型或异形构件的重量，保证稳定不倾倒。

（4）预制构件吊点的位置和连接强度。预制构件吊点的位置和连接强度影响着整个构件的吊装过程，吊点位置不合理会导致构件起吊后不稳，而预埋件埋深不够会使吊点受力超过其承载力极限，进而吊点破坏导致构件坠落，加之其大体积、大重量的特点，极有可能发生严重的物体打击事故。吊点位置和连接强度应根据构件的形状、重量等本身属性进行合理设计。

（5）吊装机械设备的选择。装配式建筑在施工过程中涉及大量的吊装作业，构件的体积和重量、吊装的高度和范围均是选择吊装机械时必须考虑的因素。塔式起重机或者行走式起重机都要根据起重能力、塔臂覆盖范围、预制构件堆放情况、施工流水等进行选择，吊装之前应对相关吊装机械、设备进行严格检查，以保证安全。

（6）吊装机械设备的检查和保养。设备在使用过程中，都会因为具体的使用出现故障、磨损等情况，使用成本加剧，预制构件大体积、大重量的特点加上频繁的吊装作业更是会加快设备的损耗速度，长久以往便会形成重要的安全隐患。要求对吊具吊索、起重设备的制动系统、传动系统等进行检查，以确保其安全状态。

3. 技术因素

我国到 2013 年才出台国家政策鼓励各地发展装配式建筑，到 2016 年才颁布了相关技术标准，所以装配式建筑在我国的发展可以说是刚刚起步。关于其设计、生产、施工等技术层面的问题，相关单位会存在一些不完善的地方，而这就是安全隐患所在，需要进行重点监督和管理。装配式建筑施工安全技术因素相关条文汇总如表 10.3 所示。

212

表 10.3　装配式建筑施工安全技术因素相关条文汇总

标准规范/研究学者	环境因素
《装配式混凝土建筑技术标准》(GB/T 51231—2016)	①预制构件拼接位置宜设置在受力较小部位;②节点及接缝处的纵向钢筋宜根据接头受力情况、施工工艺等采用不同的连接方式;③应采用慢起、稳升、缓放的操作方式,吊运过程保证垂直于地面,避免长时间悬停
江苏省《装配式混凝土建筑施工安全技术规程》(DB32/T 3689—2019)	每班作业宜先试吊一次,检查吊具与起重设备,每次起吊脱离堆放点时应予以适当停顿,确认起吊作业安全可靠后方可继续提升
陈伟(2016)	①构件安全防护深化设计;②预留预埋件深化设计;③外墙连接件技术;④构件连接节点技术;⑤构件准确定位技术
黄桂林(2017)	①基础施工方案不合理;②关键施工技术的复杂程度及作业强度不够;③时变结构的安全监测技术不到位
董云锦(2018)	①预制构件施工设计;②预制外墙连接技术;③预制构件连接点技术;④预制构件准确定位技术
郭海滨(2018)	①施工吊装技术;②构件定位的精确性;③孔道灌浆技术;④节点连接处理技术;⑤隐蔽工程的检验技术
冯亚娟(2019)	①构件连接点安装技术;②构件准确定位技术;③时变结构的安全监测技术;④基础施工方案的合理程度

通过对相关标准规范和文献中与装配式建筑施工安全技术有关的条文进行整理归纳,本书从预制构件吊装技术、高处作业防护技术、预制构件连接点技术、预制构件准确定位技术这 4 个角度选取了影响装配式建筑施工安全的技术因素,并提出管理措施。

(1) 预制构件吊装技术。应用严谨、科学的态度对待预制构件的整个吊装过程,技术因素主要从吊装前准备工作和吊装过程两个方面进行考虑。要求在构件吊装前编制专项吊装作业施工方案,明确需要吊装的构件的重量、数量,以及主要构件的吊装工艺、吊点的位置和数量;构件吊运时应该处于垂直状态且要一气呵成,倾斜吊运和长时间悬停是绝对不允许的。

(2) 高处作业防护技术。由于装配式建筑自身施工特性无法安装整体式外围防护,而其又涉及大量的高空临边作业,良好的高空防护技术可以有效避免高空坠落事故。采用外挂架、悬挑架等进行防护时,应严格参照相关技术规程,比

如《建筑施工工具式脚手架安全技术规范》(JGJ 202—2010)等；必要时应设置安全母索和防坠安全网对高处作业人员进行安全保护。

（3）预制构件连接点技术。良好的预制构件连接点技术是整个装配式建筑具备整体稳定性的前提，该技术不达标会使施工现场存在构件脱落这一重大安全隐患，极有可能导致构件倒塌和物体打击事故。预制构件进行相关灌浆连接时，应对灌浆料进行检查，灌浆料要饱满密实，混凝土强度要达标，以保证连接质量。

（4）预制构件准确定位技术。吊装过程中定位模具是否根据构件形状进行定制、预留钢筋埋设位置是否正确，决定了预制构件的定位是否准确。若构件难以准确定位、长时间悬停在空中，则极易造成构件倒塌和物体打击事故。定位模具应专项使用，根据不同构件的具体外形尺寸和连接钢筋的位置进行相应制作，并尽可能降低定位模具的尺寸和位置偏差。

4. 环境因素

不管是人还是物，在装配式建筑的整个施工阶段都要处于一定环境之中，环境因素是固有影响因素，其通过作用于人或者物来间接影响装配式建筑的施工安全。环境一般包括内部施工环境和外部政策环境两个方面。外部政策环境作为宏观环境不能通过有效管理改变，因此将其放到管理因素中进行讨论。装配式建筑施工安全内部施工环境因素相关条文汇总如表 10.4 所示。

表 10.4　装配式建筑施工安全内部施工环境因素相关条文汇总

标准规范/研究学者	环境因素
《装配式混凝土建筑技术标准》(GB/T 51231—2016)	①遇到恶劣天气，不得进行吊装作业；②吊机在吊装区域吊运预制构件时，构件下方禁止站人；③安装作业开始前，根据施工区域设置警戒线和信号标识，严禁无关的人员进入；④对存放的预制构件成品进行保护；⑤存放场地应平整、坚实，并有防水措施
湖北省《装配式建筑施工现场安全技术规程》(DB42/T 1233—2016)	①预制构件运输道路要有相应的承载力，验算合格之后方可规划运输；②预制构件堆场地基承载力及变形，应根据构件重量进行验算，满足要求后方能堆放
李英攀(2017)	①空中塔吊作业环境；②天气与气候状况；③构件运输环境；④构件堆场布置状况；⑤安全标准政策环境

续表

标准规范/研究学者	环境因素
闫帅平(2019)	①构件运输环境;②现场道路情况;③安全标准政策环境;④吊装作业气候条件
王祎炜(2019)	①施工用电不合理;②吊装天气、气候不良;③现场周围环境不良
王灵智(2020)	①安全标准政策环境;②施工现场环境;③周围运输环境;④自然环境状况

　　通过对相关标准规范和文献中与装配式建筑施工安全环境有关的条文进行整理归纳,本书从预制构件运输环境、预制构件存放环境、预制构件吊装环境、施工现场整体环境、外部政策环境 5 个角度选取了影响装配式建筑施工安全的环境因素,并提出管理措施。

　　(1)预制构件运输环境。预制构件从生产完成到进场离不开物流运输过程,运距、运输过程中的交通情况、道路状况均会对运输安全造成影响。运输环境在一定程度上会影响构件倒塌事故、吊装事故等的发生概率,道路的选取要经过计算,根据运输构件重量进行选择,否则可能会因承载力不达标而产生事故,要求运输过程中尽可能保证构件完好,使其不出现影响使用功能的瑕疵。

　　(2)预制构件存放环境。不得随意放置到达施工现场的预制构件,应设立专门存放区。预制构件存放环境对构件质量和存放状态有重要影响,存放场地不符合要求不仅会直接造成构件倒塌事故,也可能间接导致构件吊装事故。要求根据构件类型专门设置构件的存放场地,构件的存放场地应平整、坚实,承载力强,并通过安全验算不会塌陷,有相应防水措施,有充足的作业空间。

　　(3)预制构件吊装环境。预制构件吊装环境主要从吊装气候条件和吊装现场环境两方面考虑。构件吊装对气候要求极高,风、雪、雨等天气均有可能导致构件起吊后不稳,极易造成构件吊装事故和物体打击事故,吊装现场要实行封闭式管理,无关人员禁止靠近,以保证安全。

　　(4)施工现场整体环境。施工现场布置要求更高。存放构件的位置、吊装起重机械的范围、现场平整程度、现场区域设置的合理性都较为重要。平面布置得好可以减少构件的二次搬运。涉及构件的运输时,要求现场道路布置考虑车辆转弯半径的大小、掉头的难易程度等,另外要明确施工现场大型起重机械的位置。

（5）外部政策环境。外部的政策压力才能激发装配式建筑施工内部的管理动力。外部政策由党中央或者省政府等国家机关制定，其制定需要经过精密研判，所以科学性较强，相关单位因地制宜落实可以减少安全事故。加大外部安全监管，用政策标准、法律法规从刚性角度对装配式建筑施工安全管理作出明确规定，体现了国家对装配式建筑施工安全管理的重视。

5. 管理因素

作为一项复杂的建筑生产活动，装配式建筑在我国的发展才刚刚起步，项目参与各方缺乏相应管理经验的同时，对刚刚建立起来的规范标准也不甚熟悉，往往存在安全管理不到位的情况，给施工安全事故的发生埋下隐患。简单来说，对装配式建筑施工活动的安全管理其实就是对施工所涉及的人、物、技术、环境的管理，而良好的安全管理离不开严格的制度，离不开相关费用的投入，这可以说是进行安全管理的重要前提。装配式建筑施工安全管理因素相关条文汇总如表10.5所示。

表 10.5 装配式建筑施工安全管理因素相关条文汇总

标准规范/研究学者	环境因素
《贵州省住房和城乡建设厅关于印发贵州省装配式建筑工程质量安全暂行管理办法的通知》	①单列措施费，尤其是安全生产文明施工措施费；②参建各方落实工程质量安全管理责任，建立装配式建筑工程质量安全追溯管理体系
《江苏省住房和城乡建设厅印发〈关于加强江苏省装配式建筑工程质量安全管理的意见（试行）〉的通知》	①装配式建筑工程施工前，按照专项施工方案进行技术交底和安全培训；②安全监督机构应当依据法规标准，对施工现场的运行状况、劳动防护用品、施工起重机械进行抽查；③编制施工应急预案，组织应急救援演练
《辽宁省装配式混凝土结构建筑施工安全管理办法（试行）》	①装配式建筑工程实施过程中，发生施工单位拒绝接受监管、不按照安全专项方案实施或存在重大险情等情况时，应及时报告安全监督主管部门；②建立信息管理机制，保证危大工程施工及重大风险传递的有效性
张文佳（2017）	①安全管理机构及制度建立；②装配风险识别及控制程度；③事故预警及应急处理；④安全检查制度执行状况；⑤安全教育培训执行状况

续表

标准规范/研究学者	环境因素
李文龙(2019)	①安全防护措施使用情况;②安全生产责任制落实情况;③安全定期检查到位情况;④安全风险管理及控制情况
吴溪(2019)	①缺乏相关安全教育培训;②安全生产管理制度与现场实际施工情况不匹配;③缺乏统一有效的管理标准、监理机制;④施工过程中多方协调管理不到位

通过对相关标准规范和文献中与装配式建筑施工安全管理有关的条文进行整理归纳,本书从安全措施费的投入、事故预防及应急管理、一线人员的安全管理参与程度、相关政策标准的执行情况、安全生产责任的落实情况、安全监督检查的频率、现场安全警示标志的设置这 7 个角度选取了影响装配式建筑施工安全的管理因素,并提出管理措施。

(1)安全措施费的投入。安全措施费是装配式建筑施工安全管理的重要经济保障,安全措施费的投入影响安全教育培训、安全防护用具购置等一系列安全生产活动的开展,进而影响施工安全事故发生的概率。要求安全措施费根据装配式建筑施工特点合理计取并符合国家和地方规定的相关标准,专款专用。

(2)事故预防及应急管理。装配式建筑本身的特点决定了其施工过程必然存在安全风险,风险本身不可以消除,但可以通过有效的措施避免,即使最终不能避免,也需要在其发生时有强有力的应对方法,提前预判风险,把握风险走向。对于一些较为常见且较大的危险源,应能精准施策、分类拆弹,制订施工应急预案,定期进行安全演练,增加相关人员对应急预案的熟悉程度,并找出不足之处。

(3)一线人员的安全管理参与程度。装配式建筑施工所涉及的物、技术、环境都离不开人的参与,对装配式建筑进行安全管理究其根本就是对人进行管理,人员因素也是根本因素。作为离安全事故最近的施工现场一线人员,参与安全管理将会有效提高其对危险的敏感程度,因此安全管理不仅仅是管理人员的责任,也需要鼓励一线人员参与其中,对施工现场危险源进行挖掘并上报。

(4)相关政策标准的执行情况。目前我国正大力支持装配式建筑发展,不管是在国家层面,还是在省、直辖市层面,均相继出台了相关的政策标准、安全技术规程,这些都是通过大量的科学论证之后才提出的。在装配式建筑施工阶段,严格按流程执行、按标准办事将会有效减少安全事故的发生。

（5）安全生产责任的落实情况。若安全生产责任落实不到位，则会出现管理盲区，项目各方人员也可能会相互推诿安全管理职责，这会大大增加施工现场的安全隐患。要求所有施工现场参与人员和单位明确自身对于施工现场管理的定位及职责，严格遵守相关章程，履行好自身安全管理义务。

（6）安全监督检查的频率。安全监督检查的频率会影响相关人员对待检查和安全生产的态度，仅仅一次检查可以是应付了事，但是多次定期和不定期检查会促使其将一次性行为变成长久以往的习惯。当安全行为、安全意识都变成习惯时，施工现场安全管理的难度将会大大降低，安全隐患也会随之减少。

（7）现场安全警示标志的设置。位置显眼且颜色醒目的安全警示标志是帮助施工现场人员远离危险的无声提醒。相关人员需要明确不同符号的具体含义才能规避安全风险，因此正式进场前有必要对符号意义进行专门告知并考核掌握情况，安全符号的设置最好简单明了。

10.3　装配式建筑施工安全隐患及预防措施

10.3.1　装配式建筑施工安全隐患

1. 预制构件运输安全隐患分析

装配式建筑的构件在工厂预制生产，由车辆运送至施工现场，预制构件具有重量大、种类多、体积大等特点，受运输路况等外部环境因素制约，预制构件运输装卸的工作难度较大。如果运输装卸准备前未制订可行的运输方案，容易导致预制构件在运输途中出现突发隐患。预制构件运至现场时，如果起重机操作人员未按规范作业，则可能会导致外拉斜吊距离过短等不良现象，容易造成事故。

2. 预制构件现场存放安全隐患分析

预制构件运达现场，施工现场的预制构件堆放区域未设置封闭或围挡时，可能造成无关的作业人员在不知情的情况下进入堆放区域，存在事故隐患。根据种类不同，预制构件的存放分为水平和竖直两种方式，若构件堆放区域地面不坚硬或不平整，则会导致预制构件重心偏离，容易出现倾倒现象，危害人身安全。堆放区域内的预制构件放置无顺序时，应进行二次搬运调整。若与相邻构件碰撞和刷蹭现象频繁,则易造成预制构件损坏隐患。

3. 预制构件吊装作业安全隐患分析

吊装作业是装配式建筑施工过程中的关键工序,直接影响整个项目的施工进度与安全。在预制构件质量方面,连接部位失效容易导致预制构件脱落。在吊装设备性能方面,机械设备长时间超重作业引起故障,导致预制构件停留在半空中,易发生被预制构件压垮产生倒塌的安全隐患。在吊装设备操作方面,预制构件需要起重吊装设备完成操作,设备操作员与信号指挥员配合操作不规范时,难以将预制构件送达作业目的点,容易导致构件损害或坠落。

4. 支护作业安全隐患分析

临时支撑体系的支护方式应以预制构件的类型为准,预制剪力墙、柱等竖向构件在安装时一般采用钢管斜撑,在构件的单面或双面 45°～60°搭设连接,钢管一端与楼板固定,另一端与预制构件固定,整体起到有效的支撑作用。临时支撑布置的位置、数量、角度不符合要求或固定端未固定牢固时,可能出现内墙预制构件倾覆或外墙预制构件高处坠落的情况。预制梁、楼板等横向构件施工时,支护作业施工较繁杂,需考虑预制构件的重量,及承受施工作业人员活动的结构的稳定性,减少支撑体系失稳的安全隐患。若临时支撑体系未按规范要求拆除,则可能会引发支护坍塌。

5. 高处作业安全隐患分析

高层建筑施工常使用装配式建筑施工技术。施工人员进行预制外墙板安装作业时,身处室外高处作业,存在安全隐患。根据装配式建筑工程的特点,大多数装配式建筑不搭设外脚手架,高空作业环境条件对作业人员影响较大,存在安全隐患。进行吊装作业时,若高处作业人员未持有特种工种资格证或身体不适,未按规范操作起重机,则可能引发危险事件。

6. 施工用电安全隐患分析

装配式建筑施工现场一般使用临时电路,在施工现场用电管理过程中,难以直观识别用电安全隐患。若用电安全意识不足,在安全防护方面未采用有效的应急措施,则可能会引发施工现场用电安全风险。建筑施工单位未按照相应规范要求组织人员编制临时用电施工方案,施工现场临时用电线路铺设不符合规

范时,容易出现漏电现象。若建筑施工现场配电器具长时间暴露在户外,缺少一定的保护装置或相应警示牌,则可能会引起火灾,存在触电隐患。

10.3.2 装配式建筑施工隐患预防措施

1. 做好预制构件运输前的准备工作

预制构件在运输前需要做好充足的准备工作,制订详细的运输计划与应急预案,保障预制构件能够完整、有序地送达施工现场。按照事先制订的运输方案,严格把控预制构件放置的位置、顺序以及堆放方式,保证预制构件之间留有一定间距。预制构件装载上车时,利用绳索牢固地捆绑加固,避免相邻构件发生碰撞。应尽量选择平坦、车流量小的运输道路,减少预制构件的损坏。预制构件应严格按照计划进行装车,使预制构件运输到施工现场后便于卸车。

2. 预制构件现场存放防范建议

预制构件运达施工现场后,施工单位应加强对预制构件的存放保护,避免在存放过程中发生碰撞和损坏。不同类型的预制构件必须分区存放,梁、板、柱等易碎构件必须采取特定的保护措施,按区域存放。选择存放区域时,应根据一次到位的原则,将预制构件一次性放置到位,防止多次吊运发生碰撞断裂现象。预制构件存放区域的地面必须具有足够的承载力,保证地面干净平整。预制构件存放区域应实行封闭式管理,严禁施工人员因非工作原因在存放区域长时间停留,预制墙板、预制楼梯等预制构件安装时,必须按照规范设置侧向支撑。

3. 制订并规范落实吊装作业方案

预制构件的吊装作业应根据预制构件的规格信息、设备的数量及施工现场方案进行汇总分析,核算吊装设备的起重能力,制订详细的装配式建筑施工方案。吊装作业过程中必须严格落实施工方案,对施工流水段进行规范划分,有效避免起重吊装设备盲目施工、随意施工、超载吊装等不安全行为。起重设备作业区域应进行科学合理的规划,必须保证施工作业的需求。施工现场的吊装设备价格较高,应由专人完成日常安全点检及维修保养,确保起重设备正常运转。

4. 做好支护作业安全措施

装配式建筑预制构件施工过程中,支护作业可以搭设临时安全支撑,防止预制构件倾斜。使用前需要检查各种支撑架的规格型号、间距和数量。为了保证临时支撑体系使用材料的直径和壁厚,施工现场必须对材料进行严格验收。对支撑体系的设置方法及承载能力进行校核和测算,钢管支撑应进行试压试验,确保其符合使用要求。安装预制墙板类竖向构件时,为避免高大的预制墙板底部向外滑动,应增设一道斜向支撑以加强稳定性。安装搭设预制楼板等水平构件时,应严格按照支护方案进行操作,对搭设完成后的支撑体系进行检查和验收。拆除临时支撑前,要求拆除人员严格按照规范执行,并且做好记录,防止拆除作业过程中出现混乱。

5. 加强高处作业的安全管理

装配式建筑施工过程中,高处作业较频繁。安装预制外墙板时,操作人员经常进行临边作业,安全风险较高。高处作业人员使用单梯时不能垫高使用,不得多人在梯子上作业,必须扣好安全带,正确使用防坠安全网,对安全隐患进行主动防御。遇到恶劣天气必须停止室外作业,在作业平台上施工时,应及时清除障碍物,禁止高处作业人员交叉施工。

6. 严格执行施工用电规范

临时用电需要严格按照规范要求执行,这是保证装配式建筑施工安全的基本要求。根据装配式建筑施工现场的实际情况,制订详细可行的临时用电施工方案。临时用电作业人员通过特殊工种操作证考试后,还需要定期进行作业培训,提高操作技能。禁止室外电缆沿着地面明敷,应科学、合理地敷设线路。电气设备必须严格按照规范放置相应的警示牌,防止使用过程中造成用电设备损坏。所有用电设备必须验收合格后才可以使用,手持式电动工具必须通过检查测试,加装防护罩,防止出现用电安全事故。

7. 提高施工人员技术

一般来说,在装配式建筑施工过程中,相关的施工人员是顺利开展各种施工过程的主体,因此,装配式建筑施工的质量往往会受到施工人员的综合素质和施工技术的影响,这就需要相应的施工企业和施工单位提高对施工人员的要求,为了达到这个目的,相关的管理人员应当通过培训来提高施工人员的技术水平。而随着科学技术的发展,各项先进的施工技术也逐渐被应用到装配式建筑施工过程之中,因此,管理人员也要对施工技术人员进行各种仪器操作的持续、动态

培训,从而不断地提升施工人员的专业素养和技术水平,提高装配式建筑施工安全管理的质量和水平。在开展相关培训工作的过程中,不仅要有学术性的培训,还应当结合具体的装配式建筑施工的工程案例来进行实操训练,丰富施工人员的实际操作经验,提升施工人员的整体能力和施工技术水平,同时在培训结束以后,施工企业要组织专人对培训结果进行检查和评估,通过设立奖惩制度来调动工作人员的施工积极性。

除此之外,在新型装配式建筑施工的过程中,还要做好对施工人员的监督和考察工作,对于工作过程中存在的仪器操作及其他技术问题,要及时指出并予以正确的指导,从而提升装配式建筑施工的施工水平和施工质量。

第 11 章　装配式建筑项目资源管理

资源管理指的是对项目所需人力、材料、机具、设备等所进行的计划、组织、指挥、协调和控制等活动。装配式建筑项目资源管理是装配式建筑项目管理的主要内容之一。装配式建筑项目资源管理包括人力资源管理，材料、预制构件管理，施工技术管理，机械设备管理。

11.1　人力资源管理

11.1.1　施工管理人员及施工工人技能要求

1. 施工管理人员技能要求

（1）项目经理。装配式建筑施工的项目经理除了应具备组织施工的基本管理能力，还应熟悉装配式建筑施工工艺、质量标准和安全规程，有非常强的计划意识。

（2）计划与调度人员。该岗位强调计划性，主要是按照计划与预制工厂进行衔接，对现场作业进行调度。

（3）质量控制与检查人员。该岗位主要是对预制构件进场进行检查，对前道工序质量和可安装性进行检查。

（4）吊装作业指挥人员。吊装作业指挥人员应熟悉预制构件吊装工艺和质量要点；有组织协调能力、安全意识、质量意识、责任心强；对各种现场情况，有应对能力。

（5）技术总工。熟悉装配式建筑施工的各个环节，负责制订施工技术方案及措施、进行技术培训和处理现场技术问题。

（6）质量总监。熟悉预制构件出厂标准、装配式建筑施工材料检验标准和施工质量标准，负责编制质量方案和操作规程，组织各个环节的质量检查等。

根据装配式建筑项目管理和施工技术特点，对管理人员进行专项培训，要建立完善的内部教育和考核制度,逐步建立专业化的施工管理队伍,不断提高施工项目管理水平。

2. 施工工人技能要求

装配式建筑施工除了要配备传统现浇式建筑施工所配备的钢筋工、模板工、混凝土工等工种,还要增加一些专业性较强的工种,如起重工、安装工、灌浆料制备工、灌浆工等。与现浇式建筑相比,装配式建筑施工现场作业工人减少,有些工种大幅度减少,如模具工、钢筋工、混凝土工等;还有些工种作业内容有所变化,如测量工、塔式起重机驾驶员等。装配式建筑项目施工前,企业应对上述所有工种进行装配式建筑施工技术、施工操作规程及流程、施工质量及安全等方面的专业教育和培训。对于特别关键和重要的工种,如起重工、信号工、安装工、塔式起重机操作员、测量工、灌浆料制备工以及灌浆工等,必须经过培训考核合格后,方可持证上岗。国家规定的特殊工种必须持证上岗作业。各个工种的基本技能与要求见表 11.1。

表 11.1　各个工种的基本技能与要求

工种	基本技能	要求
测量工	进行构件安装三维方向和角度的误差测量与控制	熟悉轴线控制与界面控制的测量定位方法,确保构件在允许误差内安装就位
塔式起重机驾驶员(塔司)	塔式起重机的吊装转运操作	预制构件重量较大,安装精度在几毫米以内,多个甚至几十个套筒或浆锚孔对准钢筋,要求装配式建筑工程的塔式起重机驾驶员比现浇混凝土工程的塔式起重机驾驶员有更强的吊装能力
信号工	信号工也称为吊装指令工,主要是向塔式起重机驾驶员传递吊装信号。信号工应熟悉预制构件的安装流程和质量要求,全程指挥构件的起吊、降落、就位、脱钩等	该工种是预制构件安装保证质量、效率和安全的关键工种,应具有较高的技术水平和较强的质量意识、安全意识和责任心
起重工	起重工负责吊具准备、起吊作业时挂钩、脱钩等作业	了解各种构件名称及安装部位,熟悉构件起吊的具体操作方法和规程、安全操作规程、吊索吊具的应用方法等,富有现场作业经验

续表

工种	基本技能	要求
安装工	安装工负责构件就位、调节标高支垫、安装节点固定等作业	熟悉不同构件安装节点的固定要求,特别是固定节点、活动节点固定时的区别;熟悉图样和安装技术要求
临时支护工	负责构件安装后的支撑、施工临时设施安装等作业	熟悉图样及构件规格、型号和构件支护的技术要求
灌浆料制备工	灌浆料制备工负责灌浆料的搅拌制备	熟悉灌浆料的性能要求及搅拌设备的机械性能,严格执行灌浆料的配合比及操作规程,经过灌浆料厂家培训及考试后持证上岗,具有较强的质量意识和责任心
灌浆工	灌浆工负责灌浆作业	熟悉灌浆料的性能要求及灌浆设备的机械性能,严格执行灌浆料操作流程及规程,经过灌浆料厂家培训及考试后持证上岗,具有较强的质量意识和责任心
修补工	对运输和吊装过程中构件的磕碰进行修补	了解修补用料的配合比,应对各种磕碰等修补方案;也可委托给构件生产工厂进行修补

11.1.2　劳动力需求计划管理与组织管理

1. 劳动力需求计划管理

施工现场项目部应根据装配式建筑工程的特点和施工进度计划要求,编制劳动力资源需求计划,经项目经理批准后执行。应对项目劳动力资源进行劳动力动态平衡与成本管理,实现装配式建筑工程劳动力资源的精干高效。对于作业班组或专项劳务队人员,应制订有针对性的管理措施。

劳动力需求计划包含地基与基础阶段、主体结构阶段和装修阶段的劳动力需求计划。制订劳动力需求计划时,应注意协调穿插施工时的劳动力。劳动力工种除了传统现浇工艺所需工种(如钢筋工、木工、混凝土工、防水工等),还应根据工程装配式程度,配置相应数量的构件吊装工、灌浆工等技术工种。

2. 劳动力组织管理

施工项目劳动力组织管理是项目部把参加项目生产活动的人员作为生产要素，对其进行的劳动计划、组织、控制、协调、教育、激励等工作的总称。其核心是按照施工项目的特点和目标要求，合理地组织、高效率地使用和管理劳动力，并按项目进度的需要不断调整劳动量、劳动力组织及劳动协作的关系。进行劳动力组织管理可不断提高劳动者素质，激发劳动者的积极性与创造性，提高劳动生产率，达到以最小的劳动消耗全面完成工程合同的目的，获取更大的经济效益和社会效益。

（1）作业班组或劳务队管理。

①按照深化的设计图纸向作业班组或劳务队进行设计交底，按照专项施工方案向作业班组或劳务队进行施工总体安排交底，按照质量验收规范和专项操作规程向作业班组或劳务队进行施工工序和质量交底；按照国家和地方的安全制度规定、安全管理规范和安全检查标准向作业班组或劳务队进行安全施工交底。

②组织作业班组或劳务队施工人员科学、合理地完成施工任务。

③在施工中随时检查每道工序的施工质量，发现不符合验收标准的工序应及时纠正。

④在施工中加强各操作人员间的协调，加强各工序间的协调管理，随时消除工序衔接不良问题，避免人员窝工。

⑤随时检查施工人员是否按照规定安全生产，消灭影响安全的隐患。

⑥应加强管理专项施工所用的材料，特别是要控制好坐浆料、灌浆料的使用。努力降低材料消耗，应小心使用竖向独立钢支撑和斜向钢支撑，轻拿轻放，以保证足够多的周转使用次数。

⑦加强作业班组或劳务队经济核算，有条件的分项应实行分项工程一次包死，制订奖励与处罚相结合的经济政策。

⑧按时发放工人工资、必要的福利和劳动保护用品。

（2）构件管理人员组织管理。

根据装配式建筑工程的规模及施工特点，施工现场应设置专职构件管理人员负责施工现场构件的收发、堆放、储运等工作。专职构件管理人员应建立现场构件堆放台账，进行构件收、发、储、运等环节的管理。构件进场后应分类有序堆放，同类预制构件应使用编码进行管理，防止装配过程出现错装漏装问题。

为保障装配式建筑施工工作的顺利开展,确保构件使用及安装的准确性,防止构件装配出现错装、漏装或难以区分构件等问题,不宜随意更换专职构件管理人员。

(3) 吊装工组织管理。

装配式建筑工程施工时,由于构件体型较大,需要进行大量的吊装作业,吊装作业的效率将直接影响工程的施工进度,吊装作业的安全将直接影响施工现场的安全文明施工管理。吊装作业班组一般由班组长、吊装工、测量放线工、信号工等组成,班组人员数量根据吊装作业量确定,通常 1 台塔吊配备 1 个吊装作业班组。

(4) 灌浆工组织管理。

装配式建筑项目施工时,灌浆作业的施工质量将直接影响工程的结构安全,要求班组人员配合默契,合理配置班组人员数量。比如,灌浆作业班组每组应不少于 4 人,1 人负责注浆作业,1 人负责灌浆溢流孔封堵工作,2 人负责调浆工作。

11.1.3　人力资源技能培训

装配式建筑项目施工从业人员年轻,施工经验不足,甚至可能缺乏装配式建筑项目施工必备的知识和技能,因此需要开展有针对性的培训,提高技能,确保施工质量与安全。比如,钢筋套筒灌浆作业和外墙打胶作业是装配式结构的关键工序,是有别于常规建筑的新工艺,因此,施工前应对工人进行专门的灌浆作业和打胶作业技能培训,模拟现场灌浆施工作业和打胶作业流程,提高灌浆工人和打胶工人的质量意识和业务技能,确保构件灌浆作业和打胶作业的施工质量。

装配式建筑项目施工前,应对现场管理人员、技术人员和技术工人进行全面、系统的教育和培训,培训主要包含技术、质量、安全等方面的内容。

(1) 装配式建筑施工相关的各项施工方案的策划、编制和实施要求。如构件保护措施方案、吊具设计制作及吊装方案、现浇混凝土伸出钢筋定位方案、构件临时支撑方案、灌浆作业技术方案、脚手架方案、后浇区模板设计施工方案、构件接缝施工和构件表面处理施工方案等。

(2) 各种预制构件现场的质量检查和验收要求及操作流程。

(3) 各种预制构件的吊运安装技术、质量、安全要求及操作流程,包含构件的起吊、安装、校正及临时固定。

(4) 预制构件安装完毕后的质量检查验收要求和操作流程。

（5）预制构件安装连接和灌浆连接的技术、质量、安全要求及操作流程。

（6）预制构件安装连接和灌浆连接后的质量检查验收要求。

（7）其他安全操作培训，如安全设施使用方法及要求、临时用电安全要求、作业区警示标志要求、动火作业要求、起重机吊具吊索日检查要求、劳动防护用品使用要求等。

11.1.4　劳务承包管理

1. 劳务承包方式种类

装配式建筑劳务分包是指施工单位将其承包的工程劳务作业发包给劳务分包单位完成，装配式建筑劳务分包一般采取劳务直管方式。劳务直管方式是指将劳务人员或劳务骨干作为施工企业的固定员工参与建筑施工的管理模式，其现场劳务管理由企业施工员工完成，对劳务队伍管理较规范，具体采取下列三种。

（1）施工企业内部独立的劳务公司。

劳务公司就是企业内部劳务作业层从企业内部管理分离出来成立的独立核算单位。劳务公司独立于企业，经营上自负盈亏，并向企业上缴一定的管理费用，管理层由参与组建的各方确定，以企业内部劳务市场需求为主，也可参与企业外部的劳务市场竞争，作业员工由企业内部原有的劳务人员组成，适当吸纳社会上有意参股的施工队伍共同筹资组建。劳务公司内部具体权益分配主要由各方投资份额决定。

（2）企业内部成建制的劳务队伍。

该劳务队伍与企业成立相对固定的施工队伍，劳务人员与企业签订长期的合同，享受各种培训、保险等福利待遇。劳务队伍在企业内部根据工程需求在各个工地流动，也可将该劳务队伍外包到其他相关工程中，保证作业员工稳定收入，也可引入外部劳务队伍参与企业内部竞争。

（3）稳定技术骨干加临时工的形式。

稳定技术骨干加临时工的形式就是以企业内部劳务作业层为主，招募社会零散劳务人员或小型施工队伍，与企业内部职工同等管理，现场管理由企业施工员担任，此类形式下企业固定员工少，社会零散劳务人员用时急招，不用时遣散，故劳务风险较小，骨干长期保留，便于控制和管理。

三种劳务分包形式各有特点，应坚持对劳务分包人员进行专业培训考核，确保劳务人员的劳动积极性和技术水平。

2. 具体分项工程劳务分包管理

装配式建筑项目中现场吊装安装工序、钢套筒灌浆或金属波纹管灌浆工序可以采用以上三种劳务分包管理形式,其他传统施工工序,如钢筋绑扎专业、模板支设专业、混凝土浇筑专业及轻质墙板安装专业,也可以采用以上三种劳务分包管理形式,做到专业化操作,标准化管理,工程进度和质量均有保证。

11.2　材料、预制构件管理

11.2.1　材料、预制构件管理的概念及内容

施工材料、预制构件管理是为顺利完成项目施工任务,从施工准备到项目竣工交付,所进行的施工材料和构件的计划、采购、运输、库存保管、使用、回收等所有的相关管理工作。

施工材料、预制构件管理包括以下内容。

(1)根据装配式建筑项目所需的构件数量及构件型号,施工单位提前通知构件厂按照提供的构件生产和进场计划组织好运输车辆,将构件有序地运送至施工现场。

(2)装配式建筑采用的灌浆料、套筒等材料的规格、品种、型号和质量必须满足设计和有关规范、标准的要求,坐浆料和灌浆料应提前进场取样送检,避免影响后续施工。

(3)预制构件生产厂家应提供构件的质量合格证明文件及试验报告,并配合施工单位按照设计图纸、规范、标准、文件的要求进行进场验收及材料复试工作,预制构件应进行结构性能检验,结构性能检验不合格的预制构件不得投入使用。构件上的预埋件、插筋和预留孔洞的规格、位置和数量应符合设计图纸及相关规范要求。

(4)建立管理台账,进行材料收、发、储、运等环节的技术管理,对预制构件进行分类,有序堆放。不同部位、不同规格的预制构件应进行编码管理,防止装配过程中出现错装问题。预制构件应在明显部位标明生产单位、构件型号、生产日期和质量验收标志。

11.2.2 预制构件的运输与堆放管理

1. 预制构件的运输管理

预制构件如果在储存、运输、吊装等环节发生损坏将会很难修补,既耽误工期,又造成经济损失。因此,大型预制构件的储存与运输非常重要。

(1) 构件运输准备。

①制订运输方案。施工单位要综合考虑运输构件实际情况,装卸车现场及运输道路的情况,起重机械、运输车辆的条件等,最终选定运输方法、起重机械(装卸构件用)和运输车辆。

②设计制作运输架。应根据构件的重量和外形尺寸进行设计制作运输架,且尽量考虑通用性。

③验算构件强度。对钢筋混凝土屋架和钢筋混凝土柱等构件,根据运输方案所确定的条件,验算构件在最不利截面处的抗裂强度,避免在运输中出现裂缝。如有出现裂缝的可能,应进行加固处理。

④清查构件。仔细清查构件的型号、质量和数量,有无加盖合格印,有无出厂合格证书等。

⑤勘察运输路线。施工单位或者预制构件厂应组织司机、安全员等相关人员对运输道路的情况进行勘查,保证构件安全、及时地送到装配现场,最好设置2条以上运输配送线路。线路勘察记录包括路段技术等级,桥梁(设计标准、结构、跨径、桥长、病害)、隧道(限界、长度)、立交(限高)、收费站(通过能力)、连续弯道(纵坡、横坡、坡长)的通行情况,村镇通过能力,临时便道情况,推荐线路,备用线路,运输线路图示,困难桥梁路段照片。运输线路分析包括等级、里程、坡度、平竖曲线半径、建筑限界、桥涵承载能力、收费站村镇通过性、空间障碍尺度、困难路段描述、照片图示。运输路线选择的原则是尽量回避大江大河、充分利用高等级公路、力求运距最短;选择平坦坚实的运输道路,必要时"先修路、再运送"。

⑥联系交通管理部门。在构件运输之前,与交通管理部门保持沟通,询问道路状况,获取通行线路、通行时间段的信息十分重要。当运输超高、超宽、超长构件时,必须向有关部门申报,经批准后,在指定路线上行驶。

(2) 构件运输。

①运输车辆。

构件运输车辆主要有甩挂运输车和普通平板车两种。目前,国内预制构件运输以重型半挂牵引车为主。其整车尺寸为长 12～17 m,宽 2.4～3 m,高不超过 4 m;牵引重量在 40t 以内;经济和安全车速为 55～85 km/h。国外预制混凝土构件运输主要采用甩挂运输方式,比如,德国朗根多夫预制构件运输车通过特殊的悬浮液压系统,安全的装载设计,单人操作,在几分钟内实现装卸,无须使用起重机,无须等待,对货物没有损伤,可以大幅度提升构件运输效率。

②构件装卸与运输。

在对构件进行发货和吊装前,要事先和现场构件组装负责人确认发货计划书上是否有遗漏的构件,构件的到达时间、顺序和临时放置等内容。装车必须规范,防止因道路颠簸而造成构件倾倒。构件运输一般采用平放装车方式或竖立装车方式。梁构件通常采用平放装车方式,墙和楼面板构件一般采用竖立装车方式。其他构件包括楼梯构件、阳台构件和各种半预制构件等,因为各种构件的形状和配筋情况各不相同,所以要分别考虑不同的装车方式。平放装车时,应采取措施防止构件中途散落。竖立装车时,应事先确认所经路径的高度限制,确认不会出现问题。另外,还应采取措施防止运输过程中构件倒塌,无论采取哪种装车方式,都需要根据构件配筋情况决定台木的放置位置,防止构件在运输过程中产生裂缝、破损,也要采取措施防止运输过程中构件散落,还需要考虑搬运到现场之后施工的便捷性等。

牵引车上应悬挂安全标志,超高的部件应有专人照看,并适当配备保护器具,保证在有障碍物的情况下安全通过。一些大型异形预制构件,由于外形超大、超宽,应有紧固措施、高度标示、宽度标识。夜间行驶应在车身贴有反光标识。路上可能还会受到时间限制,要特别关注。

a.柱运输方法。长度在 6 m 左右的钢筋混凝土柱可用一般载重汽车运输,较长的柱则用拖车运输。拖车运长柱时,柱的最低点至地面距离不宜小于 1 m,柱的前端至驾驶室距离不宜小于 0.5 m。柱运输方法如图 11.1 所示。

柱在运输车上的支垫方法,一般用两点支承。若柱较长,采用两点支承柱的抗弯能力不足,应用平衡梁三点支承,或增设一个辅助垫点。

b.叠合板、阳台板、楼梯、装饰板等水平构件运输方法。叠合板、阳台板、楼梯、装饰板等水平构件多采用平层叠放运输方式。平层叠放运输方式即将预制构件平放在运输车上,一件件往上叠放,再一起进行运输。具体叠放标准如下。叠合楼板:标准 6 层/叠,不影响质量安全可到 8 层,堆码时按产品的尺寸大小堆叠。预应力板:堆码 8～10 层/叠。叠合梁:2～3 层/叠。

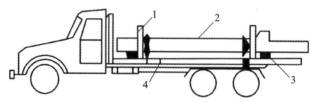

(a) 载重汽车上设置平架运短柱

注：1—运架立柱；2—柱；3—垫木；4—运架

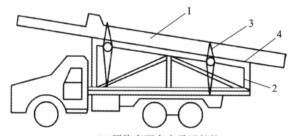

(b) 用拖车两点支承运长柱

注：1—柱；2—倒链；3—钢丝绳；4—垫木

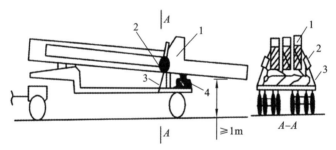

(c) 拖车上设置平衡梁三点支承运长柱

注：1—柱；2—垫木；3—平衡梁；4—铰；5—支架（用来稳定柱）

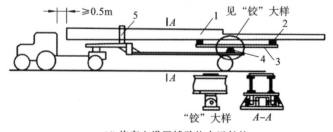

(d) 拖车上设置辅助垫点运长柱

注：1—双肢柱；2—垫木；3—支架；4—辅助垫点；5—捆绑铰链和钢丝绳

图 11.1 柱运输方法

（3）构件运输协议管理。

施工方与运输方签订的构件运输协议应包括的主要内容：依据安全生产法律、法规落实各自的安全职责；出厂运输的构件检测、合格出厂证明、构件装车方案；根据装配式建筑施工特点，结合预制混凝土构件运输特性，编制专项运输方案，经论证审批实施；运输安全生产协议中明确预制构件运输车辆、设备等安全职责，协调督促各单位相互配合；制订意外坏损责任认定范围。

2. 预制构件的堆放管理

一般情况下，工地存放构件的场地较小，构件存放期间易被磕碰或污染，因此，应合理安排构件进场节奏，尽可能减少现场存放量和存放时间。构件存放场地宜邻近各个作业面，如南立面和北立面的构件应分别在该立面设置场地存放。构件按结构分为梁、叠合板、楼梯，要求对其分别编号，构件编号应标注在构件的显著位置上，并标明构件所属工程名称。

（1）预制构件场地存放的一般规定。

①在塔式起重机有效作业范围内，但又不在高处作业下方，避免坠落物砸坏构件或造成污染。②构件存放区域要设置隔离围挡，避免构件被工地车辆碰坏。③存放场地应平整、坚实，如果不是硬覆盖场地，场地应当夯实，表面铺上砂石。④场地应有排水措施。⑤构件在工地存放、支垫、靠架等与在工厂堆放的要求一样。⑥构件堆放位置应考虑吊装顺序。⑦如果预制构件临时堆场安排在地下车库顶板上，车库顶板应考虑堆放构件荷载对顶板的影响。

（2）预制构件堆放。

预制构件进入施工现场以后，应堆放在专用的堆放场。施工场地应划出专用堆放场，用铁制围栏圈好堆放场。此种堆放场，一般设在靠近预制构件的生产线及起重机起重性能所能达到的范围内。依据装配式建筑施工中的构件吊装、堆场加固、构件安装等特点，与建设方合理确定安全生产文明施工措施费用。涉及堆场加固、构件吊点、塔吊及施工升降机附墙预埋件、脚手架拉结等，需要设计单位核定。堆场、构件堆放架、操作平台、临时支撑体系必须由施工方、监理方组织验收。

①预制叠合板构件堆放。叠合板按形状和大小分类堆放，叠合板预制构件必须水平放置，下部设置木方于硬化场地上，叠合板内架立筋和吊钩朝上。叠合板与叠合板之间放置 100 mm×100 mm 木垫块，位置应在同一垂直点，叠放高度不宜超过 1 m，确保预制构件不会因上部重量堆积过多而产生挠曲变形。

②预制梁构件堆放。预制梁按形状大小堆放,必须水平放置,下部设置木方于硬化场地上,不可层叠。

③预制楼梯构件堆放。预制楼梯按形状大小堆放,楼梯可侧身竖直放置,不可层叠,下部设置木方于硬化场地上,吊钩朝上。

④预制墙板构件堆放。预制墙板按构件长短堆放,墙板下部垫两条 5 m 长、100 mm×100 mm 的木方,上部采用三角木楔子塞实,确保墙板垂直堆放。

(3)垫方与垫块要求。

预制构件常用的支垫为木方、木板和混凝土垫块。

木方一般用于柱、梁构件,规格为 100 mm×100 mm~300 mm×300 mm,根据构件重量选用。木板一般用于叠合楼板,板厚为 20 mm,板宽为 150~200 mm。混凝土垫块用于楼板、墙板等板式构件,一般为边长 100 mm 或 150 mm 的立方体。隔垫(软垫)一般为橡胶、硅胶或塑料材质,用在垫方与垫块上面,一般为 100 mm 见方或 150 mm 见方。与装饰面层接触的软垫应使用白色,以防止污染。

11.2.3　材料、预制构件进场检验

当所需预制构件及其他材料进场时,专业施工员会与材料负责人和技术负责人共同对其进行验收,并办理验收手续,报监理工程师核验。验收项目包括材料品种、型号、质量、数量等。

(1)预制构件进入现场后由项目部材料部门组织有关人员进行验收,进场材料质量验收前应全数检查出厂合格证及相关质量证明文件,确保产品符合设计及相关技术标准要求,同时检查预制构件明显部位是否标明了生产单位、项目名称、构件型号、生产日期、安装方向及质量合格标志。

(2)为保证预制构件不存在有影响结构性能、安装、使用功能的尺寸偏差,在材料进场验收时应利用检测工具对预制构件尺寸项进行全数、逐一检查;同时在预制构件进场后对其受力构件进行受力检测。

(3)为保证工程质量,在预制构件进场验收时对其包括吊装预留吊环、灌浆套筒、电气预埋管、电气预埋盒等在内的外观质量进行全数检查,对于存在外观质量问题的预制构件,可修复且不影响使用及结构安全的,按照专项技术处理方案进行处理,其余不得进场使用。

（4）为强化进厂检验，保证工程质量，应在卸车前或卸车中对所有预制构件进行逐项检查，逐项验收，项目部组织不同部门人员（现场工长、水电工长、材料负责人、质检员）进行签证验收，发现不合格品一概不得使用，并进行退场处理。

11.2.4　材料、预制构件成品保护管理及使用管理

1. 材料、预制构件成品保护管理

（1）预制构件在运输、堆放、安装施工过程中及装配后应做好成品保护。成品保护应采取包、裹、盖、遮等有效措施。预制构件堆放处的 2 m 内不应进行电焊、气焊作业。

（2）构件运输过程中一定要匀速行驶，严禁超速、猛拐和急刹车。车上应设有专用架，且需有可靠的稳定构件措施，用钢丝带加紧固器绑牢，以防运输过程中受损。

（3）所有构件出厂前应覆一层塑料薄膜，到现场及吊装前不得撕掉。

（4）预制构件吊装时，起吊、回转、就位与调整等各阶段应有可靠的操作与防护措施，以防预制构件发生碰撞扭转与变形。预制楼梯起吊、运输、码放和翻身必须注意平衡，轻起轻放，防止碰撞，保护好楼梯阴阳角。

（5）预制楼梯安装完毕后，利用废旧模板制作护角，对楼梯阳角进行保护，避免装修阶段损坏。

（6）预制阳台板、防火板、装饰板安装完毕时，阳角部位利用废旧模板制作护角。

（7）预制外墙板安装完毕后，与现浇部位连接处的模板应做好封堵，可采用海绵条进行封堵，以免浇灌混凝土时水泥砂浆从模板的接缝处漏出对外墙饰面造成污染。

（8）预制外墙板安装完毕后，墙板内预置的门、窗框应用槽型木框保护。

2. 材料、预制构件使用过程管理

在施工过程中，专业施工员和材料员对作业班组和劳务队工人使用材料、预制构件进行动态监督，指导施工操作人员正确使用材料、预制构件，发现浪费现象及时纠正。

11.3 施工技术管理

11.3.1 深化设计

深化设计是为了便于施工，满足预制构件在生产、吊运、安装等方面需求所做的一项辅助设计工作。深化设计的目的是实现设计者的最终意图，让设计方案具有更好的可实施性。

设计师一般针对预制外墙板、预制内墙板、预制叠合板、预制空调板、预制阳台板、预制楼梯、预制楼梯隔墙板、预制装饰挂板、PCF 板、预制分户板、预制女儿墙等预制构件，从施工图纸、预埋预留、配件工具、水电配合及施工措施角度出发，对构件进行深化设计。

1. 施工图纸深化设计

施工单位应联系设计单位、构件生产单位对预制构件进行深化设计，深化设计方案应经原设计单位审核确认。深化设计的主要内容应包括预制构件中的水电预留、预埋设计，预制构件中水电设备的综合布线设计，预制构件的连接节点构造，预制构件的吊装工具或配件的设计和验算，预制构件与现浇节点模板连接的构造设计，预制构件的支撑体系受力验算，大型机械及工具式脚手架与结构的连接固定点的设计及受力验算，构件各种工况的安装施工验算。

2. 预留、预埋深化设计

预留、预埋深化设计包含吊环预埋深化设计、烟风道孔洞预留深化设计、脚手架及塔吊连接件预留孔洞深化设计、墙顶圈边预留孔洞深化设计、模板对拉螺栓连接预留孔洞深化设计、斜支撑预埋螺栓深化设计、外窗木砖深化设计等。

3. 装配工具深化设计

装配式建筑项目施工中，构件的吊具、连接件、固定件及辅助工具众多，合理设计与优化配件工具，可大大提升装配式建筑项目施工的质量及速度。装配工具深化设计包括竖向构件支撑、水平构件支撑、定位钢板、吊装梁、钢丝绳吊索及附件、预制墙体存放架和预制墙体运输架等。

4. 专业配合深化设计

专业配合深化设计包括叠合板专业配合深化设计和预制墙体专业配合深化设计。叠合板专业配合深化设计：在叠合板内需要有多种电盒及水电专业所需预留孔洞，电盒型号及预留孔洞位置的准确性尤为重要，要结合精装施工图对叠合板进行深化。预制墙体专业配合深化设计：预制外墙和内墙的水电专业预埋、预留项目较多，例如电盒、新风洞口、水槽、管线槽等，包含水暖、电气、通风、设备等多个专业，在深化设计过程中需要多个专业的参建方共同讨论确定方案，避免相互冲突。

5. 施工措施深化设计

施工措施深化设计包括叠合板防漏浆深化设计、墙边防漏浆企口深化设计和临时固定钢梁深化设计等。

11.3.2　施工组织设计及专项方案

施工单位应根据装配式工程特点及要求，单独编制单位工程施工组织设计，施工组织设计中应制订各专项施工方案编制计划，由施工单位技术负责人审批。项目经理组织管理人员、操作人员进行交底。除了常规要求的专项方案，还应单独编制吊装工程专项方案、灌浆工程专项方案、预制构件存放架专项方案等有针对性的专项施工方案。施工方案中应包含针对施工重点、难点的解决方案及管理措施，明确技术。预制构件安装施工前，应按设计要求和专项施工方案对各种情况进行必要的安装施工验算。预制构件的损伤部位修补应制订专项方案并经原设计单位认可后执行。

11.3.3　图纸会审

建筑设计图纸是施工企业进行施工活动的主要依据，图纸会审是技术管理的一个重要方面。熟悉图纸、掌握图纸内容、明确工程特点和各项技术要求、理解设计意图，是确保工程质量和工程顺利进行的重要前提。图纸会审是由设计单位、施工单位、监理单位以及有关部门共同参加的图纸审查会，其目的有两个：一是使施工单位和各参建单位熟悉设计图纸，了解工程特点和设计意图，找出需要解决的技术难题，并制订解决方案；二是解决图纸中存在的差、错、漏、碰问题，减少图纸的差错,使设计经济合理、符合实际,以利于有序施工。

1. 图纸会审步骤

(1)专业初审。

专业初审就是由施工总包单位土建技术负责人、造价人员和施工员按照现行设计和施工质量验收规范、标准、规程,参照各地市编制的相应专业技术导则、国家或地方编制的标准图集,对施工图纸、预制构件或部品进行初步审查,将发现的图面错误和疑问整理出来并进行书面汇总。

(2)施工企业内部会审。

在专业初审的基础上,由施工总包单位项目部土建技术负责人组织内部技术人员、造价人员和专业施工员对土建、装饰、给水排水、电气、暖通空调、智能化等专业进行共同审核,消除图纸差错,对预制构件或部品与现浇(后浇)混凝土的不协调之处进行认真对比,找出解决思路,对机电安装的各种管线碰撞点进行分析,找到管线碰撞的解决办法,解决各专业设计图纸之间的矛盾,形成书面资料。

(3)综合会审。

在总承包单位进行图纸会审的基础上,由业主组织总承包方及业主分包方(如机械挖土、深基坑支护、预制构件或部品生产厂家、预制构件运输厂家、室内装饰、建筑幕墙、水电暖通、设备安装)进行图纸综合会审,解决各专业设计图纸相互矛盾的问题,深化、细化和优化设计图纸,做好技术协调工作。

2. 图纸审查内容

(1)建筑设计方面。

装配式建筑方案设计阶段根据建筑功能与造型,规划好建筑各部位采用的工业化、标准化预制混凝土构配件,在方案设计阶段考虑预制构配件的制作和堆放及起重运输设备的服务半径,在设计过程中统筹考虑预制构配件生产、运输、安装、施工等条件的制约和影响,并与结构、设备等专业密切配合。装配式混凝土建筑结构的预制外墙板及其接缝构造设计应满足结构、热工、防水、防火及建筑装饰的要求。装配式工程建筑设计要求室外室内装饰设计与建筑设计同步完成,预制构件详图的设计应表达出装饰装修工程所需预埋件和室内水电的点位情况。

(2)结构设计方面。

装配式建筑设计在满足不同地域对不同户型的需求的同时,尽量通用化、模块化、规范化;明确预制构件的预制率、部品装配率,以及预制柱(空心柱)、预制梁、预制实心墙(夹芯墙)、预制叠合板(实心板)、预制挂板、预制楼梯、预制阳台和其他预制构件的划分状况。

结构设计中必须充分考虑预制构件节点、拼缝等部位连接构造的可靠性,底层现浇楼层和第一次装配预制构件楼层的首层竖向连接措施是否详细,确保装配式建筑的整体稳固性和安全性。装配式建筑设计应考虑便于预制、吊装、就位和调整的措施,在预制构件设计及构造上,要保证预制构件之间、预制部分与叠合现浇部分的共同工作,构件连接强度应与现浇强度相同。

(3)审查图纸设计深度。

审查构件拆分设计说明、施工需用的预埋预留孔洞、预制构件加工模板图、预制构件配筋图、构件连接组合图、预制构件饰面层的做法;审查外门窗、幕墙、整体式卫生间、整体式橱柜、排烟道等的做法;对于水暖电通及智能化等各个专业,应审查预制构件及部品预留预埋与后浇混凝土中后设置的管线、箱盒是否顺利对接。

11.3.4　专项技术交底

专项工程技术交底分为设计技术交底、专项施工方案交底和施工安装要点交底三种。

(1)设计技术交底。

设计技术交底就是对深化设计施工图纸中的相关预制构件的性能、规格,预制构件中钢筋、混凝土强度,预制构件中结构、装饰、水电暖通专业的预留预埋管线、箱盒进行交底,除此之外,对于预制构件连接方式、连接材料性能、现浇结构的做法和细部构造,通过文字或详图形式向作业班组或劳务队进行交底。设计技术交底明细见表 11.2。

表 11.2　设计技术交底明细

建筑类型	项目	交底要点
装配整体式混凝土框架结构	预制柱系统	预留钢筋位置、长度,预制柱长度、宽度、重量,键槽构造,预制柱吊点,预制柱斜撑固定点,预留钢筋连接方式
	预制叠合梁安装系统	叠合梁长度、宽度、重量,叠合梁吊点,叠合梁斜撑固定点,钢筋连接或机械连接方式

续表

建筑类型	项目	交底要点
装配整体式混凝土框架结构	预制叠合板安装系统	叠合板厚度及粗糙面、叠合板吊点、叠合板端搭接尺寸、钢筋板端搭接或锚固长度
	预制混凝土外墙挂板安装系统	预埋件设置,预制混凝土外墙挂板吊装,钢斜撑固定,连接螺栓固定
装配整体式混凝土剪力墙结构	预制剪力墙系统	预留钢筋位置、长度,预制剪力墙长度、宽度、重量,键槽构造,剪力墙吊点,预留钢筋连接方式
	预制叠合板安装系统	叠合板厚度及粗糙面、叠合板吊点、叠合板端搭接尺寸、钢筋板端搭接或锚固长度
	墙板后浇混凝土及预制叠合板现浇层系统	钢筋规格、间距,后浇混凝土配合比或要求,水电暖通线管或线盒位置,后浇混凝土及叠合板现浇工艺

（2）专项施工方案交底。

专项施工方案交底内容包括工程概况,拆分和深化设计要求,质量要求,工期要求,施工部署,现场堆放场地要求,运输吊装机械选用,预制构件进场时间、预制构件安装工序安排,预制构件安装竖向和斜向支撑要求,钢套筒灌浆或金属波纹管套筒灌浆、浆锚搭接、钢筋冷挤压接、钢筋焊接接头要求,后浇混凝土钢筋、模板和浇筑要求,工程质量保证措施,安全施工及消防措施,绿色施工、现场文明施工和环境保护施工措施等。

（3）施工安装要点交底。

施工安装要点交底就是将每种做法的工序安排、基层处理、施工工艺、细部构造通过文字或详图形式向作业班组或劳务队进行交底。施工安装要点交底明细见表 11.3。

表 11.3　施工安装要点交底明细

建筑类型	项目	交底要点
装配整体式混凝土框架结构	预制柱系统	预留钢筋位置、长度,预制柱长度、宽度、重量,键槽构造,预制柱吊装,预制柱钢斜撑固定,预留钢筋连接方式,钢筋套筒灌浆工艺

续表

建筑类型	项目	交底要点
装配整体式混凝土框架结构	预制叠合梁安装系统	预制叠合梁长度、宽度、重量,预制叠合梁吊装,预制叠合梁钢斜撑固定,钢筋套筒灌浆或机械连接工艺
	预制叠合板安装系统	预制叠合板厚度及粗糙面,预制叠合板吊装,板端钢筋搭接或锚固长度
	预制混凝土外墙挂板安装系统	预埋件设置,预制混凝土外墙挂板吊装,钢斜撑固定,连接螺栓固定
装配整体式混凝土剪力墙结构	预制剪力墙系统	预留钢筋位置、长度,预制剪力墙长度、宽度、重量,键槽构造,预制剪力墙吊装,预制剪力墙斜撑固定方式,预留钢筋连接方式
	预制叠合梁安装系统	预制叠合梁长度、宽度、重量,预制叠合梁吊装,预制叠合梁斜撑固定方式,钢筋套筒灌浆或机械连接方式
	预制叠合板安装系统	预制叠合板厚度及粗糙面,预制叠合板吊装,预制叠合板端搭接尺寸,钢筋板端搭接或锚固长度
	墙板后浇混凝土及预制叠合板现浇层系统	后浇混凝土配合比或要求,水电暖通线管或线盒布设,后浇混凝土及叠合板现浇工艺

11.3.5　资料管理

装配式建筑项目在施工过程中要做好施工日志、施工记录、隐蔽工程验收记录,以及检验批、分项、分部、单位工程验收记录等施工资料的编制、收集与整理工作。资料整理应该体现出装配式建筑项目的特点并设置相应的标准表格。

1. 施工技术资料

装配式建筑施工前,应编制专项施工方案,主要包括有针对性的支撑方案,并报设计单位确认;有针对性的套筒灌浆施工专项施工方案;预制构件吊装专项施工方案。

2. 施工物资资料

预制构件进场时应验收资料,预制构件交付时应提供产品质量证明文件。产品质量证明文件应包括出厂合格证、主筋试验报告、混凝土抗压强度等设计要求的性能试验报告、梁板类简支受弯构件结构性能检验报告、灌浆套筒型式检验报告(接头型式检验报告4年有效)、连接接头抗拉强度检验报告、拉接件抗拔性能检验报告、合同要求的其他质量证明文件。原材料应验收相关资料,灌浆料、坐浆料、防水密封材料、钢筋原材料、连接套筒材料等进场时需要提供出厂合格证、厂家提供的抽样检验报告、说明书及现场复试报告等。

3. 施工记录

(1)装配式建筑工程应在连接节点及叠合构件浇筑混凝土前进行隐蔽工程验收,并形成隐蔽工程验收记录。隐蔽工程验收记录应包括以下项目及主要内容:项目为预制构件与后浇混凝土结构连接处混凝土的粗糙面或键槽,主要内容为混凝土粗糙面的质量,键槽的尺寸、数量、位置。

(2)后浇混凝土中的钢筋工程。施工记录内容包括纵向受力钢筋的牌号、规格、数量、位置;灌浆套筒的型号、数量、位置,以及灌浆孔、出浆孔、排气孔的位置;钢筋的连接方式、接头位置、接头质量、接头面积百分率、搭接长度、锚固方式及锚固长度;箍筋、横向钢筋的牌号、规格、数量、间距、位置,箍筋弯钩的弯折角度及平直段长度;结构预埋件、螺栓连接、预留专业管线的数量与位置。

(3)预制构件接缝处防水、防火做法。灌浆操作施工应填写灌浆操作施工检查记录,灌浆施工过程留存影像资料。

4. 验收资料

装配式建筑工程验收时,除应按现行国家标准《混凝土结构工程施工质量验收规范》(GB 50204—2015)的有关规定提供文件和记录,尚应提供下列文件和记录:工程设计文件、预制构件安装施工图和加工制作详图;预制构件、主要材料及配件的质量证明文件、进场验收记录、抽样复验报告;预制构件安装施工记录;钢筋套筒灌浆型式检验报告、工艺检验报告和施工检验记录;后浇混凝土部位的隐蔽工程检查验收文件;后浇混凝土、灌浆料、坐浆材料强度检测报告;外墙防水施工质量检验记录;装配式结构分项工程质量验收文件;装配式建筑项目的重大质量问题的处理方案和验收记录;装配式建筑项目的其他文件和记录。

11.4　机械设备管理

11.4.1　机械设备选型

装配式建筑项目施工与现浇式建筑项目施工有较大差异,由于预制构件较多,同时现场仍存在部分现浇混凝土的诸多施工工序,因此,对于施工机械设备的选择,既要考虑传统混凝土结构模板、钢筋、脚手架等的周转,水电暖通管材等配件的运送,更要考虑预制构件数量多、单件重量大、几何尺寸不规整的特点,科学、合理、安全地选用合适的起重吊装机械。

1. 机械设备选型依据

(1)工程特点:根据工程建筑物所处具体地点、平面形式、占地面积、结构形式、建筑物长度、建筑物宽度、建筑物高度等确定机械类型。

(2)项目的施工条件特点:根据施工工期、现场的道路条件、周边环境条件、基坑开挖深度和范围、基坑支护状况、现场平面布置条件、施工工序等确定起重吊装机械的位置。

(3)预制构件特点:根据建筑物的预制构件数量、重量、长度、最终位置确定起重吊装机械类型。

(4)工程量:根据建设工程需要加工运输的工程量确定选用的设备型号。

2. 机械设备选型的原则

(1)适应性:施工机械与建设项目的实际情况相适应,即施工机械要适应建设项目的施工条件和作业内容。工程项目预制率是确定起重吊装机械规格型号的关键。

(2)高效性:通过对机械功率、技术参数进行分析研究,在与项目条件相适应的前提下,尽量选用生产效率高、操作简单方便的机械设备。

(3)稳定性:选用性能优越稳定、安全可靠、操作简单方便的机械设备,避免因设备经常不能运转而影响工程项目的正常施工。

(4)经济性:在选择工程施工机械时,必须权衡工程量与机械费用的关系。尽可能选用低能耗、易保养、易维修的施工机械设备。

（5）安全性：选用的施工机械的各种安全防护装置要齐全、灵敏、可靠。此外，在保证施工人员、设备安全的同时，应注意保护自然环境及已有的建筑设施，不致因所采用的施工机械设备及其作业而受到破坏。

（6）综合性：有的工程情况复杂，仅仅选择一种起重机械工作有很大的局限性，可以根据工程实际选用多种起重吊装机械配合使用，充分发挥每种机械的优势，达到经济、适用、高效、综合的目的。

3. 施工机械需用量的计算

施工机械需用量根据工程量、计划期内的台班数量、机械的生产率和利用率按式（11.1）计算确定

$$N = P/(W \times Q \times K_1 \times K_2) \tag{11.1}$$

式中：N 为施工机械需用量；P 为计划期内的工作量；W 为计划期内的台班数量；Q 为机械每台班生产率（即单位时间机械完成的工作量）；K_1 为工作条件影响系数（因现场条件限制造成的）；K_2 为机械生产时间利用系数（指考虑了施工组织和生产实际损失等因素对机械生产效率影响的系数）。

4. 吊运设备的选型

一般情况下，装配式建筑采用的预制构件体型大，仅凭人工很难对其加以吊运、安装，我们常需要采用大型机械吊运设备完成构件的吊运、安装工作。主要吊运设备有移动式汽车起重机和塔式起重机，其他垂直运输设施主要包括物料提升机和施工升降机，其中施工升降机既可承担物料的垂直运输，也可承担施工人员的垂直运输。在实际施工过程中，应合理使用吊装设备，使其优缺点互补，便于更好地完成各类构件的装卸、运输、吊运、安装工作，取得最佳的经济效益。若预制构件几何尺寸小、重量较小，也可采用楼面移动式小吊机等自行研制的实用型吊装机械进行吊装。

（1）移动式汽车起重机的选择。

在装配式建筑施工中，吊运设备通常会根据设备造价、合同周期、施工现场环境、建筑高度、构件吊运质量等因素综合考虑确定。一般情况下，在低层、多层装配式建筑施工中，预制构件的吊运安装作业通常采用移动式汽车起重机，当现场构件需要二次倒运时，也可采用移动式汽车起重机。移动式汽车起重机的优点是吊机位置可灵活移动，进出场方便。

（2）塔式起重机的选择。

选择塔式起重机时应考虑工程规模、吊次需求、覆盖面积、起重能力、经济要

求等多方面因素。塔式起重机型号及位置应根据最重构件位置、最远构件重量、卸料场区、构件存放场地位置综合考虑,还应考虑群塔作业的影响。塔式起重机根据结构形状、场地情况、施工流水情况进行布置,与全现浇结构施工相比,装配式结构施工前更应注意对塔式起重机的型号、位置、回转半径的策划,根据拟建建筑物所在位置与周边道路、卸车区、存放区位置关系,结合最重构件安装位置、存放位置来确定,以满足装配式建筑项目的施工作业需要。

11.4.2　机械设备使用管理

在工程项目施工过程中,要合理使用机械设备,严格遵守项目的机械设备施工管理规定。

1. 日常检查管理制度

(1) 持证制度:施工机械操作人员必须经技术考核合格并取得操作证后,方可独立操作,严禁无证操作。

(2) "三定"制度:主要施工机械在使用中实行定人、定机、定岗位责任的制度。

(3) 安全交底制度:严格实行安全交底制度,使操作人员对施工要求、场地环境、气候等安全生产要素有详细的了解,确保机械使用安全。

(4) 交接班制度:在采用多班制作业模式、多人操作机械时,应执行交接班制度,应包含交接工作完成情况、机械设备运转情况、备用料具、机械运行记录等内容。

(5) 技术培训制度:通过进场培训和定期的过程培训,使操作人员做到"四懂三会",即懂机械原理、懂机械构造、懂机械性能、懂机械用途,会操作、会维修、会排除故障。

(6) 日常维护保养工作制度。①日常维护保养是保证起重机械安全、可靠运行的前提,在起重机械的日常使用过程中,应严格按照随机文件的规定,定期对设备进行维护保养。②设备管理部门应严格执行设备的日检、月检和年检,即每个工作日对设备进行一次常规的巡检,每月对易损零部件及主要安全保护装置进行一次检查,每年至少进行一次全面检查,保证设备始终处于良好的运行状态。③维护保养工作可由起重机械司机、管理人员和维修人员进行,也可以委托具有相应资质的专业单位进行。检查中发现异常情况时,必须及时进行处理,严禁设备带故障运行,所有检查和处理情况应及时进行记录。

（7）起重机械检查制度。起重机械使用单位要经常对在用的起重机械进行检查、维修、保养，并制订定期检查管理制度，包括日检、周检、月检、年检，对起重机械随时进行动态监测，有异常情况及时发现，及时处理，从而保障起重机械安全运行。

2. 机械设备的进厂检验

施工项目总承包企业的项目经理部，对进入施工现场的所有机械设备的安装、调试、验收、使用、管理、拆除退场等负有全面管理的责任，因此，无论是企业自有或者租赁的设备，还是分包单位自有或者租赁的设备，项目经理部都要进行全面检查。

11.4.3　塔式起重机安全管理

（1）对塔式起重机操作司机和起重工做好安全技术交底，加强个人责任心，每台塔式起重机，必须有 1 名以上专职、经培训合格后持证上岗的指挥人员。指挥信号明确，必须用旗语或对讲机进行指挥。塔式起重机应由专职人员操作和管理，严禁违章作业和超载使用，宜采用可视化系统操作和管理预制构件吊装就位工序。

（2）塔式起重机与输电线之间的安全距离应符合要求。塔式起重机与输电线的安全距离达不到规定要求的，通过搭设非金属材料防护架来进行安全防护。

（3）塔式起重机在平面布置的时候要绘制平面图，当多台塔式起重机在同一个工程中使用时，相邻塔式起重机的吊运方向、塔臂转动位置、起吊高度、塔臂作业半径内的交叉作业要充分考虑相邻塔式起重机的水平安全距离，由专业信号工设立限位哨，加强彼此之间的安全控制。

（4）当同一施工地点有两台以上塔式起重机时，应保持两机间任何接近部位（包括起重物）距离不小于 2 m。

（5）动臂式和尚未附着的自升式塔式起重机，塔身上不得悬挂标语牌。夜间施工时，要有足够的照明。

（6）坚持"十不吊"。作业完毕，应断电锁箱，搞好机械的"十字"作业工作。十不吊的内容如下：斜吊不吊；超载不吊；散装物装得太满或捆扎不牢不吊；吊物边缘无防护措施不吊；吊物上站人不吊；指挥信号不明不吊；埋在地下的构件不吊；安全装置失灵不吊；光线阴暗看不清吊物不吊；六级以上强风不吊。

第 12 章　装配式建筑项目信息化管理

12.1　BIM 技术应用

12.1.1　BIM 相关技术基础

1. BIM 技术的概念和特点

（1）BIM 技术的概念。

BIM 技术的概念最早是由美国的 Autodesk 公司在 2002 年提出的。BIM 技术利用 3D 模型来展示项目的全过程，并且现实信息和参数的变化与模型是同步进行的，避免了因为信息漏传和传达误差而带来的设计矛盾。BIM 技术的意义在于，各个参与方在同一个交流平台，高质量的信息共享可以解决参数变化的问题，以及管道中的碰撞检查等。美国国家 BIM 标准指出，BIM 是一种呈现建筑物理和作用的数字方式；确保建筑物获得循环内容共享，为此类工程决策准备好的数据基础；项目的所有参与者都可以根据此模型开展活动；确保数据选择、更新和更正顺利进行。

BIM 的概念可以用三句话来概括。①BIM 以 3D 模型的数字方式收集整个项目的所有信息。②BIM 属于信息摘要机构，是建设活动各阶段参与者之间合作的重要平台，用于提取信息，实现 BIM 平台上信息的实时传输。③建设项目的参与者通过修改、补充和更新每个专业模型中的信息来优化工作，并加强各个职业之间的联系和工作交流。

（2）BIM 技术的特点。

BIM 技术主要表现出可视性、模拟性、可追溯性等许多特征。原始设计领域需要大量人力资源才能完成，需要多次修改。在建筑业不断发展的过程中，AutoCAD 和其他方法开始出现。手动绘图可以转换为更高级别的电子内容。BIM 技术的特点表现在信息集成化、工作过程的可传递性、协同设计的充分支

持和优化性等方面。

①信息集成化。BIM 技术特征的信息集成一般表现在设计链接和特定信息两个方面。信息模型是信息搜集的重要桥梁,因此,建筑行业的这种模型是所有项目数字化的结果,应从全面的角度将专业数据和内容填入模型。由计算机 3D 模型生成的数据库是该模型的重要部分。该模型主要包含多个部分,如建筑体的内部空间关系和几个部分的储存。BIM 技术的设计过程和特定信息的整合完全放弃了原有的 AutoCAD 方法,具有在设计领域不可忽视的积极影响和实用价值。

②工作过程的可传递性。工作过程的可传递性是 BIM 技术最突出的优势和功能。众所周知,BIM 技术应用的重要特征是在项目数据中建立时间敏感的集体关系。同样值得注意的是,同一个建筑模型可以以多种方式使用,例如 BIM 模型可以直接用于建筑模拟、结构研究和其他部分。在上述过程中,工作人员的压力减小了,程序设计部分的整体效率也提高了。

③协同设计的充分支持。BIM 系统是一种重要的新设计工具。它可以在设计时为每个组织和每个环节建立良好的合作渠道,并为项目的相关处理方准备充分、现实的信息和内容。BIM 技术主要体现了"全面支持协同设计"的优势,使工程师之间的交流变得方便,合作变得融洽,更重要的是可以有效缩短设计时间,提高综合水平和最终的经济效益。

④优化性。因为建筑项目的设计和完成是一个动态且需要不断优化的过程,所以在设计阶段必然会受到信息多而复杂、时间不确定等的影响,借助 BIM 技术可以进行相应的优化。在方案设计阶段,需要考虑项目的投资和回报,可根据设计方案,利用 BIM 技术来计算更改设计因素对投资和回报的影响。业主可以根据更多直观的数据来对设计方案进行评判,并根据自身的实际需求,来决定使用何种方案。在建筑项目的个性化设计部分,如裙楼、屋顶、幕墙等,技术人员可借助 BIM 技术随时对设计方案进行调整和优化,以此来降低建造成本。

2. BIM 相关软件

BIM 技术在建筑领域的广泛应用,也带动了软件开发公司的差异化竞争,在不同的应用领域,出现了不同的 BIM 软件。以下按照 BIM 技术在建筑生命周期各阶段的应用来对其应用软件进行区分。

(1)规划及设计建模。在建筑项目的设计阶段,设计师可以根据具体的项目需求来构建不同的 3D 模型,直观、形象地与业主方进行沟通。设计方提供相应的设计方案,业主方要对设计方提供的方案进行论证,之后提取规划方案,并把所建立的 3D 模型保存到下一阶段继续使用。在建筑建模阶段,针对不同的专业、项目需求和适用范围,可应用以下几种 BIM 软件,如 Revit、Civil 3D、鲁班BIM、CICD 等。

(2) 结构及绿色分析。在建筑项目的结构设计中,设计师可以使用 BIM 平台软件完成结构分析和设计,并将调整的数据同步更新到 BIM 平台软件中。目前,常见的结构设计软件有 ETABS、STAAD、Robot、PKPM 和盈建科。

(3) 施工过程管理。在建筑项目中,施工是较为复杂的一个环节,涉及的管理细节有成本管控、进度管理、质量管理等,相应的处理软件有 Innovaya、广联达、Navisworks、鲁班节点等。

(4) 运维管理。建筑项目施工结束后即进入运维阶段,运维管理主要涉及项目设计、施工等过程的相关信息查询,以及后续的人员疏散和设备维护等。

3. BIM 模型信息的传递

BIM 模型信息的应用贯穿建筑项目全过程,信息的传递方式主要有以下三种,即双向传递、单向传递、间接传递。

(1) 双向传递。双向传递是指将应用 BIM 相关建模软件建立的模型信息传递到结构分析软件,实现信息的传送和翻译,再把分析的结果传递给模型,便于及时作出调整。

(2) 单向传递。单向传递是指信息只能从一个软件传到另一个软件,并且不能转换回来的模式,如我们所知的 BIM 建模软件与可视化软件 3ds Max 就是利用了这种信息传递关系,实现模型和效果图之间的转化。

(3) 间接传递。间接传递是指两个软件之间不能相互转化,但又需要实现信息的传达和翻译,这时就需要中间载体作为媒介,典型的间接传递是模型建立后要进行碰撞性检测,建立的 3D 模型不能直接导入碰撞检查软件,必须将模型转化为 IFC 文件才可以导入。

12.1.2　BIM 技术在装配式建筑中的应用分析

目前 BIM 技术的应用相对比较成熟,将其应用于装配式建筑可大大提高建筑施工设计的效率,且具有可行性和很大的价值。

1. 可行性分析

在社会生产效益方面,装配式建筑具有生产周期短、结构性能强的优点。而在我国经济持续发展的背景下,我国居民的消费能力日益增强,居民的消费需求呈现明显的多样化特点,传统的建筑模式很难满足居民的多样化需求。虽然近几年我国的装配式建筑发展有很大的起色,但仍有很多因素掣肘,包括政策制度不完善、设计存在误差、工程生命周期短、信息无法及时传递、管理水平欠缺等问题。总体上来说,将 BIM 技术应用于装配式建筑,利用 3D 方式呈现建筑的外观和内部构造,并且对预制的构件和节点进行深化设计,可大大减少传统构件和节点的误差。BIM 技术在装配式建筑中应用的可行性分析如图 12.1 所示。

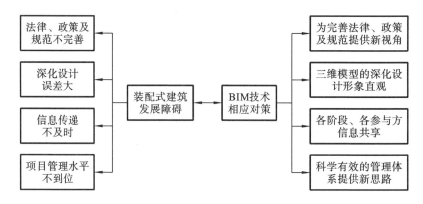

图 12.1　BIM 技术在装配式建筑中应用的可行性分析

从图 12.1 可以看出,BIM 技术可以针对性地解决装配式建筑应用中存在的法律、政策及规范,深化设计,信息传递和项目管理水平等问题。BIM 技术的重要价值就在于它能体现工程项目的整个生命周期,及时共享各专业间的信息,遇到问题能够及时解决,大大提高工作效率。由此,可以说明装配式建筑在应用中所遇到的瓶颈,正是 BIM 技术当前的技术优势所在。将二者进行融合,不仅有助于装配式建筑远期的推广和应用,也拓展了 BIM 技术的应用范围,并极大地挖掘了其技术价值。

2. 价值分析

BIM 技术应用于装配式建筑不仅具有可行性,也有一定的应用价值。当前建筑行业进行信息化和绿色化转型已经势在必行,装配式建筑最大的优势就是利用高度的信息化来对资源进行有效的整合,想要实现高效的信息化就必须通过 BIM 技术来实现,但目前我国的装配式建筑还不完善,相应的信息还不能有效传递,构件的制造水平也有不足,这些都阻碍了装配式建筑的产业进程。

在传统的建筑行业流程中,每一个环节都有先后连接顺序,业主提出开发诉求,交由设计单位进行项目设计,施工单位再根据设计方案进行深化设计,等到项目主体施工完成后,才可以进行室内和室外装修,最后交由运营单位负责运营。而将 BIM 技术引入建筑领域,即可实现对建筑行业的重新塑造。

以 BIM 技术为核心塑造的建筑行业的基本流程,实现了业主、设计单位、构件厂、施工单位和运营单位的高效互联互通,极大地提高了各参与方的信息共享能力;而且在装配式建筑的各个阶段都具有很重要的应用价值。

具体来看,BIM 技术对装配式建筑流程的塑造是全方位的。设计单位收到业主的诉求后通过 BIM 进行多专业协同设计,信息及时共享,而构件厂不需要等所有的构件尺寸确定后,再来组织生产;构件厂可以直接从 BIM 模型中提取构件的几何尺寸,由此缩短沟通的时间;装配式建筑对施工的细节要求较高,如果施工中出现部件与部件之间无法对接的情况,会直接影响后续的施工。但是 BIM 技术可以提供有效的修改方案,例如检查错漏碰撞,模拟施工方案,进行三维模型渲染等,可以大大提高施工效率。装配式建筑的运营维护要比传统建筑简单,而对于建筑内的设备管理,仍然是我国建筑行业的一个短板。

从以上分析中,可以发现将 BIM 技术应用到装配式建筑中,具有一定的可行性,并可以将二者融合后的价值发挥出来。

12.1.3　BIM 技术的应用路径

结合国家未来的发展战略而言,建设绿色环保建筑必然是大势所趋,这就要求企业提前做好转型准备,全面落实绿色环保理念,将 BIM 技术应用到装配式建筑中,也可以解决更多的实际问题。在 BIM 技术的基础上形成的装配式建筑基本流程,遵照了装配式建筑的产业链规律,修补了不适当的环节,促进了信息交流,加强了装配式建筑技术体系的完整性。装配式建筑自身具有较高的协同性,其已经整合了设计、生产、装配、管理等各要素的复杂建筑系统,BIM 技术的信息化手段可以帮助其实现宏观上的协同,并实现总体上的最佳效果,最后形成的云端协同流程如图 12.2 所示。

在传统建筑中,建筑主体和机电设备往往存在分工不明确的情况。而在引入装配式建筑后,按照基本流程搭建专业的信息库,信息库里存放各个部分的子

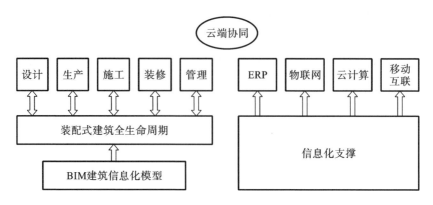

图 12.2　云端协同流程

系统,共同组成了装配式建筑总体系统,也称为基于 BIM 技术的装配式建筑系统,如图 12.3 所示。

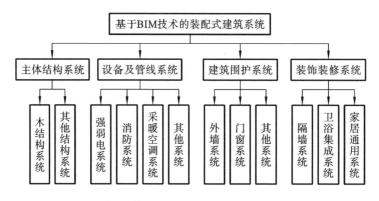

图 12.3　基于 BIM 技术的装配式建筑系统

从长远发展的角度来看,在基于 BIM 技术的装配式建筑之后,还会出现更新的建筑模式。但是不可否认,将 BIM 的理念和技术与装配式建筑相组合是革命性的创新。借助 BIM 技术,在装配式建筑中可以实现全生命周期管理,装配式建筑中的设计、配件阈值、施工和运营都实现了无缝对接,以此形成一条完整的装配式建筑产业链,如图 12.4 所示。

12.1.4　BIM 技术在装配式建筑中的应用

装配式建筑在推广中,仍然受到了一定的限制。在建筑业进行转型的情况下,装配式建筑已经成为必选项。BIM 技术所具有的技术优势,使得更多技术人员开始探索 BIM 技术如何在装配式建筑中发挥作用。

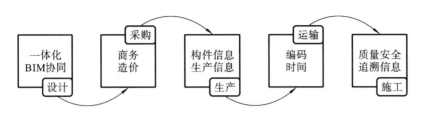

图 12.4　以 BIM 技术为载体的装配式建筑产业链

1. 前期准备阶段

前期项目策划对预制装配式建筑至关重要,将 BIM 技术应用到装配式建筑中,需要进行以下几项准备工作。

(1) 确定 BIM 应用模式。

国内目前对应用 BIM 技术指导装配式建筑设计还处于摸索阶段,且不同地区的发展水平不同,导致相应的技术水平也有所不同。常见的 BIM 应用模式有三类:第一类是以图形为主,第二类是模型与图形并用,第三类是以模型为主。

①以图形为主的 BIM 应用模式。该应用模式是先利用 AutoCAD 软件绘出相应的建筑图纸,再在图纸的基础上利用 BIM 建立模型。该模式多用于可视化分析,如图 12.5 所示。

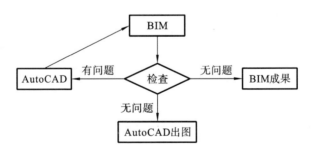

图 12.5　以图形为主的 BIM 应用模式

在该应用模式中,所有图纸都是使用 AutoCAD 来完成的,图纸的完整度较高,比较符合当前建筑行业的发展需求。随着 BIM 技术的不断推广,该模式会逐步被以模型为主的应用模式淘汰。

②模型与图形并用模式。该种 BIM 应用模式下,需要在设计过程中同步建模,BIM 模型贯穿整个建筑设计流程。部分环节会以 BIM 模型为主,部分环节则会以图形为主。但这种模式最大的弊端就是很难准确保证图纸和模型的关联性,很容易导致匹配错误等问题。

③以模型为主的应用模式。该模式在 BIM 技术发展较为成熟时才具有普适性。国内当前还处于 BIM 技术的引进与消化阶段,更多的本土化工作有待展开。以模型为主的 BIM 应用模式如图 12.6 所示。

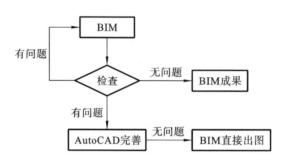

图 12.6　以模型为主的 BIM 应用模式

(2) BIM 应用人员组织与管理模式。

在我国,BIM 应用人员的管理模式没有硬性的标准和规定,一般是根据企业或公司的实际情况结合项目需求来制订。装配式建筑的 BIM 团队有以下三种管理模式。

①分散管理模式。设计单位根据自身情况招聘或自己培养 BIM 人才,但是不单独设立负责 BIM 技术的部门和组织,当有项目需要时,自行参与其中。

②集中管理模式。集中管理模式指的是设计单位或企业设立"BIM 中心""BIM 工作站"等类似的组织或部门,招募或培训相应的 BIM 人员。为这一类人员设立专业的职能部门,进行 BIM 技术的研究和开发,并积累公司在 BIM 技术上的优势。

③全员普及模式。该模式是全流程的 BIM 应用模式,涉及设计单位的全专业,以全员都掌握 BIM 技术为前提。从长远来看,这种模式更加符合建筑行业的需求。在装配式建筑中,BIM 技术可以无缝对接其全过程管理,具有较大的开发潜力。

(3) 确定适合的 BIM 应用软件。

现在国内的 BIM 应用软件多是在引用国外软件的基础上进行本土化二次开发,每种软件有自己的特点与使用范围。若将 BIM 技术应用到装配式建筑中,则必须在准备阶段选择配套的 BIM 软件。

(4) 采购管理。

在装配式建筑前期准备阶段引入 BIM 技术,来编制更加详细的工程量清单,相当于积累了更多的工程基础数据,可以为后续的采购、生产、施工和维护提供数据支撑。其中也会带来一定的工作量，但是可为后期的合同管理、进度管理等提供准确的依据。该阶段引入 BIM 技术会增加一定的成本，但是会减少后续的人力、物力和财力成本。借助 BIM 技术，可以快速启用国内有相关项目经验的单位资源库。

将 BIM 技术应用到装配式建筑中，通常可以使用招标采购、比较采购两种模式。

①招标采购。招标采购是最具竞争力的采购方式，具体流程如下。a. 承建方根据装配式项目的实际情况确定采购清单。b. 发布招标公告，让多家供应商共同投标。c. 根据招标过程和相应的招标要求，选择最合适的供应商作为中标人进行采购。装配式建筑更加讲究经济性和实用性，对于一般的业主具有较强的吸引力。

②比较采购。比较采购是承建方对项目需要的配件进行多次筛选，通过比较质量和价格来选择最佳的供应商进行合作。这种采购模式和定制化生产十分类似，根据承建方提出的用材需求，生产厂家进行配套生产，在采购过程中可以进行实时调整。

对于采用哪种采购模式更加具有优势，需要根据装配式建筑项目的实际情况和装配式建筑构件生产单位的生产情况来确定。具体采购流程如下。

①制订采购计划。在材料采购之前要先做一个采购计划清单，内容包括采购时间、种类和数量等。在环保政策趋严的情况下，环保类的建筑材料更加受业主青睐。国家每年都会出台有关建筑材料的环保要求，借助 BIM 技术，可以在单位资源库中进行查询，以此来指导承建方的采购，从而降低采购风险，节约企业采购成本。

②确定采购方案。在制订好采购计划后，要明确采购方案，主要包括采购的价格、方式、技术标准和交货时间等。在这个过程中需要与装配式建筑各参与方进行及时沟通，借助 BIM 技术可以将各参与方提出的要求和建议共享到信息平台，方便采购人员的工作。

③供应商的选择和评价。考虑到所采购的材料种类和数量繁多，既要确保质量，也要考虑价格因素，所以选择优质的供应商尤为关键。BIM 技术可以搭建构件库，不同的构件对建筑主体的影响不同，这些影响过程可以在 BIM 软件上进行演示，以此来指导承建方的采购工作。

④签订采购合同。既要明确合同的相应款项，如材料的种类、数量、价格及售后服务，还要考虑可能出现的风险因素，在传统的采购中，采购风险无法预知，

但是借助 BIM 技术可以对其中的潜在风险进行预测,实现风险共担,最终确保采购活动顺利完成。

⑤建立供应商考核系统。建立供应商考核系统,有利于建筑企业长期掌握供应商的信息,对供应商进行评价。借助 BIM 技术进行采购,可以记录过程信息,这些都是后续考核供应商的依据,通过对这些数据进行处理,可以形成系统性的考核报告。

2. 设计阶段

与当前的装配式建筑相比,传统建筑主要采用的是 DBB(design-bid-build,设计-招标-建造)模式,即各参与方按照顺序依次投入,经历业主招标、设计单位完成图纸、招投标确定总承包方、配备材料、施工、监理单位验收等阶段。在 DBB 模式下,有许多单位如物流、施工及构件厂等并没有提前参与设计,这就可能会造成后期设计与施工存在差异、脱节,导致后期施工进度变慢、生产和运输成本增加、质量难以保证等。

而引入 BIM 技术,可以建立构件参数化族库,完善设备、PC 构件库。这些基础性的工作完成后,设计人员在参与不同的设计项目时,可直接调用,实现快速出图。

(1)初步方案设计。

①构件标准化。装配式建筑设计初期,需要罗列出可能用到的构件,并通过建立构件库存放需要用到的构件,这是为了满足构件的标准化和通用化。通过 BIM 技术可以完成装配式建筑中外墙、内墙、阳台和楼梯等部件的标准化设计。

②户型标准化。装配式建筑在部品与构件标准化的基础上,根据需求建立不同的户型样式,显而易见,在如今购房群体需求多样化的市场环境下,模块化的设计可以最大限度地利用现有资源,组合出不同的户型,形成丰富多样的建筑风格。

③经济性分析。在装配式建筑的设计阶段,设计人员必须尽量考虑到业主所提出的经济性目标,否则最终的设计方案可能会不符合业主的预期。在对装配式建筑进行经济性分析时,可以利用 Revit 软件中的明细表统计功能导出各构件的工程量,然后添加各构件的成本。

(2)构件拆分设计。

装配式建筑的整体设计完成后,需要对构件进行拆分。根据之前建立的构件库,选取构件进行装配,当构件满足装配率要求时,再进行拆分。拆分时要合理设置好构件的相应参数,还需要考虑现场的吊装能力等。

利用 PKPM-PC 软件手动修改预制构件的尺寸,设置预制构件的起点与长度等参数,这是为了减少构件的重量,使其满足吊装的重量要求。

(3) 构件深化设计。

①碰撞检测与模型优化。BIM 模型建立后,需要对其进行碰撞检测,对其中的碰撞进行查看。

②预制构件深化设计。在拆分设计完成后,可利用 PKPM-PC 软件的深化设计模块设置梁、板、柱和墙的参数。

3. 生产阶段

在装配式建筑构件的生产过程中,技术人员在二维平面上进行预制构件的生产加工。由于二维图纸上所反映出的信息十分有限,这种方法有可能会出现误解设计意图的情况。BIM 携带的信息贯穿整个建筑周期。借助 BIM 技术可以将装配式建筑中所有部件的详细信息共享给生产单位,传递的方式可以是三维信息化模型,也可以是二维深化设计图纸。运用 BIM 技术、物联网技术和 GPS 定位系统基本可以实现对装配式建筑构件生产、出厂和运输的追踪。项目各参与方及时沟通,及时查询各工作完成情况,并安排下一步的工作。预制构件生产跟踪流程如图 12.7 所示。

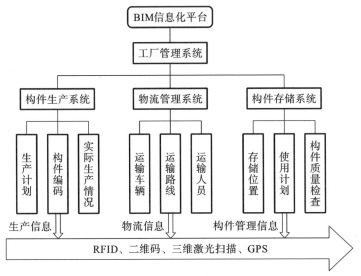

图 12.7　预制构件生产跟踪流程

（1）构件生产前准备。

BIM技术此时所表现出的最大优势是可以进行三维建模，将构件的参数信息具象化，这样便于生产人员理解。

运用BIM建立模型时，要考虑到各类构件的三维模型，并给出相应的参数和材料。运用BIM建立的模型必须要经过反复验证，直到模型验证通过，确保数据准确、真实。

（2）预制构件生产。

在构件进场前，质量管理部门应及时按编号和批次检查构件并将相关信息上传至信息管理平台。BIM数据库具有强大的信息处理能力，其可以对扫描后的RFID(radio frequency identification，射频识别)标签进行分辨，并提取其中有效的信息。预制构件生产流程如图12.8所示。供应商可以根据具体情况调整生产计划，避免浪费材料。

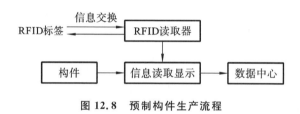

图12.8　预制构件生产流程

（3）构件运输。

施工单位根据装配式建筑当前的施工进度来组织构件的运输计划，生产管理人员通过手持阅读器或移动端查询、定位需要运输的构件，记录预制构件的当前信息。构件的运输线路也需要综合多方面的信息，如施工现场的位置、高速公路的线路和高速公路的出入口等。BIM技术拥有强大的信息集成功能，与GIS技术结合使用，可迅速查阅工地现场周围的情况，生成三维地形图，根据三维地形图分析工地周围运输路线，确定合理的运输路线。

4. 施工阶段

在装配式建筑的施工管理中，BIM技术可以对施工安全、进度、成本、质量进行管理。

（1）施工安全管理。

施工永远要将安全放在首位。2019年，全国共发生房屋市政工程生产安全事故773起、死亡904人，比2018年事故起数和死亡人数分别增加了5.31%和7.62%。施工安全管理是进行施工进度、成本和质量管理的前提，一切施工环节都以安全性为前提。传统的安全培训主要以书本学习或者实践经验中的口口相传进行,初学者对此类概念比较模糊,很难对此类安全培训有深刻印象。在信息化时代背景下,BIM 技术与 VR 技术、AR 技术进行结合,可以让体验者走进虚拟现实场景,通过沉浸式和互动式体验让体验者受到更深刻的安全意识教育,从而提升体验者的生产安全意识水平。

①施工安全事前控制。

装配式建筑在预制构件装配过程中,存在各专业的交叉作业以及协调配合过程,施工过程中不可避免地会存在突发事件。工人操作不当、缺乏安全意识等,都可能导致高空坠物、构件倒塌、触电等悲剧的发生。运用 BIM4D 进行施工模拟可以事先对工程项目进行模拟施工,提前找出可能存在的施工安全隐患,针对安全隐患进行评估,提出合理的优化对策,并在最后一次模拟时确定安全隐患是否消除。

VR 技术与 BIM 技术结合应用于建筑业是一项新的举措。运用 VR 技术与BIM 技术建立 BIMVR 安全虚拟体验馆,体验者可通过 VR 设备亲身体验 BIM施工模拟中的安全事故,使体验者身临其境,能有效提高施工人员在施工过程中的一些安全防护措施,如安全帽等劳动保护用品的佩戴,基坑、洞口周边的围护,以及安全用电、用水等,还可通过动画及交互式程序使体验者根据提示进行安全培训,完成安全技术交底,若操作不当,则会发生安全事故,加深体验者的安全意识和操作手段。

②施工安全现场监控。

基于 BIM 技术的无线射频、实时监控技术能够彻底改变传统安全管理模式带来的安全隐患。采用无线射频技术对施工现场的各个安全设备进行识别,管理者可从后台有效监测各个设备的运转情况。将监控设备安装到工地各个角落,项目管理人员可采用实时监控技术在后台收集相关数据,及时监测工地中的安全环境。

在装配前,已通过 BIM 技术分析出潜在的安全隐患,项目管理人员根据安全隐患确定风险等级,并贴上无线射频标签,标签内包含对象属性、工作范围及安全防护措施,当工作人员进入某区域时,感应设备自动显示该区域内设备的安全等级及详细施工信息,并给出相应的安全提示。项目管理人员可通过三维可视化模型的动态来查看周围施工环境、人员设备的安全情况。一旦出现安全预警,后台数据库发出预警提示,项目管理人员可立即派安全小组人员对可能出现危险的地方进行排查。

（2）施工进度管理。

施工进度管理是在规定工期内对项目的进度进行的一系列综合性管理措施。施工进度管理决定着项目能否在规定时间内正常交付,是管理施工阶段进程的重要手段。在传统施工管理手段中,项目管理者根据工程实际情况不断调整施工进度计划,不仅拖慢了施工进度和施工质量,还会浪费大量的材料及管理费用,这是因为目前装配式建筑还是一种较新的建筑形式,部分项目管理者缺乏相关施工经验,从而难以准确预估工程进度,最终造成经济上的损失。项目管理者借助三维可视化的施工流程可对装配式建筑施工流程有较为清晰的认识。项目管理者也能凭借虚拟建造对整个施工进度进行检验,例如空间检验、时间检验、用工量检验、工期检验等,针对不同检验的结果优化施工进度。BIM 技术具备强大的信息集成功能,但是数据采集不是 BIM 技术的优势,结合二维码、无线射频技术等物联网新技术可将施工现场的实际情况与 BIM 实时模型相结合,实现装配式建筑实时进度控制。施工进度管理如图 12.9 所示。

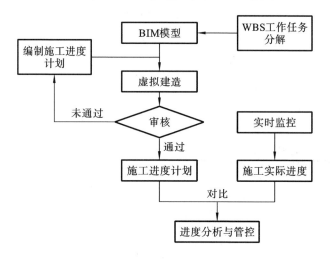

图 12.9 施工进度管理

①编制施工进度计划。

传统装配式建筑的施工由于缺少信息化,施工过程受人为因素的影响较大,如果在安装过程中,安装质量不能得到保证,那么整体施工效率和质量就会大打折扣。

对比于传统装配式建筑,BIM4D 是在 BIM 技术的基础上增加了时间维度,形成空间与时间关系相互结合的施工计划,此项技术可直观地感受到建筑模型随时间的变化。在装配式建筑的管理过程中,管理人员一般提前编制好施工进度计划,根据项目特点、施工工艺、预制构件运输情况等,设置每个环节的时间参数,以及关联任务的紧前工作和紧后工作。经过现阶段 BIM 技术的发展,目前市场上有较多基于 BIM4D 的进度模拟软件,如 Fuzor、Navisworks、Synchro 4D 等。以 Navisworks 软件为例,该软件支持 Project 软件所编制的施工进度计划表,导入 Project 施工进度计划表,施工进度计划与 BIM 模型相关联,有利于管理资源的合理分配以及进度的有序推进。

②施工进度控制。

施工进度计划具有一定的局限性,在整个施工流程中不可避免会出现无法预知的突发问题,这些问题在前期的进度计划中是不存在的,故在施工后期不可避免会出现部分偏差。施工进度控制是为了防止此类问题的出现而设置的,当项目进入正式实施阶段,施工进度控制通过施工进度计划跟踪、实际施工进度与计划进度对比发现偏差、采取措施纠偏这三个方面来保证施工进度的有序推进。

与传统施工进度不同,基于 BIM 技术的智慧建造可在施工阶段不用通过人工记录等有纸化办公模式进行施工进度的考察,而是通过无线射频技术、二维码技术等收集信息,及时监测装配式建筑的施工进度,这也满足现阶段建筑发展信息化的要求。

在施工阶段,施工技术人员可根据 BIM 技术平台云端储存的模型,对照模型信息与现场的施工条件,选择并校对构件详细信息,验证构件吊装位置信息,避免在安装过程中出现一些人为失误。在构件分配过程中,施工技术人员同样对构件进行扫描记录,避免出现错领、漏领等现象。当构件安装完成后,现场施工人员通过手中的终端设备将安装信息(包括构件名称、认领人信息、安装设备等)、构件安装效果等录入系统,同时确认自己的信息及所负责构件的信息,除此之外,还可以录入施工计划之外的信息(如现场的温度、湿度等)。云端将会把这一系列数据传送至后台数据库,后台数据库根据相应算法判断该预制构件是否满足验收要求。通过信息化的技术,甲方可以实时查看施工安装的具体进度,也能查看现场环境情况,以及施工人员装配预制构件的细节。

施工进度计划与实际施工进度,可依据施工环节关键节点和后台数据库收集到的构件吊装完成时间进行对比,通过可见性颜色来区分施工进度是提前还是滞后,如此一来,项目管理人员便能直观判断该阶段施工是否按时完成,后续的工作应该如何进行调整。基于 BIM 技术的装配式建筑在智慧施工过程中可通过 BIM5D 平台查看施工进度与资源消耗情况,该软件还能够生成各类图标,让各项决策者清晰地感受到对施工进度的控制情况,以便及时发现问题,优化解

决方案。

（3）施工成本管理。

①事前控制。利用广联达或新点基于 Revit 平台的插件输出 PC 构件深化设计模型的清单工程量，再倒入造价软件中套取定额，结合现场实际情况进行综合分析，得到预算成本。按照施工段、施工部位对 PC 构件进行逐个拆分且造价信息——对应，为今后施工过程中的控制打下基础。

②事中控制。施工过程中，每个 PC 构件在吊装完毕后，通过二维码及数字管理平台技术进行验收并输出相应的造价信息，将输出的信息进行统一整理，并按照实际项目需求进行数据整合，以便后期为业主及分包单位结算时提供数据基础。

③事后控制。利用施工过程中整合的 BIM 造价数据与传统造价数据进行对比，总结 BIM 技术与造价结合的数据的优点与缺点，深度分析存在不足之处是因为软件限制，还是因为常规模型未贴合造价规则进行二次处理，抑或是因为 BIM 技术人员对造价知识理解不够深刻，归纳数据存在差异的原因，得出最终的优化结论，为企业大数据库提供数据支持。

（4）施工质量管理。

施工质量是一个工程的重中之重，影响着整个装配式建筑的整体质量，很大程度上会影响后期工程验收的合格性。

①事前控制。装配式建筑在施工前应制订专项施工方案，并对建筑关键节点处的设计具有专门的验算方式，利用 BIM 技术，设计者可以通过管道碰撞检查和模拟施工验算来完善施工方案。利用自身三维可视化效果预估下一阶段装配式建筑施工的要点，确定关键节点的质量安全等级，再进行多次施工模拟以不断优化施工方案，提前发现并及时排查在装配过程中影响装配结构质量的因素，最终得到适合工程实际情况的最优施工方案，有利于对施工质量进行事前控制。

构件装配质量在很大程度上会影响建筑整体装配进度，在确定施工方案后，将结构三维模型与施工进度计划相结合形成 4D 信息化模型，在此基础上对整体装配式建筑进行成本控制形成 5D 效果，展现出装配式建筑在空间、时间及成本上的状态，通过碰撞检测可以查看不同构件在施工过程中是否会发生碰撞，造成时间和空间上的冲突。同时，以可视化三维角度查看建筑整体，可以及时发现和处理施工中可能出现的质量控制难点，有利于施工技术交底。

②事中控制。在构件装配施工前，采用人工智能化手段对预装配地点进行测量，确定构件装配地点及其摆放位置和控制高度。现场施工技术人员通过云

端平台查看预制构件在施工过程中的质量把控难点和重点,通过人工检查和三维激光扫描的方式来检测预制构件是否存在尺寸偏差、裂缝等质量问题。若发现存在此类问题,则采用移动端采集数据并上传至云端数据库,后端检测平台接收提示并及时采取纠偏措施。

在预制构件吊装完成后,现场管理人员通过移动端确认吊装信息及预制构件完成状态,上传至云端数据库,后台数据库接收预制构件完成的状态后,相关质量检测人员采取人工检测或三维激光扫描的方式对预制构件质量进行检测,通过移动端进行数据传输和沟通,如果存在质量问题,相关项目负责人及时采取纠偏措施并将整改方案进行同步,质检人员接受整改情况再次进行检查,形成封闭质量控制回路(图 12.10)。

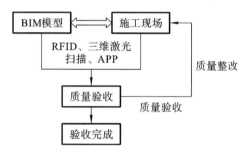

图 12.10　质量检查

③事后控制。采用移动端收集装配阶段的施工问题及质量问题,在后台数据库中可逐步完善质量问题数据库,整理出周、月、季度形式的图表,并进行汇总分析,可使质量负责人实时了解相关质量问题,以便对问题进行总结,对施工过程进行改善。对于经常发生的施工质量问题,可与生产方和设计方进行沟通总结,后期该数据库问题可作为本项目单位装配生产过程的智慧结晶。

12.2　物联网技术应用

12.2.1　物联网相关理论

物联网(internet of things,IoT)是使用各类传感器(如红外线传感器)和接收设备,按约定的协议,将物品之间两两相连,通过互联网形成一个庞大的网络,通过数据通信和信息交换,以实现自动化和智能化的定位、追踪、监控、识别和管

理等。物联网广泛应用在国防军事、城市管理、智能建筑、智能交通、教育培训、健康养老、家居生活等领域。物联网也被称为继计算机、互联网之后世界信息产业的第三次浪潮,是国际竞争、行业转型、专业创新的先进工具和技术方法。

1. 物联网的发展

物联网一词最早出现于比尔·盖茨 1995 年的《未来之路》一书中。物联网概念是 1999 年由麻省理工学院 Auto—ID 研究中心提出的。2005 年国际电信联盟在突尼斯举行的信息社会世界峰会上正式确定了"物联网"的概念。近年来,世界发达国家物联网技术迅猛发展,在经济与技术领域取得了突破性的应用成果,已经有着较完善的基础设施和突出的技术优势,但全球尚未形成统一的物联网技术标准。我国已明确将物联网列为战略性新兴产业,在各项政策、科研院(所)和企业的带领下,各行业、领域广泛地开展了物联网的研究、开发和应用工作。

2. 物联网中的 RFID 技术

物联网经过多年的发展,目前主要的应用技术是 RFID 电子标签技术、传感器网络技术、人工智能技术、微缩纳米技术。其中,RFID 电子标签技术目前最为成熟,在各个行业得到了较为广泛的应用,RFID 与传感器网络技术的结合是目前研究的热点。物联网的关键技术如表 12.1 所示。

表 12.1　物联网的关键技术

关键技术	性能描述	应用现状
RFID 电子标签技术	识别和标识目标物,给物体赋予身份信息	应用阶段
传感器网络技术	感知、数据采集和信息交互	探索阶段
人工智能技术	使物联网的物体具备一定的智能	试验阶段
微缩纳米技术	实现微缩物体的物物相连	研究阶段

其他的关键技术有传感器网络通信技术、通信网络技术、物联网平台技术等。物联网不仅能做到"物物相连",还能做到对物品的智能识别、追踪定位和信息管理。RFID 技术就是让物体有独一无二的身份,以及自动识别、赋予其自身的信息,所以 RFID 技术是物联网首要的关键技术。物联网网络组成示意图如图 12.11 所示。

RFID 通过无线射频方式进行非接触双向数据通信,对电子标签或射频卡

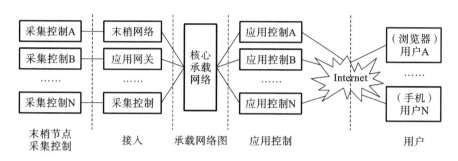

图 12.11　物联网网络组成示意图

进行无线读写,能储存一定容量的数据信息,使用寿命长,能适应各种恶劣环境,可以实现高速运动物体多目标自动识别,是非常具有发展潜力的信息技术之一。RFID 作为物联网技术运用较为普遍的技术,其应用方法是先对需要识别的对象植入标签,赋予识别对象能够变得智能的基础,再通过网络将识别对象关联起来。RFID 系统主要由以下几个部分组成。

(1)电子标签。电子标签是耦合元件与芯片组成的信号发送器,芯片是RFID 系统中储存待识别对象信息的电子设备。作为嵌入待识别对象内部或表面的标签,其编码具有唯一性。这种类似于商品条码的电子标签能够通过微型天线传输信号将标签中的信息传递至读写器进行识别。

(2)读写器。其主要功能是完成电子标签的通信,并在标签与应用系统之间起到桥梁作用。先由读写器向电子标签发射射频信号,电子标签在收到信号后应答并开始解析标签中包含的信息,再将解码后的信息传送到后台并等待后台的操作指令。

(3)微型天线。电子标签的信息是由微型天线发射接收的,一般微型天线附着在电子标签内部。

(4)信息处理系统。这是由不同行业根据其需求所开发出的应用软件,可以将阅读器采集传递过来的目标物体信息操作处理后集成至现有的信息管理平台,比如可以通过与 ERP(enterprise resource planning,企业资源计划)、供应链管理系统等结合来提高不同行业的生产效率。

(5)RFID 中间件。RFID 中间件是存在于读写器和应用程序之间的软件集合。它是一个提供外部公共服务的中间体系结构,处于硬件和操作系统之间。RFID 中间件为标准程序接口和协议的通用服务,以保证及时、准确地将读卡器中的数据传输至应用程序。

RFID 技术运用的工作流程:对需要识别的目标进行标记,RFID 读写器通过天线发送无线电磁波信号。当待识别的目标随着标签被电磁波覆盖时,被激活的标签产生电流释放关于编码的信息,当读写器接收到释放的编码信息后便自发地解读处理,随后将其传递到后端数据库。该信息最终传输到应用程序,并根据各自的用途执行后续操作。

3. 物联网体系结构

物联网系统的体系结构通常是在分层的基础上划分的,许多研究人员已经提出了不同的模型来满足某些需求。一些常见的体系结构包括三层,可分为感知层、网络层和应用层,如图 12.12 所示。

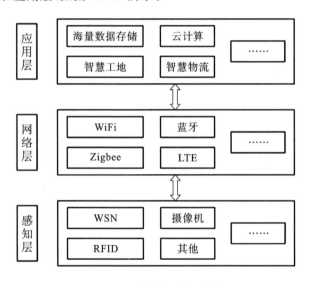

图 12.12　物联网体系结构

(1)感知层。

感知层是对数据和信息进行收集,通常由感知技术来完成。感知技术主要包括以下几种。

①WSN(wireless sensor networks,无线传感器网络):WSN 由不同类型的传感器组成,这些传感器按照拓扑结构自动形成网络以进行通信。传感器可以测量位置、占用率、加速度、速度、运动和温度等。无线传感器网络的一个优点是可扩展性和动态重新配置,允许通过传感器节点通信进行远程监控。无线传感器网络已被广泛应用于建筑环境区域,可用于监测环境状况、居住者行为和能源使用等参数,还可用来监测建筑物的室内空气质量和环境健康。

②摄像机:摄像机可用于观察丰富的人类信息和计算机解释信息。与其他

266

传感器相比,摄像机不提供典型的数字或分类数据,而是直接报告对象或场景的状态,这有时会伴随着社会隐私问题。建筑行业可使用摄像机监控施工进度和管理现场,还可以使用无人驾驶飞行器通过视频来监控建筑安全。

③RFID:RFID 标签通常有无源标签和有源标签两种类型。无源标签连接到物体上可以在没有任何电源的情况下检测用户,而有源标签由电池供电并提供更大范围的服务。RFID 技术存在一些局限性,例如有限的可靠性和稳定性,主要发生在读取过程中存在液体或金属的情况。然而,RFID 标签具有在视线之外跟踪多个物体或人的能力,这使其成为智能建筑环境应用的可行选择。在建筑施工阶段,RFID 的一种可能用途是跟踪物料运输。

④其他:除上述主要技术外,还包括近场通信(near field communication,NFC)技术、GPS、二维码技术等。

(2) 网络层。

作为物联网系统的技术核心,网络层(也称为传输层)负责处理和传输从感知层获得的原始数据。此外,该层负责计算和数据管理等。网络之间传输数据的主要连接方式有两种:有线通信和无线通信。由于无线技术比有线连接具有更多优势,下面仅对主要的无线技术进行了总结。

①WiFi:WiFi 是一种通信技术,它使用无线电波在基于 IEEE 802.11 标准的设备之间进行局域网连接。最常用的频率是 2.4GHz UHF 和 5.8GHz SHFISM 无线电频段。该技术已广泛应用于个人计算机、手机、平板、智能电视以及许多其他日常设备中。WiFi 的一个优点是无线调制解调器范围内的任何设备都可以尝试访问网络。然而,在安全方面,它与有线电缆连接相比更容易受到攻击。

②蓝牙:蓝牙是另一种用于短距离设备之间数据交换的无线通信技术。爱立信公司发明的蓝牙技术克服了数据同步的问题。最新版本的蓝牙现在由蓝牙特别兴趣小组管理和维护。蓝牙适用于尺寸较小的设备,如手机、媒体播放器、个人计算机等。

③Zigbee:Zigbee 是基于 IEEE 802.15.4 标准,专为低能耗短期通信设计的。因此,它在网络层的许多 WSN 系统中使用。Zigbee 网络层支持多种拓扑,即星形、树形和网状网络。全球认可的 ZigbeeISM 无线电频段为 2.4GHZ,而其他频率也可在不同国家使用。这些技术的特性是低成本、低功耗、低数据速率和自组织。

④长期演进技术(long term evolution,LTE):LTE 是为基于 GSM/EDGE

267

和 UMTS/HSxPA 网络技术的高速无线通信而开发的。尽管它不符合 4G 网络的某些标准,它仍被称为 4GLTE。由于其提供多播和广播服务的能力,LTE 已经在移动电话通信行业中投入使用。

(3) 应用层。

虽然网络层具有处理数据与管理数据的功能,但这些功能主要是在物联网的应用层中完成的。实际上,应用层作为物联网中较为强大的功能模块,一般是作为前端接口来为有关领域的用户提供分析和决策的机会,并且通过将各个行业的数据进行整合,提出特别的智能应用解决方案。应用层由各个行业的应用系统组成,其核心功能是将感知数据进行处理和管理,包括海量数据储存、云计算等,为用户提供多样化的特定服务。

12.2.2 基于物联网技术的装配式建筑信息化监管平台

1. 装配式建筑信息化监管平台简介

装配式建筑信息化监管平台是以预制构件作为基本管理单元,以物联网技术作为跟踪技术手段,以预制构件厂部品部件工业化生产和施工现场安装为核心,以深化设计成品图、预制构件厂原材料检验、生产过程监理检验、构件出厂、构件运输、构件进场、施工安装、施工工序监理检验验收等为数据信息输入节点,以单项工程为数据信息汇总单元的物联网技术信息化管理系统。

基于物联网技术工作原理,装配式建筑信息化监管平台系统的总体架构(图12.13)分为三层:感知层、管理层和应用层。

(1) 感知层。预制构件在构件厂工业化生产阶段,可将 RFID 射频识别标签或二维码镶嵌在预制构件表面,同时写入部品部件在生产过程中的各项信息,如预制构件深化设计图、构件编号、构件重量、构件尺寸等基本信息。随着项目的推进,仓储、出厂、运输、进场、堆场、施工安装等信息被依次写入。然后在施工阶段通过手持 RFID(二维码)读写器采集数据,将采集到的部品部件信息按照信息化管理平台的要求进行上传,并传送到不同的数据库中,以便实现数据信息的储存和数据处理。

(2) 管理层。管理层是根据平台系统的功能需求,为平台系统正常运行提供保障,为应用层提供支持,为感知层采集的数据提供储存空间、管理空间和数据转换路径。此部分具体包括数据挖掘、数据分析等信息技术。

(3) 应用层。应用层为系统提供具体的应用软件或门户网站,用以满足装配式建筑项目深化设计、预制构件生产、预制构件运输、施工安装需求,以及装配式建筑项目政府主管部门等各个参与方的管理需求。

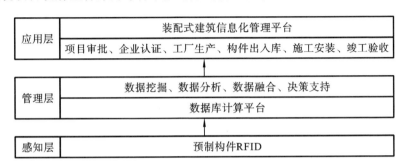

图 12.13　平台系统总体架构

　　本书研究的装配式建筑信息化管理平台系统应用层包含政府监管部门门户网站和预制构件物联网业务支撑系统两大部分(图 12.14)。装配式建筑信息化管理平台有助于实现行业动向、项目的在线审批以及动态监管等信息化管理目标。

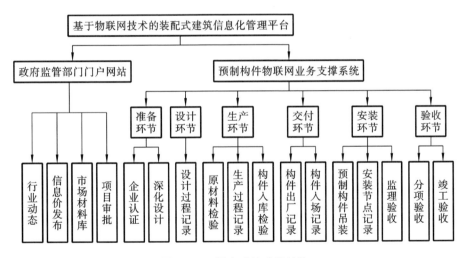

图 12.14　平台系统功能结构

　　政府监管部门门户网站由装配式建筑管理办公室主导,既是一个行业信息发布平台,又是一个行业内装配式建筑项目参与单位的互动平台。主要目标是建设良好的装配式建筑产业生态环境,促进产业链内各个企业良性发展,创造行业内企业间的公平竞争环境。政府监管部门门户网站设置行业动态、信息价发布、市场材料库、项目审批等功能栏。此外,政府监管部门门户网站还独立设置

了大数据分析和系统内在建项目的动态监控等栏目,供监管部门对辖区内装配式建筑项目进行可视化的管控。预制构件物联网业务支撑系统包括装配式建筑项目的准备环节、设计环节、生产环节、交付环节、安装环节和验收环节6个过程管理环节。

2. 基于物联网技术的装配式建筑信息化管理平台的意义

在建筑业信息化的背景下,对基于物联网技术的装配式建筑信息化管理平台进行研究的具体意义如下。

①提升全产业链信息交流能力。借助管理平台,打通上下游企业的信息交互,通过统一的平台了解各环节进度,并实现信息实时更新,从而提升预制构件的生产调度能力。

②加快推进预制混凝土构件标准化、通用化。应用装配式建筑信息化平台,可以规范预制构件的编码规则,统一生成产品编码,并推进构件标准化、通用化。建立具有通用性、兼容性、开放性特点的装配式建筑部品部件库,供全产业链共享。

③促进建筑业管理模式升级。可通过装配式建筑信息化平台紧密连接上下游企业,可进一步通过 BIM 等信息化技术手段搭建装配式建筑各个环节中的信息交互平台,实现装配式建筑全产业链中各种信息平台的支持,从点到面探索、推广信息化技术在建筑工业化管理中的应用,实现建筑业信息化管理模式的转型升级。

④强化监管能力。研究成果有助于提升装配式建筑在建造过程中的信息化程度,有利于强化监管能力,为各级主管部门与企业生产运营提供数据支撑,促进装配式建筑健康可持续发展。

⑤实现质量管理可追溯。装配式建筑信息化管理平台对部品部件全生命周期的信息进行采集,可在建筑实体的建造过程中实现质量监督、监控,且有效保存全过程中产生的数据信息,实现质量追溯。

3. 基于物联网技术的装配式建筑信息化管理平台的功能模块

合理划分装配式建筑信息化管理平台的功能模块,有利于后续对装配式建筑工程建设过程中产生的各类信息数据进行整理与归档,以便更好地进行建筑质量追溯。以下主要对该监管平台的各功能模块进行简要分析。

（1）企业认证模块。

企业认证模块的主要功能在于对装配式建筑工程各参与方进入系统的资质

进行全面审查,待工程项目的审批立项通过以后,这一信息化监管平台将会自动对目标项目进行编号。如果有参与方想要进入系统,那么必须进行认证申请,且获得政府主管部门审批后,方可进入系统,同时系统会为其提供能够登录平台的账号和密码。当企业认证合格后,有关政府部门将会结合认证结果发放生产许可证,然后根据生产企业的申请,为其提供 RFID 读写器和芯片。

（2）深化设计模块。

深化设计模块的主要功能在于为深化设计工作人员提供相关图纸和建筑模型,以便其结合 BIM 技术来开展装配式建筑工程项目的建模、拆模、碰撞检查、图纸设计、施工模拟等多方面的工作,然后将深化设计成果上传到信息化监管平台,以便预制构件厂根据这一设计成果来开展生产工作。通常而言,我们会通过图纸＋BIM 模型的方式来展现深化设计成果。

（3）预制构件生产单位管理模块。

预制构件生产单位管理模块主要是在取得深化设计成果后,为预制构件生产单位提供深化设计图与 BIM 模型数据等,以及部品部件编号、数量、规格、生产时间等一系列数据信息,而这些数据信息将会写入 RFID 标签。因为仅贴有 RFID 标签的构件具备 ID 编码,所以每个预制构件都具备独一无二的"身份证",且一一对应 BIM 模型,从而可以有效保障后续预制构件安装的顺利开展,还能够迅速定位每一个构件,以便进行预制构件的质量追溯。

（4）施工安装管理模块。

施工安装管理模块的主要功能在于对预制构件从出厂至施工各个阶段的数据信息进行全面记录,保障预制构件从运输、进场到安装的每一个流程都能够查询、追溯;同时,该模块能够对预制构件的整个运输过程进行全面记录,且在其进场时进行验收、定位及节点装配记录等。在具体施工安装时,信息化管理平台能够对预制构件的进场验收单、吊装定位信息等数据进行收集,然后把施工模拟BIM 模型上传到这一平台,以便相关参与方随时随地通过该平台获取施工项目进度信息,从而更加合理地管控施工进度。

在预制构件的卸载过程中,可借助 RFID 技术来实时监控预制构件进入施工现场后的运行路线和施工人员的操作情况。预制构件的操作在技术上有着很高的要求,因此必须配备经验丰富、专业技术水平较高的操作人才。施工安装管理模块的数据库中储存着工程施工现场所有人员的信息,一旦所配备的操作人员技术能力无法满足相关要求,系统会马上发出警报。同时,当预制构件的运输路线存在障碍时,或因操作人员行为不当,导致预制构件无法保持稳定状态时,射频识别系统会把相关信息传送至阅读器,以便相关人员及时发现潜在危险,并采取有效措施进行处理。

在预制构件存放过程中,由于预制构件的数量、种类较多,大大增加了施工安装监管的难度,我们可合理运用射频识别技术,对预制构件的库存信息(如库存地点、进库日期、各时间段负责监管的人员信息等)进行采集,若查询到的实际信息和预期设置不一致,系统就会发出相应的警告信息,提醒相关监管人员及时处理。

在预制构件吊装过程中,将 RFID 读写器安装到施工机械设备上,即可有效把握机械的空间信息,一旦有人员进入机械设备周围的危险区域,就会马上发出警报,避免机械对人造成打击。同时,可将 RFID 读写器安装到预制构件上,吊装时可以预制构件的投影为圆心,以人的反应距离为半径,形成一个圆形区域,也就是危险区域,当有人员进入这一危险区域时,就会发出警报。除此之外,可基于现场操作人员和预制构件的空间直线距离,明确危险范围的判断标准,若有人员超过这一标准,系统就会马上发出警报,以此来确保预制构件施工工作的安全、有序开展。

(5)竣工验收管理模块。

竣工验收管理模块的主要功能在于,其可在工程验收过程中,汇总所有的资料信息,生成装配式建筑的工程档案,并以此作为工程竣工验收的依据。在这一模块中,可借助 Web 端来收集装配式建筑工程的文档资料与图像(影像)资料等,资料收集涉及分项验收和竣工验收两个环节。

装配式建筑信息化管理平台通过围绕着预制构件的生产与安装,借助物联网技术等先进信息化技术,实现了对整个建筑工程的信息化管理。同时,该平台能够对预制构件的一系列数据信息进行收集,并基于自身的共享性特征使得工程参与各方实现信息共享,并获得相应的信息管理服务,强化各参与方之间的互动交流,从而打破以往建筑工程管理中存在的交互壁垒,确保问题可以得到迅速处理,最终有效提高工程的施工效率和质量。

12.2.3 基于低功耗广域物联网的装配式建筑施工过程信息化解决方案

物联网技术是目前建筑业应用的热点技术,以 RFID 技术与传统无线网络技术为主,并结合 BIM 技术建立信息系统。国外有人将 RFID 和 GIS 技术相结合对建筑材料进行定位,实现了对建筑材料的自动追踪和实时信息获取;国内有常春光等人将 RFID 技术与 BIM 技术结合应用到装配式建筑中,研究了基于这2 个技术系统的应用过程。但数据传输距离短、无线通信网络抗干扰能力弱及高昂的网络传输费用都成为物联网技术应用的障碍,而近两年兴起的由 Semtech 公司发布的一种新型的基于 1GHz 以下的超长热距低功耗数据传输技术(简称 LoRa 技术),作为低功率广域物联网中的一种,给物联网技术带来了革命性的改变。扩频技术和特殊的 LoRa 调制方式结合使用,可以在低传输速率条件下,做到传输距离远、穿透力强、成本低、功耗低。

目前 LoRa 技术主要应用于智能停车场、远程无线抄表、智慧农业、智能路灯等领域,建筑业将成为该技术一个新的应用领域。本书的解决方案旨在填补 LoRa 无线通信技术在装配式建筑领域的应用空白,为建筑业数字化、网络化、智能化取得突破性进展做出贡献。

1. 装配式建筑施工过程问题分析

(1) 构件入场检查及信息录入。

预制装配式构件由工厂运至施工现场后会由业主和监理进行现场验收,要对预制构件尺寸和预留孔洞的规格、位置等情况进行检查,不能有严重的外观和质量残缺。目前通常使用二维码或 RFID 标签对构件进行编码和信息储存,施工人员会重点把关构件尺寸是否与图纸设计一致,通过扫描二维码核查构件信息,并用信息记录表记录下信息,逐一检查后方可入场,同时检查构件质量,若发现有严重问题,应及时向负责人反映。

使用二维码和 RFID 标签对预制构件进行信息采集的特点如下:二维码过于依赖光线扫描识别、速度慢、识别成功率低、容易被水和污渍等物质污染、容易折损、信息储存量有限等缺点,会给施工带来不便;运用 RFID 技术采集的信息是静态的,只能进行信息匹配、查看构件信息是否有误,不能对吊装、安装过程中构件的实时状态(如垂直度)进行智能监测。

(2) 构件堆放及吊装顺序。

所有构件检查完毕用低平板车运至构件堆场时,需要对构件按照不同类别进行堆放,保证 1~2 层的储存量,以免因预制构件供应不足而造成施工进度拖延。同时考虑到施工顺序,将最先需要吊装的构件放在较易运至现场的地点,使其拥有最优的运输路线,在此过程中,施工人员按照施工方案及施工进度对预制构件进行调配。

在实际操作中,由于大量构件外观上极其相似,虽然已经按照设计图将构件进行编号并区分,但仍无法在施工过程中快速、准确地找到相应构件,从而降低了装配式建筑的施工效率。装配式建筑施工过程中,构件装车顺序、施工现场的进度都需要及时沟通。是否需要运输新的构件、构件吊装顺序是否有更新,都需要使用信息化手段来解决。

(3)构件定位及校正。

预制构件施工吊装时,首先进行试吊,然后按照预先测量放线的位置将构件吊至大概位置,此过程需要现场工人与起重机操作人员熟练配合,依靠肉眼观察进行定位,最后工人手扶构件缓慢下落。以预制外墙板为例,在正对钢筋孔落下后,现场工人需要利用铅垂线对构件的垂直度进行检测,满足要求后方可进行下一个构件的吊装。

传统的装配式建筑构件吊装时,没有定位设备对预制构件实时的位置信息进行控制,会将时间浪费在施工人员的沟通上,并且由于信息化程度低,沟通效率也不高。垂直度检测方法也对施工人员的安全造成一定隐患,同时对施工进度造成影响。

基于上述原因,装配式建筑的结构特性决定了其工业化形式,施工过程的信息协同尤为重要,传统的管理模式已经无法满足装配式建筑的管理需求,虽然BIM 技术的应用逐渐成熟,构件的设计生产水平也在提高,但在施工过程中,更多的问题是信息与数据管理方面的落后和不完善。

2. 基于低功耗广域网的信息化解决方案

为解决上述问题,本书提出一种基于低功耗广域网的装配式建筑施工过程信息化解决方案,搭建基于 LoRa 技术的装配式建筑施工信息管理系统,为装配式建筑引入新的施工管理技术,从而更好地推动装配式建筑施工方式的革新和升级。

(1)低功耗广域网介绍。

低功耗广域网简写为 LPWAN(low power wide area network),是物联网的一种。与传统的物联网相比,该网络具有功耗更低、电池寿命更长、传输范围更广的特点,此处采用的是 Semtech 公司的 LoRa 技术,本质是扩频技术,并融合了前向纠错码与数字信号处理技术。扩频技术在军事和航空通信领域已有几十年的应用历史,该技术拥有高鲁棒性及超长的通信距离,而 LoRa 技术作为率先应用扩频技术的低功耗通信技术,其意义在于能够为制造业、城市交通和人们生活等提供低成本的无线通信解决方案。LoRa 技术具有很强的穿透力,这使其能在封闭性较强的建筑领域得到很好的应用。相比其他无线通信技术,LoRa 技术拥有百万级节点数、超远距离传输和适合于物联网的 0.3～50kB/s 的传输速率的优势,极大地提高了通信质量和增加了网络容量。LoRa 无线通信技术采用最简单的网络架构——星形网络架构,与常用的网状架构相比,具有最小的延迟和较低的网络维护成本。LoRa 技术使用免费频段,使人们应用这项技术变得更加容易,140 dBm 的高接收灵敏度也使其具有比传统无线通信技术高出几十倍的传输距离。基于 LoRa 技术的装配式建筑信息化网络架构如图 12.15 所示,其中终端节点的主动式定位传输标签主要由 LoRa 模块、GPS/BD 和倾角传感器组成,如图 12.16 所示。

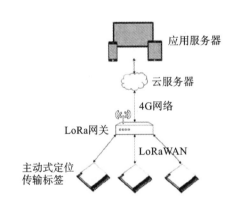

图 12.15　基于 LoRa 技术的装配式建筑信息化网络架构

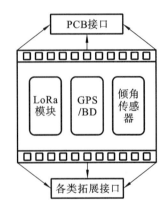

图 12.16　主动式定位传输标签主要组成模块

LoRa 技术与常用的 2 种通信方式的技术特点对比如表 12.2 所示。

由表 12.2 可以看出,LoRa 技术的特征及优点如下。

①长距离。LoRa 技术使用扩频技术和前向纠错码,获得了远超其他通信方式的距离,理想状态下可以达到 15 km 的通信距离。

表 12.2　LoRa 技术与常用的 2 种通信方式的技术特点对比

技术特点	通信方式		
	LoRa	WiFi	Zigbee
应用范围	传感和控制	Web、视频等	传感和控制

续表

技术特点	通信方式		
	LoRa	WiFi	Zigbee
频点	137～1050 MHz	2.4 GHz	2.4 GHz/868 MHz /915 MHz
最远传输距离	15 km	100 m	75 m
平均发射功耗	110 mA	105	30
最高传输速率	50 kB/s	54 MB/s	250 kB/s
数据加密	支持加密	SSID	128 位 AFs
穿透能力	强	一般	一般

②大容量。一个 LoRaWAN 网络可以轻松连接上千甚至上万个节点。就目前来说,LoRa 技术所使用的终端工作模式大多为 Class A 模式,上行触发下行数据发送,按业务模型为 50B/2h 进行上报,估算每小时成功发送的报告数,每个 LoRa 网关支持约 5 万条上报消息,超出了目前业界对 LPWA 技术的容量要求。

③安全。无线传输的安全性始终是一个重要的因素,LoRa 是第 1 个提出双重加密的物联网。其应用层中,LoRaWAN Server 和 End Nodes 的应用数据,由 AppSKey 进行 128ASE 加密和解密,即使网络操作员也无法窃听应用数据;同时网络层的 LoRaWAN Server 和 End Nodes 的通信帧由 NwkSKey 进行 128ASE 加密和解密,主要用于信息完整性校验和防止"伪节点"攻击。

④低功耗。ZigBee 和蜂窝网络中都有唤醒同步的机制,即间歇性侦听是否有数据帧到来,这将消耗额外的电能。LoRaWAN 协议中应用较广的 End Node Class A 是异步通信,即仅当其需要发送数据时才发起通信。异步通信与同步通信相比节省了唤醒侦听的电能。

⑤便利性。在 LoRa 网络中,一个终端节点的发送数据帧可以被多个 Gateway(网关)接收,再转发给 LoRaWAN Server。这样做的好处是 Server 可以选择最佳(即信号强度最大)的 Gateway 回复,给定位提供更多的便利。

⑥低成本。LoRa 工作在 ISM 免费频段,没有频段税费,使人们低成本部署一个私有物联网成为可能。而且目前 LoRa 模块的价格比 NB-IoT、Sigfox 等同类型广域网模块价位都低,1 个 LoRa 芯片的成本大约为几元,将其做成可应用

的 LoRa 模块也仅需几十元,低成本的特性为其在工程上的应用和推广奠定了基础。

（2）关键设备。

基于 LoRa 无线通信技术的主动式定位传输模块示意如图 12.17 所示。其集合了 LoRa 无线射频芯片、MCU 及北斗 GPS 定位模块,并接入倾角传感器,可以实现对装配式构件的定位、信息录入及构件垂直度的检测。

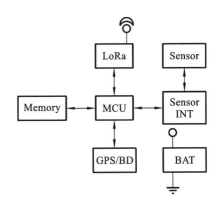

图 12.17　基于 LoRa 无线通信技术的主动式定位传输模块示意

LoRa 模块使用的芯片是 SX1278,是一种半双工传输的低中频收发器,包含 2 个定时基准、1 个 C 振荡器及 1 个 32MHz 晶振。射频前端和数字状态及所有重要参数均可通过 1 个 SPI 接口进行配置,通过 SPI 可以访问 SX1278 的配置寄存器。使用供电电压 3.3V,晶振 32MHz,低频段 433～470MHz,带宽 125 kHz,扩频因子 12 进行通信。负载长度 64 个字节,序列长度 12 个符号。

MCU 采用意法半导体公司出品的 STM32F103ZET6 芯片,是 STM32f1 系列应用较广的,该芯片是基于 ARMCortex-M3 核心的 32 位微控制器,LQFP-144 封装,拥有 512k 片内 FLASH 内存,且支持在线编程（IAP）,64k 片内 RAM。高达 72MHz 的频率,数据、指令分别走不同的流水线,从而确保 CPU 运行速度达到最大化。通过片内 BOOT 区,可实现串口下载程序（ISP）。采用片内双 RC 晶振,提供 8MHz 和 32kHz 的频率,支持片外高速晶振（8MHz）和片外低速晶振（32kHz）,其中片外低速晶振可用于 CPU 的实时时钟,带后备电源引脚,用于断电后的时钟行走。支持 JTAG、SWD 调试,配合便宜的 J-LINK,可实现高速、低成本的开发调试方案。

GNSS 定位模块采用 N305-3V 模块,模块尺寸为 10.1 mm×9.7 mm×2.5 mm,N305-3V 模块是泰斗微电子推出的一款支持 BDSB1/GPSL1 的专业级双模导航定位模块。模块内部集成了泰斗自主研发的新一代 TD1030 芯片,该芯片采用 40 nmRF CMOS 工艺的射频基带一体化设计,支持内部星历推算、D-GNSS 地基增强、A-GNSS 辅助增强及 UART 接口软件升级,采用双 UART 接口,可保证拥有 10 年寿命。

（3）方案概述。

在装配式建筑施工过程中，通过引入 LoRa 技术对整体流程进行信息化管理，使用 RFID 读卡器进行信息录入，通过移动平板实时核对定位及属性信息，信息化解决方案示意图及流程图分别如图 12.18、图 12.19 所示。

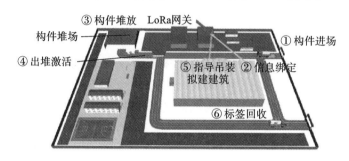

图 12.18　信息化解决方案示意图

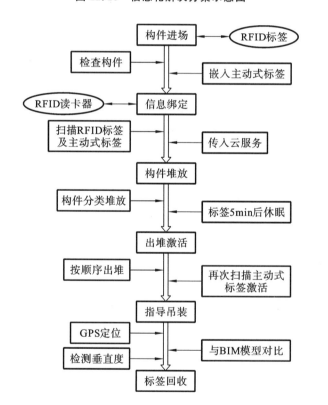

图 12.19　信息化解决方案流程图

278

①构件进场。

构件出厂时，会在其四角安装被动 RFID 标签，标签中录有该构件的属性信息，如类型、材质、尺寸等，这些信息随施工过程的变化发生改变；同时在构件上预留主动式标签凹槽，在构件进场时将主动式传输模块放入凹槽，以便在后续施工过程中监测构件信息。

②信息绑定。

主动式标签（物联网传输模块）在嵌入前会提前在模块的储存器中保存构件的属性信息，构件在嵌入主动式标签后，施工人员可通过 RFID 读卡机对构件的 RFID 标签进行扫描，并将此信息上传至云服务器。同时，主动式标签通过 GPS 定位构件位置，连同标签中的保存信息通过传输模块一同传输到云服务器。随后将被动标签与主动标签的信息在云服务器中进行匹配并绑定。通过这种匹配方式，构件的实时信息能够通过主动标签的传输模块保存到云服务器，并通过云服务器实时更新到施工人员的终端设备中，从而实时记录构件的安装位置、进场日期、安装日期等信息，并确保构件在任何时刻的状态都是可查看的，为后续调用信息做准备。

③构件堆放。

构件的所有信息收集完毕后，用低平板车将构件运至堆场堆放，并按照各部位进行分类，在此之前将已有的 BIM 模型导入系统，工人可以通过手持设备查看模拟施工的进度计划，按照施工顺序将构件按照需求程度放至最合理的位置，以便施工人员安排合理的运输路线，为施工现场的吊装做准备。本方案使用的物联网传输模块采用内部可更换电池设计，为了节省电池的消耗量，同时提供了降低功耗的方案：通过编译 MCU 程序，控制主动式标签在停止信息变动的 5 min 后自动进入休眠状态，STM32F103ZET6 芯片的休眠模式是仅 CPU 停止工作，当有中断或事件发生时，MCU 将从休眠中唤醒。当传输模块与 MCU 同时进入休眠模式时，二者都将处于低电流状态，在节省电池消耗的同时，系统也可以在之后的工作中迅速唤醒。

④出堆激活。

收到施工现场发出的构件需求信息后，使用 RFID 读卡机扫描主动式标签，对物联网模块中的 MCU 进行指令唤醒，并控制传输模块重新进入工作状态，从而激活主动式标签，用以实时传输信息。核对构件信息，通过系统查看吊装顺序，保证装车顺序与吊装顺序一致，避免二次吊装。此时手持设备上将显示构件的详细信息，如属性信息、安装位置等，确认构件无误后，将构件从堆场运出，同

时录入构件已进入施工现场准备吊装的信息。

⑤指导吊装。

将 LoRa 网关搭设在塔式起重机顶端,由于施工场地范围不大,1 个网关即可覆盖全部现场,实现信息传输。吊装过程中施工人员可用移动平板接收构件上主动式标签发送的信息,实时查看构件状态,通过 GPS 定位实时掌握构件的位置信息,同时向云端传递信息留作备份,以便后续调用查看,并随时与 BIM 模型进行信息匹配,以免出现错误。构件就位后,主动式标签的传输模块中的倾角传感器将对构件角度进行感应,感应到的信号会通过 STM32F103ZET6 芯片中的 ADC 模块转换为 MCU 可处理的数字信号,经过 MCU 对信号进行处理后,获得构件的角度,通过 LoRa 模块实时传输到 LoRa 网关中,再通过 4G 网络保存到云服务器,并在云服务器中判断垂直度是否符合要求。由于系统的匹配信息与实时同步,施工人员可以在手持终端设备上得到构件垂直度是否符合要求的相关信息。每个构件吊装完毕后,工人再次扫描标签,将该构件的施工信息上传到系统中,终端确认后,系统将保存最终的所有施工信息并将此构件纳为已完成部分。这样便完成了 1 个构件从进场到安装完毕的信息全过程监控。

⑥标签回收。

构件安装好后,将构件上的主动式标签取下回收,并重置标签 ID 信息,准备用于下一批构件,这保证了主动式标签的可重复利用。

(4)系统功能架构。

系统功能架构如图 12.20 所示。采集层为硬件技术底层支持部分,由 LoRa、倾角传感器、GPS 定位及 RFID 标签构成,用于直接采集构件数据。网络层为无线传输网络部分,主要将采集到的数据通过 LoRaWAN 协议,接入 LoRa 网关并存入数据库。数据层为数据保存部分,其中构件属性、GPS 坐标和倾角角度都保存在数据库中。终端层和应用层都属于客户端部分,主要面向系统使用者。其中终端层是将数据库中的数据通过 4G 网络传输到终端云服务器,在终端云服务器内进行数据处理,最终为使用者显示定位,提供垂直度检测并显示吊装顺序。应用层是人机交互部分,由终端层提供具体展现内容,使用者通过在终端设备上进行相关操作来完成信息查询、施工动画展示及人员管理。

系统的关键功能主要包括以下 3 点。

①基于 LoRa 无线通信的信息传输。装配式建筑建造过程中施工范围大,需要统计大量的构件数据,且各构件之间存在阻碍作用,利用 LoRa 技术传输距离长、灵敏度高和穿透力强的特点建立新的网络架构,能满足装配式建筑特殊的

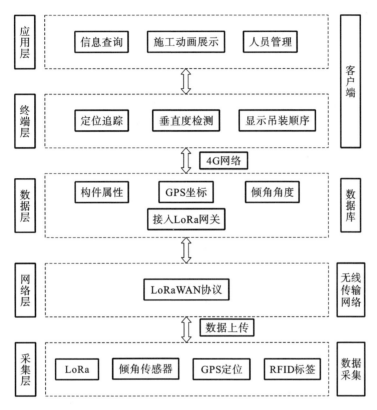

图 12.20　系统功能架构

监测要求,并且能耗低,模块电池无须更换,可以支撑整个施工周期。

②GPS 定位。北斗 GPS 定位模块可实现构件的定位追踪,大大减少了各方参与人员的沟通交流时间,为构件在吊装过程中快速、准确地吊装到准确位置提供了便利,施工人员、塔式起重机操作人员及管理人员各方的信息均保持一致,避免了信息在传递过程中的不准确或理解错误。

③垂直度检测。构件在吊装定位后的校正非常重要,这决定了后续构件吊装的基准线是否正确,在主动式传输模块中接入倾角传感器可以有效、高精度地监测构件的垂直度情况,避免了传统的铅垂线法造成的人工测量误差和时间浪费。

3. 方案成效

(1)降低出错率。施工过程中,智能化、可视化管理可有效避免施工中错误的发生,北斗 GPS 定位模块可对预制构件进行米级的精确定位,通过实时的信

息反馈,使指挥人员与起重机操作人员的信息一致,降低了现场工人的沟通难度;倾角传感器监测到的构件垂直度信息也减少了工人手工测量造成的测量误差,从而降低了施工的整体出错率。

(2)提升施工效率。采用 LoRa 技术搭建物联网系统,对预制构件的施工全过程进行信息化追踪,使信息录入、上传与反馈变得方便、快捷,同时信息与信息之间的交流更加智能化,施工人员可通过移动终端实时了解构件信息,并预先对施工班组的人员配比和运输路线进行规划,从而节省时间。物联网的信息化技术能使管理人员同时监控多个施工流程,达到多个工作同时协同管理,进行全方位掌控,从而大大提升施工效率。

12.3　智慧工地

12.3.1　智慧工地的概念及相关技术

1. 智慧工地的概念

智慧工地指的是将智能感应器根植于建筑行业的施工现场,与机械、工地人员的可穿戴设备、工地的进出口物体等相关联,形成一种万物互联的模式,是一种能使项目工程组织和各个岗位人员相互交流的方式,旨在提高交流互动的有效性与便捷性,从而提高施工现场的效率和灵活性,加快各个部门之间的响应速度。

智慧地球的理念在建筑工程领域方面的具象表现就是智慧工地,智慧工地也是一项全新的建筑工程全生命周期管理理念。智慧工地是指在建设管理过程中,通过三维设计平台、正确的工程设计及建设模拟实验,设定信息技术相互连接、协作、智能型生产、生态建设项目信息的科学管理过程。智慧地球作为城市化的高级阶段,其特点是大系统集成、物理空间与网络空间交互作用、公众多方参与和互动,从而使城市管理更精细、城市环境更和谐、城市经济更高端、城市生活更宜居。建筑业是国民经济的重要物质生产部门和支柱产业之一,怎样加强施工现场的安全管理、减少事故的发生、杜绝各类违规操作和不文明施工行为、提高建筑工程质量,是摆在各级政府、行业人士和广大学者面前的一个重要课题。正是在这样的背景下,随着技术的不断发展,信息化手段、移动技术、智能穿戴设备等在工程施工阶段的应用越来越广泛,出现了智慧工地。智慧工地对于建设绿色建筑、引领信息化应用、提升社会综合竞争力具有重要意义。构筑智慧工地的平台主要有通信层、基础设施、智能平集层、项目应用、数据层、接入端等。这些平台利用大数据和移动通信技术等智慧化手段,通过"云上＋端口"模式,使移动终端、工地升降机、塔式起重机、施工现场周围的视频数据、混凝土和渣土车位置等信息能及时上传到工地综合管理平台,实现劳务、环境、安全、材料等多个业务模块的智能化互联网管理。

2. 智慧工地的相关技术

（1）传感技术驱动工地数字化进程。现在大多数人对智慧工地的认识还停留在比较简单的功能上,如人脸识别、安全帽识别等,但实际上建筑施工过程中交叉作业面很广,涉及人员、材料、机械、法规等多方面,需要运用感知技术全方位、多角度地记录施工现场的数据,保证施工现场决策数据的完整性。

（2）边缘计算赋能数据的处理和应用。边缘计算是为应用软件开发商和服务提供商在网络的边缘侧提供云服务和 IT 环境服务。边缘计算意味着数据来源或与用户尽可能接近的管理域名处于计算机的边缘部分。边缘计算与 IoT 云端平台相结合,边缘计算与云端计算平台相辅相成。传统的云端运算框架将通过更分散的边缘运算功能完成部分的边缘运算工作,然后将结果整合到云端中集结。云端仍然可以处理敏感的应用程序,在云端进行数据统计和大数据分析,为决策提供数据支持。

（3）微服务技术助力系统快速部署。Smart Services 架构是一种在云中部署应用和服务上的新技术,微服务架构构建的工具是 Seneca,基本思想在于创建的应用可独立进行开发、管理和加速,在分散的组件中使用微服务云架构和平台,使服务等功能的交付变得更加简单。在微型服务中,每项服务都有单一的用途,并且具有更小、更快和更强的特性。容器和微服务是云环境中两种完美结合的技术,可以将微服务部署在容器镜像中,并在容器中有效地运行。当前较为成熟且大量使用的容器引擎是 Docker。在微服务架构技术中,PaaS 供应商 dotCloud 开发的基于 LXC 的先进容器引擎 Docker 是全球领先的软件容器平台。

12.3.2 智慧工地理论在装配式建筑安全管理中的应用

1. 装配式建筑施工中存在的安全隐患

与传统的建筑相比,装配式建筑施工具有很强的特殊性,其特点是以吊装作业为主,高空作业多,从而导致在项目施工过程中安全隐患较多。

（1）装配式建筑施工在高空坠物方面的安全隐患。①临边坠落。我国现有装配式建筑大部分是高层建筑,这些高层建筑的外墙一般采用的施工方式是预制构件拼装,施工人员需要在高空临空作业,这增加了临边坠落的概率。②重物坠落。在装配式建筑施工过程中,较常发生的事故就是重物坠落。预制构件大都由混凝土、钢筋构成,一旦混凝土强度未达到施工标准,便可能在使用过程中形成大块混凝土从高空坠落,进而砸伤地面施工人员。

（2）装配式建筑施工在吊装作业中的安全隐患。吊装作业是预制结构工程施工中的一个重要环节,其工作量相对较大,若不严格规划运行轨迹,就极易发生碰撞,造成安全事故。在工程建设不断推进,拟建建筑物的高度不断增加的情况下,各塔吊的高度必须根据工程的实际情况进行调整,否则塔吊臂与建筑物会发生碰撞。因此,预制结构建筑的施工场地布置是一个新的安全问题,尤其是塔式起重机的位置和运行轨迹,必须严格按照施工安全和起重作业的要求进行。

2. 智慧工地理论在装配式建筑安全管理中的具体应用

（1）BIM 技术在装配式建筑安全管理中的应用。

①模拟施工。模拟施工是利用 BIM 虚拟施工技术,通过模拟施工过程验证施工方案。根据模拟施工的结果,可以提前调整存在碰撞隐患的施工方案,不断优化施工方案,直到满足施工要求,从而提高实际施工效率。例如,边缘入口的跌倒问题,利用 BIM 技术可以建立边缘入口的跌落防护模型,用信息技术织密的安全"防护网"堵住安全漏洞。

②预制构件编码辅助管理。管理预制构件需要对构件的生产、物流运输、后期安装进行全方位的管理与跟踪。其可以运用二维码和 RFID 实现。相关人员应对构件运输的全过程进行预防保护,如在包装构件时使用软性材料隔离,防止在运输过程中损坏构件。要分开存放各个构件,封堵构件之间的空隙,并用特殊材料保护好构件边缘。

③施工平面布置优化。在对装配式建筑进行布局时,要对建筑位置及各种

机械的停放和活动区域进行模拟,对其他工程机械的停放、出行路线图进行规划,对装配式组件堆场放置、材料堆场摆放、加工操作棚等进行模拟。另外,预制装配式建筑的施工场地布局可能在施工过程中出现各种工程机械冲突,因此需要合理规划和布局,以免边坡失去稳定性出现坍塌、机械与人员碰撞等安全事故。

（2）电气配电无功补偿在装配式建筑安全管理中的应用。

在装配式建筑中,提高用电效率常使用无功补偿设备,装配技术随着施工过程中电气配电设备的更新而更加完善。电气配电无功补偿的子系统由隔离开关和智能控制器形成。其中,隔离开关下方有多组电容器组,所有电容器组均配有电容器、断路器、交流接触器和热继电器。设定智能控制器的功率因数指标,采集系统的功率因数。在这个系统中,如果功率因数达不到预先的设定值,子系统的控制器将发出警报信号,按设定顺序将电容器组依次放置,直到实际系统功率因数与设定目标值一致。当系统负载与设备不同时,功率因数也不同,系统负载和类型将直接决定功率因数。在智能控制器的支持下,可以及时采集并反馈功率因数信息,调整配电无功补偿子系统的实际运行。

（3）周界防范红外对射在装配式建筑安全管理中的应用。

施工工地区域和办公区域一直是安全管理工作的重点,容易发生生产事故和施工人员意外跌落事件。如何保证安全管理工作的有效性和时效性,是摆在现场管理人员面前的问题。在这方面,智慧工地的周界可以用来防止红外线辐射系统。在电子技术的支持下,它可以自动检测武装监控范围内的所有入侵行为,并为周边防御红外射击子系统生成相应的报警信号。

12.3.3　智慧工地管理模型在装配式建筑施工阶段的应用

1. 施工人员管理

施工人员管理包括以下内容。

（1）分包信息管理。注重录入、管理分包商个人身份以及施工任务的执行情况,保障管理人员能够全面掌握分包基本数据内容。

（2）劳务人员信息管理。借助智慧工地管理平台输入人员信息及其他信息,提供相应的考勤服务及个人基本信息,最终由人脸识别形成施工项目的封闭式管理,从而实现人员的实名制管理,有利于提升施工效率。

（3）人员日常管理。智慧工地管理平台会根据施工人员日常行为、考勤时间、施工位置信息等，持续监督、管理人员行为。

（4）住宿管理。全面记录施工人员的住宿情况，对人员住宿状况、基础设施使用状况进行动态监管。

2. 工程物料管理

工程物料管理包括以下内容。

（1）物料采购管理。把 BIM 平台中的相关信息导入工程物料智慧工地管理系统，经过系统自动识别后，生成装配式建筑工程物料需求清单，从而为相关人员制订采购计划提供全面、完整的物料信息。

（2）物料验收管理。平台会对过磅的物料及原始清单进行拍照留证，相关人员可以从移动端 APP 导出物料采购、调入的资料，从而提升工程物料盘点工作的效率，也为提升质量管理水平奠定良好的基础。

（3）物料使用管理。管理人员根据智慧工地管理平台中记录的物料使用数量、时间、用途等，全面掌控物料的使用情况，以此为施工结束阶段数据管理做好铺垫工作。

3. 施工设备动态管理

施工设备动态管理主要包括以下内容。

（1）施工机械设备的监控。在智慧工地管理平台虚拟技术及 BIM 技术的支持下，可以精准定位施工现场各项机械设备的位置，并运用无线传输技术将设备数据信息传输至智慧工地管理平台，从而提升设备全过程管理的质量与效率。

（2）建筑机械设备的信息管理。智慧工地管理平台可以为相关人员提供设备的品种、数量、型号等信息，并在系统中形成专门的档案，为后续设备信息管理奠定良好的基础。

此外，施工塔吊管理是设备管理的重点，主要是运用塔吊感应器控制起重量与力矩，以及控制风速、倍率、回转角度等，从而为塔吊作业人员提供全面的资料，避免与其他设备发生碰撞，有利于减少安全事故。

4. 工程目标管理

（1）进度管理。装配式建筑施工阶段的进度管理，主要是将 BIM 模型与进度计划进行关联，并实时比较、分析二者之间的偏差，再运用 BIM 模型直观地体现出施工进度,一旦视觉空间与 BIM 模型发生严重的进度滞后,便需要及时采取有效的现场进度管理措施。此外,在建筑施工项目不断推进的过程中,管理人员可以根据实际施工内容验证、更新里程碑节点信息,以此有效控制里程碑节点的施工进度。

(2) 造价管理。造价管理主要是基于 BIM 模型、装配式建筑材料与机械设备的购置清单进行管理,并与设定的金额相比较,以此解决传统造价方式工作量大的问题。当装配式建筑施工方案发生变更时,可直接运用自动核算功能修改后的模型计算造价,从而实现造价的动态管理,极大地提升工程整体的信息化与数字化水平。

(3) 安全管理。安全管理是装配式建筑施工重点关注的工作。与传统管理模式相比,智慧工地理论下的管理模式能够帮助管理人员随时了解施工现场人员的出勤率及工作地点、效率、轨迹等。现阶段,互联网、大数据、物联网等技术的广泛应用,催生出许多更适合装配式建筑施工现场人员定位管理的系统。例如,可在施工人员安全帽上安装可以发射信号的超宽频(ultra-wideband, UWB)电子标签,施工人员附近的基站便会接收 UWB 信号,运用算法计算出电子标签与基站间的距离,以此实现施工人员的位置追踪。同时,智慧工地管理平台还可将施工人员的位置信息与轨迹信息记录在相应的文件中,当施工人员位置信息出现异常情况时,便可自动发出警报,从而保障施工人员的生命安全。此外,智慧工地管理平台与网络技术、视频监控技术结合,可以形成能够提取监控点数据的动态监控系统,管理人员可以借助移动设备上的 APP 查看人员及设备的动态情况,以此提升现场安全管理的水平。

(4) 质量管理。在运用智慧工地管理平台进行质量管理时,主要是运用 BIM 与云扫描技术获取建筑内部空间结合信息,并生成激光点,然后将扫描出的模型与 BIM 模型进行比较,形成点云模型与 BIM 模型的偏差报告,以此为管理人员提供质量信息与数据。装配式建筑对预制构件的生产、运输、吊装等环节的质量管理有着较高的要求,智慧工地理论下的智慧工地管理模型,能有效改善传统预制构件管理效率低下的问题。因此,在开发、研究智慧工地管理模型时,运用互联网技术构建起关于预制构件质量的数据库,使用手机扫描绑定在预制构件上的二维码,便可获得关于制作构件材料的生产、进场、现场信息,以此从根本上提升施工现场质量管理效率与水平。

5. 多方协同管理

多方协同管理指的是装配式建筑施工现场的信息交互。在智慧工地理论下搭建起的智慧工地管理平台,能够充分发挥出互联网及其他现代信息技术的功能与作用,可将集成的数据信息统一在智慧工地管理平台中,以此为施工单位、监理单位、设计单位之间的信息交流与沟通提供全面、完整的信息,促进各方信息的实时共享,从而充分发挥出 BIM 技术的价值,使施工阶段各个环节更加精准、合理。

参 考 文 献

[1] 陈晨.马上海外滩 W 酒店精装修工程项目进度管理研究[D].沈阳:东北大学,2018.

[2] 陈凌峰.基于 BIM 的装配式建筑施工质量管理研究[D].南昌:华东交通大学,2020.

[3] 程晓珂.国内外装配式建筑发展[J].中国建设信息化,2021(20):28-33.

[4] 陈夕阳.装配式钢结构施工技术研究[J].智能建筑与智慧城市,2020(6):105-106,111.

[5] 程月霞.装配式建筑项目质量管理应用研究[D].合肥:安徽建筑大学,2019.

[6] 丁国胜.浅析建筑工程施工质量验收[J].建材与装饰,2016(34):74-75.

[7] 戴明立.BIM 技术在装配式建筑中的应用[D].合肥:安徽建筑大学,2020.

[8] 范幸义,张勇一.装配式建筑[M].重庆:重庆大学出版社,2017.

[9] 耿玲玲.装配式建筑工程项目质量管理研究[D].西安:西安建筑科技大学,2019.

[10] 盖猛.建设单位视角的黄河 A 大桥建设项目安全管理研究[D].西安:西安科技大学,2020.

[11] 郝军.HY 装配式建筑项目成本核算及控制策略研究[D].青岛:山东科技大学,2020.

[12] 韩耀华.装配式建筑进度管理影响因素研究[D].济南:山东建筑大学,2021.

[13] 郝云天.融合精益建造的装配式建筑施工安全管理水平评价研究[D].徐州:中国矿业大学,2021.

[14] 姜继红,潘奕瑾.装配式建筑施工质量管理与验收[J].粉煤灰综合利用,2018(4):87-90,94.

[15] 李国芳.保定河道国际建筑项目成本控制研究[D].长春:吉林大学,2017.

[16] 李铭皞.某装配式建筑项目质量管理研究[D].青岛:青岛大学,2018.

［17］　刘玮.装配式建筑项目增量成本控制研究［D］.北京:北京建筑大学,2019.

［18］　刘晓晨,王鑫,李洪涛.装配式混凝土建筑概论［M］.重庆:重庆大学出版社,2018.

［19］　李向路.建筑施工项目安全管理效果评价及对策研究［D］.北京:华北电力大学,2015.

［20］　刘学军,詹雷颖,班志鹏.装配式建筑概论［M］.重庆:重庆大学出版社,2020.

［21］　罗学艺,胡秋月,鹿鑫,等.装配式建筑工程施工安全管理研究［J］.工程建设与设计,2022(16):248-251.

［22］　李炎忠,李广忠.探讨装配式建筑工程施工安全隐患与防范［J］.智能城市,2022,8(5):51-53.

［23］　刘智龙.HY装配式住宅项目进度计划与控制［D］.沈阳:东北大学,2018.

［24］　刘占省,刘诗楠,王文思,等.基于低功耗广域物联网的装配式建筑施工过程信息化解决方案［J］.施工技术,2018(16):117-122.

［25］　马荣全.装配式建筑的发展现状与未来趋势［J］.施工技术(中英文),2021,50(13):64-68.

［26］　蒲瑛.装配式建筑施工安全管理关键对策［J］.居舍,2021(16):140-141.

［27］　庞业涛.装配式建筑项目管理［M］.成都:西南交通大学出版社,2020.

［28］　钱晓.智慧工地理论下的施工阶段装配式建筑信息化管理分析［J］.居舍,2021(2):136-137.

［29］　饶正兴.智慧工地理论的预制装配式建筑安全施工管理策略研究［J］.工程技术研究,2021,6(3):135-136.

［30］　宋二玮.基于BIM技术的装配式建筑施工管理研究［J］.工程建设与设计,2022(1):218-220,226.

［31］　沙峰峰.BIM技术在装配式建筑中的应用［D］.南昌:华东交通大学,2021.

［32］　师为国.装配式建筑企业项目成本管理研究［D］.苏州:苏州大学,2016.

［33］　魏斌.Q建筑工程项目进度管理研究［D］.青岛:青岛科技大学,2020.

［34］　文林峰.大力发展装配式建筑的重要意义［J］.建设科技,2016(Z1):36-37,39.

［35］　王翔.装配式混凝土结构建筑现场施工细节详解［M］.北京:化学工业出

版社,2017.

[36] 王晓伟.装配式混凝土建筑结构施工技术探讨[J].四川建材,2021,47(6):110-112.

[37] 鲜大平.装配式建筑项目施工质量管理制度优化研究[D].北京:北京建筑大学,2021.

[38] 孙国林.装配式建筑成本控制关键影响因素研究[D].重庆:重庆大学,2018.

[39] 孙翔君.装配式建筑预制构件 QFD-DSM 设计管控模型研究[D].武汉:武汉理工大学,2020.

[40] 徐明晓.装配式建筑预制构件生产调度多目标优化研究[D].北京:北方工业大学,2021.

[41] 杨帆.基于 BIM 与物联网的装配式建筑设计与施工管理[D].西安:西安科技大学,2019.

[42] 闫孟.装配式建筑成本控制研究[D].沈阳:沈阳建筑大学,2021.

[43] 袁树翔.基于物联网的装配式建筑精益管理应用与效果评价研究[D].扬州:扬州大学,2020.

[44] 张剑.利益相关者视角下基于 BIM 的建筑产业化影响因素研究[D].济南:山东建筑大学,2021.

[45] 张明鑫.20 世纪 80 年代我国引进日本装配式建筑技术的历史发展研究[D].大连:大连理工大学,2021.

[46] 祝振宇.装配式钢结构建筑施工关键技术与工艺研究[D].太原:太原理工大学,2021.